W0356420

Sachsenmeier (Hrsg.)
Konfliktmanagement und Mediation

Mit Kommunikation zum Erfolg · Band 4

Konfliktmanagement und Mediation

Schwierige Situationen souverän meistern

Herausgegeben von Ingeborg Sachsenmeier

Mit Beiträgen von
Regina Mahlmann, Nina L. Dulabaum, Ruth Pink,
Gerhard Altmann, Heinrich Fiebiger, Rolf Müller

Beltz Verlag · Weinheim und Basel

Die Herausgeberin:
Ingeborg Sachsenmeier, Jg. 1957, M.A., Philosophie und Slawistik,
betreut seit 1991 beim Beltz Verlag den Programmbereich Weiterbildung.

Bildnachweis
Logos: Florian Mitgutsch, München
S. 46: Klaus Puth/Baaske Cartoons
S. 53: Lothar Schneider/Baaske Cartoons
S. 97: Karl-Heinz Brecheis/Baaske Cartoons
S. 140, 146: Gerald Nöbel, Kassel
S. 159, 167, 185, 187: Ulrike Rath, Aachen

Das Werk und seine Teile sind urheberrechtlich geschützt.
Jede Nutzung in anderen als den gesetzlich zugelassenen Fällen
bedarf der vorherigen schriftlichen Einwilligung des Verlages.
Hinweis zu § 52a UrhG: Weder das Werk noch seine Teile dürfen
ohne eine solche Einwilligung eingescannt und in ein Netzwerk
eingestellt werden. Dies gilt auch für Intranets von Schulen
und sonstigen Bildungseinrichtungen.

**Eine Gemeinschaftsaktion von der Handelsblatt GmbH
und dem Beltz Verlag**

© 2009 Beltz Verlag · Weinheim und Basel
www.beltz.de
Herstellung: Klaus Kaltenberg
Satz: Druckhaus »Thomas Müntzer«, Bad Langensalza
Druck: Druck Partner Rübelmann, Hemsbach
Umschlaggestaltung: grey worldwide GmbH, Düsseldorf
Printed in Germany

ISBN 978-3-407-36483-8

Inhaltsverzeichnis

Vorwort ... 7
Vom Konflikt zum Krieg: Definitionen, Merkmale, Unterschiede ... 9
Gemeinsames Verständnis: Konflikt – Konfliktfähigkeit ... 13
Konfliktfähigkeit als Schlüsselkompetenz ... 17

Innere Konflikte

Was verstehen wir unter einem inneren Konflikt? ... 22
Woran erkennen wir innere Konflikte? ... 23
Welche Arten innerer Konflikte können wir unterscheiden? ... 24
Woher rühren innere Konflikte? ... 26
Wodurch eskalieren innere Konflikte? ... 37
Wie können wir innere Konflikte konstruktiv nutzen? ... 39

Zwischenmenschliche Konflikte

Was verstehen wir unter einem zwischenmenschlichen Konflikt? ... 46
Woran erkennen wir zwischenmenschliche Konflikte? ... 47
Welche Konfliktarten treffen wir typischerweise an? ... 50
Woher rühren zwischenmenschliche Konflikte? ... 53
Wodurch eskalieren zwischenmenschliche Konflikte? ... 59
Wie können wir zwischenmenschliche Konflikte konstruktiv nutzen? ... 68

Soziale Konflikte

Was verstehen wir unter einem sozialen Konflikt? ... 80
Woran erkennen wir soziale Konflikte? ... 81
Welche Konfliktarten treffen wir typischerweise an? ... 82
Woher rühren soziale Konflikte? ... 83
Wodurch eskalieren soziale Konflikte? ... 95
Wie können wir soziale Konflikte konstruktiv nutzen? ... 97

Mediation: Die Grundlagen

Die »vier A‹s«: Allparteilichkeit, Aktzeptanz, Anerkennung und Affirmation 106
Bewahrung der zwischenmenschlichen Beziehungen 116
Dr. Duly‹s Sieben-Schritte-Modell: 1 – 2 – DD – Z – I – F – F 130
Grundannahmen des Mediationsverfahrens, geduldige Grenzsetzung und Grenzen der Mediation 139
Techniken der Gesprächsführung und Transaktionsanalyse 142
Zuhören, Zusammenarbeit und Zukunftsorientierung 149

Mediation in der betrieblichen Praxis

Zwei Falldarstellungen 152

Konflikttheorien als Lösungsmodelle für die Praxis

Die häufigsten Konfliktstile und ihre Auswirkungen 184
Die Dramaturgie von Konflikten: Das Stufenmodell von Glasl 186
Konflikte im Fokus der Friedensforschung 189
Konflikte und Kommunikationsforschung 194
Konflikte aus Sicht der Lern- und Kreativitätsforschung 203
Übungen zur Konfliktprophylaxe und zur Entspannung bei Konflikten 210

Die Autoren 219

Vorwort

Miese Stimmung im Job, Konflikte zwischen Mitarbeitern und Vorgesetzten, Streit unter Kollegen. Der Druck in den Belegschaften ist enorm, innerbetriebliche Spannungen nehmen zu. Konflikte sind ein Leistungskiller, wenn sie nicht beseitigt werden. Frust und innere Kündigung senken die Produktivität der Arbeitnehmer. Das Potenzial dieser resignierten Mitarbeiter wird schlichtweg vergeudet. Auch Fluktuation aus Frust kann sich kein Unternehmen mehr leisten, gerade in Zeiten, in denen qualifizierte Mitarbeiter immer wertvoller werden. Das bedeutet: Konflikte zehren nicht nur an den Nerven, sie kosten auch richtig Geld.

Erste Ergebnisse des Arbeitsmarktklima-Barometers 2008 – vorgestellt vom Institut für Absatz und Konsum (IFAK) – belegen deutlich: Motivation und Engagement am Arbeitsplatz sinken. Nur noch zwölf Prozent der Beschäftigten fühlen sich ihrem Arbeitgeber gegenüber verpflichtet und sind mit Motivation und Engagement bei der Arbeit. Schuld an der geringen Verbundenheit der Mitarbeiterinnen und Mitarbeiter mit ihrem Arbeitgeber ist auch ein Arbeitsumfeld, das den Bedürfnissen und Erwartungen der Beschäftigten nicht gerecht wird und häufig auf Defizite in der Personalführung zurückzuführen ist. Es ist daher wichtig, dass Führungskräfte frühzeitig erkennen, wo Probleme entstehen, wo sich Konflikte anbahnen, ganz nach dem Motto »Signale erkennen und gegensteuern«.

Haufig ist nicht der Konflikt selbst das Problem, wohl aber der Umgang damit. Werden Konflikte richtig angefasst, dann können sie gewinnbringend genutzt werden: Beispielsweise wenn es gelingt, dass sich Verfechter und Kritiker einer Strategie oder eines Vorhabens an einen Tisch setzen, diskutieren und gemeinsam eine Lösung finden.

Einen Beitrag zum vorbeugenden Konfliktmanagement möchte dieses Buch leisten. Viele Konflikte zwischen einzelnen Personen und ganzen Abteilungen sind vermeidbar und lösbar. Damit Sie Fallen erkennen und vermeiden, in Konflikten handlungsfähig bleiben und diese entschärfen können, folgen zunächst die wichtigsten Grundlagen, also das, was Sie über innere, zwischenmenschliche und soziale Konflikte wissen sollten. Ziel ist: Sie sollen Handlungsstrategien finden, die zu Konfliktlösungen führen und als Vermittler in Spannungsfeldern fungieren können.

In besonders verfahrenen Situationen hat sich die Mediation – die Vermittlung unter Zuhilfenahme von externen Dritten – bewährt. Die Grundlage der Mediation ist die Annahme, dass die beteiligten Parteiern daran interessiert sind, die Konflikte zu bewältigen. Der Mediator übernimmt dabei die Rolle des Vermittlers und Konfliktmoderators, der versteckte Motive bewusst macht. Möglichst alle Aspekte, auch Emotionen, werden berücksichtigt. Anschließend erarbeiten beide Seiten zusammen mit dem Mediator eine tragfähige Lösung. Ziel ist, dass die Konfliktparteien nach Beilegung des Streits wieder konstruktiv zusammenarbeiten können. Interessant ist, dass dieses Streitschlichtungsverfahren von Unternehmen zwar als das Verfahren – nach Verhandlungen – mit den meisten Vorteilen eingeschätzt wird, aber paradoxerweise nur von einem Viertel auch wirklich eingesetzt.

Damit Sie die Methode besser einschätzen können und vielleicht einiges selbst anwenden können, finden Sie in diesem Buch auch Grundlegendes sowie zwei konkrete Falldarstellungen zur Mediation. Manchmal ist die Situation allerdings so verfahren, dass es sinnvoller ist, wirklich einen professionellen Konfliktmanager oder einen Mediator hinzuzuziehen.

Die Beiträge in diesem Buch wurden zusammengestellt aus den Büchern:

- »Konflikte managen« von Regina Mahlmann
- »Kompetenz im Konflikt« von Ruth Pink
- »Mediation: Das ABC« von Nina L. Dulabaum
- »Mediation: Konfliktmanagement für moderne Unternehmen« von Gerhard Altmann, Heinrich Fiebiger und Rolf Müller

Von Regina Mahlmann erfahren Sie die Ursachen von Konflikten, den möglichen Verlauf sowie die konstruktive Handhabung. Sie liefert sozusagen das Handwerkszeug und gibt für das Konfliktmanagement in der Praxis eine gute Orientierung.

Die Amerikanerin Nina L. Dulabaum präsentiert die Grundlagen der Mediation leicht verständlich, zum sofortigen Transfer in den Alltag geeignet. Die konkreten Falldarstellungen von Gerhard Altmann, Heinrich Fiebiger und Rolf Müller zeigen die praktische Anwendung der Mediation im Unternehmen. So gelingt die innerbetriebliche Konfliktbearbeitung.

In dem Beitrag aus dem Buch von Ruth Pink – geschrieben für Trainer, Dozenten und Seminarleiter, die mit Konflikten rund ums Seminargeschehen professionell umgehen möchten – werden unterschiedliche Konflikttheorien als Lösungsmodelle für die Praxis aufgezeigt. Die Übungen für Entspannung und Stressabbau schließen das Buch ab. Sie lassen sich leicht und erfolgreich einsetzen.

Ganz nach dem Motto: Konfliktfähigkeit ist eine Kunst, die erlernbar ist – wünsche ich Ihnen viel Spaß beim Lesen. Nutzen Sie diesen Fundus an Ideen, Methoden und kreativen Denkanstößen.

Weinheim, September 2008 *Ingeborg Sachsenmeier*

Ruth Pink

Vom Konflikt zum Krieg: Definitionen, Merkmale, Unterschiede

Konflikte entstehen dann, wenn zwei oder mehrere Parteien (Einzelpersonen oder Gruppen) unvereinbarte Vorstellungen, Wünsche und Ziele haben oder zu haben glauben. Zu einer Konfliktsituation gehören mindestens zwei Personen, die sich um etwas streiten. Der Streit ist dabei das äußere Erscheinungsbild des Konflikts. In einer Partnerschaft stellt die offene Zahnpastatube oft das Sinnbild eines »typischen« Paarkonflikts dar. Der Streit darüber, wer wie lange die Tube offen lässt, kann zu einem handfesten Rosenkrieg eskalieren.

Die Tatsache, dass Konflikte aus Banalitäten entstehen und in Zerstörung enden können, zeigt die folgende Geschichte von Gerhard Zwerenz (1972, S. 7ff.) besonders eindringlich:

Nicht alles gefallen lassen

Wir wohnten im dritten Stock mitten in der Stadt und haben uns nie etwas zuschulden kommen lassen, auch mit Dörfelts von gegenüber verband uns eine jahrelange Freundschaft, bis die Frau sich kurz vor dem Fest unsre Bratpfanne auslieh und nicht zurückbrachte. Als meine Mutter dreimal vergeblich gemahnt hatte, riss ihr eines Tages die Geduld, und sie sagte auf der Treppe zu Frau Muschg, die im vierten Stock wohnt, Frau Dörfelt sei eine Schlampe. Irgendwer muss das den Dörfelts hinterbracht haben, denn am nächsten Tag überfielen Klaus und Achim unseren Jüngsten, den Hans, und prügelten ihn windelweich. Ich stand grad im Hausflur, als Hans ankam und heulte. In diesem Moment trat Frau Dörfelt drüben aus der Haustür, ich lief über die Straße, packte ihre Einkaufstasche und stülpte sie ihr über den Kopf. Sie schrie aufgeregt um Hilfe, als sei sonst was los, dabei drückten sie nur die Glasscherben etwas auf den Kopf, weil sie ein paar Milchflaschen in der Tasche gehabt hatte.

Vielleicht wäre die Sache noch gut ausgegangen, aber es war just um die Mittagszeit, und da kam Herr Dörfelt mit dem Wagen angefahren. Ich zog mich sofort zurück, doch Elli, meine Schwester, die mittags zum Essen heimkommt, fiel Dörfelt in die Hände. Er schlug ihr ins Gesicht und zerriss dabei ihren Rock. Das Geschrei lockte unsre Mutter ans Fenster, und als sie sah, wie Herr Dörfelt mit Elli umging, warf unsre Mutter mit Blumentöpfen nach ihm. Von Stund an herrschte erbitterte Feindschaft zwischen den Familien.

Weil wir nun Dörfelts nicht mehr über den Weg trauten, installierte Herbert, mein ältester Bruder, der bei einem Optiker in die Lehre geht, ein Scherenfernrohr am Küchenfenster. Da konnte unsre Mutter, waren wir alle unterwegs, die Dörfelts beobachten. Augenscheinlich verfügten diese über ein ähnliches Instrument, denn eines Tages schossen sie von drüben mit einem Luftgewehr herüber. Ich erledigte das feindliche Fernrohr dafür mit einer Kleinkaliberbüchse, an diesem Abend ging unser Volkswagen unten im Hof in die Luft. Unser Vater, der als Oberkellner im hochrenommierten Café Imperial arbeitete, nicht schlecht verdiente und immer für den Ausgleich eintrat, meinte, wir sollten uns jetzt an die Polizei wenden. Aber unserer Mutter passte das nicht, denn Frau Dörfelt verbreitete in der ganzen Straße, wir, das heißt, unsre gesamte Familie, seien derart schmutzig, dass wir mindestens zweimal jede Woche badeten und für das hohe Wassergeld, das die Mieter zu gleichen Teilen zahlen müssen, verantwortlich wären. Wir beschlossen also, den Kampf aus eigner Kraft in aller Härte aufzunehmen, auch konnten wir nicht mehr zurück, verfolgte doch die ganze Nachbarschaft gebannt den Fortgang des Streites.

Am nächsten Morgen schon wurde die Straße durch ein mörderisches Geschrei geweckt. Wir lachten uns halbtot, Herr Dörfelt, der früh als Erster das Haus verließ, war in eine Grube gefallen, die sich vor der Haustüre erstreckte. Er zappelte ganz schön in dem Stacheldraht, den wir gezogen hatten, nur mit dem linken Bein zappelte er nicht, das hielt er fein still, das hatte er sich gebrochen. Bei alledem konnte der Mann noch von Glück sagen – denn für den Fall, dass er die Grube bemerkt und umgangen hätte, war der Zünder einer Plastikbombe mit dem Anlasser seines Wagens verbunden. Damit ging kurze Zeit später Klunker-Paul, ein Untermieter von Dörfelts hoch, der den Arzt holen wollte. Es ist bekannt, dass die Dörfelts leicht übel nehmen. So gegen zehn Uhr begannen sie unsre Hausfront mit einem Flakgeschütz zu bestreichen. Sie mussten sich erst einschießen, und die Einschläge befanden sich nicht alle in der Nähe unserer Fenster. Das konnte uns nur recht sein, denn jetzt fühlten sich auch die anderen Hausbewohner geärgert, und Herr Lehmann, der Hausbesitzer, begann um den Putz zu fürchten. Eine Weile sah er sich die Sache noch an, als aber zwei Granaten in seiner guten Stube krepierten, wurde er nervös und übergab uns den Schlüssel zum Boden. Wir robbten sofort hinauf und rissen die Tarnung von der Atomkanone. Es lief alles wie am Schnürchen, wir hatten den Einsatz oft genug geübt, die werden sich jetzt ganz schön wundern, triumphierte unsre Mutter und kniff fachmännisch das rechte Auge zusammen. Als wir das Rohr genau auf Dörfelts Küche eingestellt hatten, sah ich drüben gegenüber im Bodenfenster ein gleiches Rohr blinzeln, das hatte freilich keine Chance mehr, Elli, unsre Schwester, die den Verlust des Rockes nicht verschmerzen konnte, hatte zornroten Gesichts das Kommando »Feuer!« erteilt. Mit einem unvergesslichen Fauchen verließ die Atomgranate das Rohr, zugleich fauchte es auch auf der Gegenseite. Die beiden Geschosse trafen sich genau in der Straßenmitte.

Natürlich sind wir nun alle tot, die Straße ist hin und wo unsre Stadt früher stand, breitet sich jetzt ein graubrauner Fleck aus. Aber eins muss man sagen, wir haben das Unsre getan, schließlich kann man sich nicht alles gefallen lassen. Die Nachbarn tanzen einem sonst auf der Nase herum.

Während diese Geschichte von Gerhard Zwerenz zeigt, aus welchen Banalitäten Konflikte entstehen und welchen absurden Verlauf sie nehmen können (von lächerlich anmutenden Spielchen bis hin zum gezielten Vernichtungsschlag), bringt die nachfolgende Anekdote Konflikte zwischen einem Ehepaar deutlich zum Ausdruck:

Eine Geschichte aus Persien: Wie entsteht ein Krieg?
»Pedar Joun, erklär mir bitte, wie ein Krieg zu Stande kommt«, fragte ein kleiner persischer Junge seinen Vater. »Das will ich dir gern erklären«, sagte der Vater. »Stell dir einmal vor, Persien schickt seine Truppen nach China.« In diesem Augenblick mischte sich die Mutter ein: »Wie kannst du dem Kind einen solchen Unsinn erzählen. Wann hat jemals Persien gegen China Krieg geführt?« »Liebe Frau«, versuchte der Vater zu erklären, »ich wollte nur an einem Beispiel erklären, wie ein Krieg entsteht.« »Durch deine Beispiele, die nie stimmen, bringst du bloß das Kind durcheinander. Außerdem ist es eine Lüge, dass Persien Krieg gegen China geführt hat.« »Was, du bezeichnest mich als Lügner!«, fuhr der Vater auf. »Ich nehme mir die Zeit und versuche dem Kind etwas zu erklären, und du meckerst daran herum. Wenn du meinst, du könntest es besser erklären, dann mach du es doch. Du weißt doch immer alles besser.« »Das ist ja unerhört, wie du mit mir sprichst. Ich werde nie mehr etwas sagen, dass du es nur weißt.« In diesem Augenblick unterbrach der Sohn das Streitgespräch seiner Eltern und sagte: »Liebe Eltern, ihr braucht mir nicht mehr zu erklären, wie ein Krieg entsteht. Ich kann es mir gut vorstellen.« (Peseschkian 1998, S. 12)

Kurzdefinitionen

Was ist das überhaupt – ein *Konflikt*? Im Duden steht dazu »Zusammenstoß, Zwiespalt, Widerstreit«. Konflikte entstehen dann, wenn zwei oder mehrere Parteien (Einzelpersonen oder Gruppen) unvereinbarte Ziele haben (oder zu haben glauben) und dies ihre Einstellung und ihr Verhalten gegenseitig negativ beeinflusst. Konflikte sind demnach »Spannungszustände«, die sich durch verborgene oder offene Gegensätzlichkeit kennzeichnen. Konfliktpotenziale gibt es auf allen Ebenen des gesellschaftlichen, politischen und wirtschaftlichen Lebens. In der deutschen Sprache benutzen wir die Worte »Problem« und »Konflikt« oft synonym, obwohl es zwischen diesen Begriffen Unterschiede gibt.

Probleme sind Schwierigkeiten beziehungsweise schwierige Situationen, die es zu bewältigen gilt. Ein Trainerkollege meinte einmal dazu: »Probleme sind Aufgaben, die es zu lösen gilt.« Konflikte hingegen stehen auf der Hierarchiestufe über den Problemen, denn sie sind »größere Probleme«. Konflikte sind schwerwiegender in Substanz und Ausmaß. Oft handelt es sich dabei um einen Streit zwischen Personen, in dem sich mindestens zwei unvereinbare Positionen gegenüberstehen. Wie vieles, so hat natürlich auch ein Konflikt positive Seiten. Ohne Konflikte sind Reformen undenkbar. Sie bilden eine soziale Gegebenheit, die Situationen ändern und kreative Prozesse, sogar Innovationen auslösen können. Das Erlebnis, gemeinsam durch harte Zeiten gegangen zu sein und Schwierigkeiten bewältigt zu haben, kann Menschen zusammenschweißen, ihren gegenseitigen Respekt und ihre Toleranz fördern.

Im Begriff *Krise* wird die mittel- oder längerfristige zeitliche Perspektive eines Konflikts erkennbar. Im Gegensatz zum »normalen Streit«, der als Konflikt rasch beendet werden kann, handelt es sich bei einer Krise um einen langwierigen Prozess. Wenn Paare in Beziehungskrisen stecken, sind meist viele Probleme und Konflikte vorausgegangen. Manche suchen dann Hilfe und Unterstützung in Eheberatungsstellen und Paartherapien. Wenn es in Unternehmen kriselt, dann stehen oft Arbeitsplätze auf dem Spiel. Wenn Firmen beispielsweise fusionieren, kann eine Krisenintervention sinnvoll sein. Im politischen Umfeld ist uns der Begriff »Krisenstab« vertraut. Da tagen ranghohe Politiker mit verschiedenen Beratern und Experten, um ihr Verhalten in Krisensituationen (Terroranschläge, Entführungen) besser koordinieren zu können.

Katastrophen sind uns vor allem in Form von Naturkatastrophen bekannt. Selbstverständlich können wir auch private Katastrophen erleben – Menschen, die uns lieb und wichtig sind, werden durch Unfälle jäh aus dem Leben gerissen. Ein Hausbrand kann unser Eigentum und unsere Existenz zerstören und zu Recht als persönlicher Schicksalsschlag und als Katastrophe gewertet werden. Eine Katastrophe ist etwas, das unverhofft, plötzlich und mit voller Wucht und Gewalt über uns hereinbricht. Während sich Krisen langsam entwickeln und oft unbemerkt bleiben, konfrontieren uns Katastrophen unmittelbar und entstehen plötzlich »aus dem Nichts«.

Kriege – egal, ob es sich um Bürgerkriege oder Weltkriege handelt – sind die letzte Stufe im Eskalationsprozess. Kriege vernichten nicht nur Menschen und ihre Kulturen, Kriege vernichten auch immer die Natur und damit unsere natürlichen Lebensgrundlagen. Kriege können das Ende der Zivilisation bedeuten, was sie jedoch stets erreichen, ist die Ent-Menschlichung des Gegners und die Etablierung von Feindbildern (siehe die Zwerenz-Geschichte).

Regina Mahlmann

Gemeinsames Verständnis: Konflikt – Konfliktfähigkeit

Der Konflikt-Begriff

Bei zentralen Begriffen lohnt es sich nachzuschlagen, welche Bedeutungsgeschichte sie durchlaufen haben. Der Begriff Konflikt entstammt demnach dem lateinischen Terminus »conflictus« beziehungsweise dem Zeitwort »confligere« und meint »Zusammenprallen«. Folglich stellt sich die Frage, was denn da zusammenprallt. Ich möchte Ihnen nun eine leicht zu merkende und eine differenzierte (wissenschaftliche) Definition anbieten. Beide kennzeichnen den gemeinsamen Nenner unterschiedlicher Versuche zu bestimmen, was unter Konflikt verstanden wird. Also noch einmal: Was prallt zusammen?

Einfache Bestimmung: Es treten Tendenzen auf, die gleichzeitig in gegensätzliche beziehungsweise unvereinbare Richtungen weisen, deren Verwirklichung aber voneinander abhängt. Sie können nicht zum selben Zeitpunkt realisiert werden. Dies erzeugt eine innere Spannung. Die genannten Tendenzen können innere Regungen sein: Gefühle und Gedanken, Wünsche und Ziele, Absichten und Entscheidungen, Bewertungen und Beurteilungen. Ferner kann es sich um Verhaltensweisen und Handlungen, Personen und Gruppen handeln. Es gibt Konflikte, die sich nur in unserem Inneren abspielen: intrapersonale Konflikte. Und es gibt zwischenmenschliche beziehungsweise soziale Konflikte, die sich zwischen mindestens zwei Parteien abspielen. Wenn »Tendenzen« zusammenprallen, fühlen wir einen Handlungs- und Lösungsdruck.

Hier einige Beispiele für innere Konflikte:

- *Wünsche, Bedürfnisse, Ziele:* Ich würde gern das Angebot der Firma annehmen und ins Ausland gehen. – Gleichzeitig möchte ich die Geborgenheit und Vertrautheit, die ich in meiner jetzigen Umgebung erlebe, nicht aufgeben.
- *Gedanken:* Mir gelingt es auf alle Fälle, mich in das neue Aufgaben- und Verantwortungsfeld einzuarbeiten, weil ich so etwas bisher immer geschafft habe. – Gleichzeitig denke ich: Diesmal ist die Herausforderung zu groß. Diesmal versage ich mit Sicherheit.
- *Gefühle:* Ich muss mit einem Kollegen, den ich nicht ausstehen kann, das Projekt erfolgreich durchführen. – Gleichzeitig spüre ich: Es widerstrebt mir ganz erheblich, mich mit dem Kollegen arrangieren zu wollen.

Differenzierte Bestimmung: Diese Definition bezieht sich in der Literatur meistens auf interpersonelle und soziale Konflikte. Ein sozialer Konflikt wird demnach beschrieben als:

- eine Interaktion
- zwischen mindestens zwei Akteuren (Personen, kleinen oder großen Gruppen), wobei
- mindestens ein Akteur Unvereinbarkeiten (im Fühlen, Wahrnehmen, Denken, Wollen) in der Art erlebt, dass
- er in der Verwirklichung seiner Interessen eine Beeinträchtigung oder Behinderung durch andere Akteure empfindet, vermutet oder erfährt,
- sich in Abhängigkeit vom anderen Akteur glaubt und
- er sich (dennoch) bemüht, die erlebte Beeinträchtigung zu beseitigen beziehungsweise seine Interessen durchzusetzen.

Da diese Definition etwas unübersichtlich erscheint, hier einige Beispiele für *interpersonelle* beziehungsweise *soziale Konflikte:*

- *Bewertungen:* Frau S. hält ihren Vorschlag, der sich auf die Verbesserung des Berichtwesens bezieht, für nötig und sofort realisierbar. – Ihr Kollege, Herr W., glaubt indes, dass der Vorschlag zwar gut ist, aber zu früh kommt und kurzfristig keine Chance hat, umgesetzt zu werden.
- *Beurteilungen:* In der Diskussion, wie die Wirtschaft angekurbelt werden könne, vertritt Herr A. die Auffassung, die Binnennachfrage müsse gestärkt werden, während Frau F. Maßnahmen einleiten möchte, die die Investitionslust der Unternehmen aktivieren.
- *Interessen:* Die Leiterin der Finanzabteilung legt gemeinsam mit dem Controller großen Wert darauf, die einmal zugeteilten Budgets einzuhalten und auf keinen Fall zu überschreiten. Während der Leiter der Marketingabteilung dafür plädiert, auf situative Notwendigkeiten Rücksicht zu nehmen und daher das Überziehen von Budgets möglich zu machen und gleich in die Gesamtplanung miteinzubauen. Und: Er hat bereits überzogen!

In dem Verständnis von Konflikten sind zwei Aspekte besonders wichtig: Erleben unterschiedlicher oder gegensätzlicher Motive, Ziele usw., die nicht gleichzeitig realisierbar beziehungsweise unvereinbar sind.

Ihrer Aufmerksamkeit ist gewiss nicht entgangen, dass von Konflikterleben die Rede war. Das hat natürlich seinen Grund. Ein Konflikt ist nämlich nicht objektiv, das heißt unabhängig vom Empfinden der Person, vorhanden, sondern stets ein individuelles Erleben.

Konflikt als ein persönliches Erleben offenbart sich vor allem darin, dass wir Aspekte einer Situation als

- erlebenstörend empfinden, weil sie unseren gewohnten Handlungsablauf unterbrechen und uns zwingen einzuhalten, um uns neu zu orientieren;
- belastend empfinden, sodass wir angespannt sind, dringlichen Handlungsbedarf spüren und uns unter Lösungsdruck fühlen;
- gefährlich empfinden, weil Konflikte dazu neigen, sich auszuweiten und zu eskalieren und sich die Befürchtung in uns ausbreitet, Gestaltungs- und Kontrollmöglichkeiten zu verlieren.

Fazit

In einem Konflikt prallen mindestens zwei Tendenzen beziehungsweise Akteure zeitgleich zusammen, wollen Unvereinbares verwirklichen und erzeugen Handlungsdruck.
Ein Konflikt ist nicht objektiv vorhanden, sondern nimmt in einem subjektiven Erleben seinen Ausgang und zeigt sich als sozialer Prozess im Verhalten.

Schlüsselkompetenz: Konfliktfähigkeit

Vermutlich verhält es sich mit der Konfliktfähigkeit so: Jeder verlangt sie – und zwar vom anderen! Und wenn es »knallt« oder eine angespannte Atmosphäre herrscht (wie beim latenten Konflikt), dann versagen selbstverständlich immer die anderen. Sie sind eben nicht konfliktfähig!

In Beratungs- und Trainingssituationen frage ich oft, was unter Konfliktfähigkeit verstanden wird. Als Antworten erhalte ich vorzugsweise folgende:

- Achselzucken in Verbindung mit der Äußerung: »Hm, na ja, eben die Fähigkeit, mit Konflikten umzugehen.«
- »Auf einen Konflikt eingehen.« – Ich: »Gut – nur: wie?« – »Indem man miteinander redet.« – Ich: »Okay. Worüber?« – »Eben über den Konflikt.«
- »Toleranz und Offenheit! Man muss andere Meinungen respektieren können.« – Ich: »Guter Ansatz. Und wenn die von Ihnen zu respektierende Meinung, der Sie ja offen begegnen, Sie bedauerlicherweise daran hindert, Ihre eigenen Interessen zu verfolgen?« – »Dann muss man eben versuchen, einen Kompromiss zu finden.« – Ich: »Und wenn nach zahlreichen langen und schweißtreibenden Gesprächen kein Kompromiss in Sichtweite ist?« – Oft folgt Schweigen oder: »Ja, gut, ich meine, irgendwann muss man dann eben anfangen zu kämpfen.«

Lassen wir es bei diesen Äußerungen bewenden und widmen uns systematisch der Forderung, Konfliktfähigkeit zu steigern.

Als Synonym für Konfliktfähigkeit lesen Sie häufig Konfliktkompetenz. Kompetenz bezeichnet in diesem Fall nicht nur ein Vermögen, etwas, das wir prinzipiell können, sondern ein mobilisiertes Können. Kurz gesagt: Konfliktfähigkeit zeigt sich im Prozess der Auseinandersetzung. Sie wird damit zu einer Fertigkeit.

Das Ziel von Konfliktfähigkeit besteht in Folgendem:

- Konflikte frühzeitig, möglichst im Anfangsstadium, zu erkennen,
- Konflikte nach ihrer Art und ihrem Eskalationsgrad zu erfassen,
- eigene und fremde Beiträge zum Konfliktverlauf zu erkennen und entsprechend zu handeln.

Diese unmittelbaren Ziele haben ihrerseits ihren Grund. Es sollten

- tragfähige Lösungen gefunden,
- Loyalität ermöglicht,
- Vertrauen als Basis guter Beziehungen und Zusammenarbeit geschaffen,
- Toleranz und Offenheit gestärkt und
- eine faire Streitkultur ins Leben gerufen werden.

So weit, so gut. Die Ziele klingen hehr und deuten darauf hin, dass Konfliktfähigkeit etwas zu tun hat mit dem, was wir konstruktiv, aufbauend, nennen. Die sich erhebende Frage lautet folglich: Wie funktioniert das grundsätzlich? Und: Was müssten wir fundamental mitbringen, wenn wir uns diesem Zielbündel verschreiben?

Regina Mahlmann

Konfliktfähigkeit als Schlüsselkompetenz

Ob privat oder beruflich: Konflikte lauern überall und in jeder Situation. Sie sind allgegenwärtig. Sie sind nicht Gast, sondern Klette. Sie gehen nicht fremd, sondern sind äußerst anhänglich. Eine Anhänglichkeit – wenden Sie vielleicht ein –, auf die Sie gerne verzichten möchten. Eine Treue, die Sie vielleicht als beschwerlich und unheilvoll empfinden. Eine Allgegenwärtigkeit, die Sie vielleicht abschütteln wollen. Der *Konflikt als Feind.*

Aber: Der Konflikt kann durchaus Ihr Freund sein. Einer, der Ihnen die Wahrheit über Ihr Innerstes sagen kann. Einer, der Sie unterstützt, aber auch korrigiert. Ich möchte Ihnen die Augen dafür öffnen, inwiefern und unter welchen Voraussetzungen er das kann; was Sie tun können, um eine feindliche in eine freundschaftliche Beziehung umzukehren. Ich möchte Sie dafür erwärmen, den Konflikt als reinigendes Gewitter zu betrachten.

Zunächst zur Verdeutlichung einige Beispiele:

Woher kommen die Wolken?
»Ich wollte diesen Konflikt überhaupt nicht! Jedes Mal nehme ich mir vor, mich nicht provozieren zu lassen! Es klappt einfach nicht. Jetzt steh ich wieder einmal im Regen und frage mich, woher die Wolken kommen.«

Wie wird aus Wolken ein Gewitter?
Chef: »Ich hatte in der Gruppe nur zu ihm gesagt, er möge doch das nächste Mal seine Unterlagen besser vorbereiten und sich Rat bei seinen Kollegen holen, wenn er etwas nicht verstehe! Seitdem kriege ich kein Wort mehr aus ihm heraus!«
Mitarbeiter: »Seitdem er mich vor der Gruppe abgekanzelt und bloßgestellt hat, muss ich mich schwer zusammenreißen, wenn ich ihn sehe. Im Projekt sage ich lieber nichts mehr. Ich sehe rot, wenn er mich anspricht!«

Wie kommt es wieder zu einer Schönwetter-Periode?
»Meine zwei besten Mitarbeiterinnen wollen in eine andere Abteilung. Ich kann mir zwar vorstellen warum, da ich nämlich Teil des Konflikts bin. Ich will sie unbedingt behalten, weiß aber nicht, wie ich das anstellen kann.«

In Seminaren werde ich oft gefragt, wie man erklären könne, dass Konfliktfähigkeit ein populäres Thema sei – und Unternehmen Geld dafür ausgäben, um diese Kompetenz zu trainieren.

Wenn wir *Konfliktfähigkeit* in einen übergeordneten Zusammenhang einreihen, sehen Sie, dass Sie, liebe Leserin und lieber Leser, sich mit Ihrem Anliegen in erlauchter Gesellschaft befinden. Denn: Anhand von Büchern, Aufsätzen und der Nachfrage nach Workshops, Seminaren und individuellem Coaching zum Thema Steigerung der Konfliktfähigkeit wird evident: *Konfliktfähigkeit* wird seit einigen Jahren als eine *Schlüsselkompetenz* im Unternehmens- und damit im Arbeitsalltag gefordert und angepriesen. Beschränken wir uns in unserer Betrachtung auf den Sektor Führungsverhalten, so stellt sich (auch) hier die Frage: Warum eigentlich?

Ich möchte Sie nicht mit einer soziologischen Abhandlung in epischer Breite strapazieren. Deshalb reduziere ich die Nennung der Gründe auf jene Faktoren, die mir im Führungsalltag als wesentliche begegnet sind.

Warum wird Konfliktfähigkeit als Schlüsselkompetenz gefordert?

Generationenmix. In den meisten Unternehmen, gleichgültig welcher Größe, sind Personen aus zwei, oft sogar aus drei Generationen gemeinsam tätig: jene Personen, die ihrem Abschied entgegensehen; jene um die vierzig und jene, die gern als Youngster oder Newcomer bezeichnet werden. Diese Altersklassen bezeichnen unterschiedliche Generationszugehörigkeit, weil sie sich primär mental: in dem, wie und was sie denken; wie und was sie fühlen und schließlich wie sie sich (aus welchen Motivlagen heraus) verhalten, unterscheiden. Es geht um Werte, Normen und Weltanschauungen und mit ihnen verbundenen Verhaltensbereitschaften.

Veränderungen in der Objekt- und in der Subjektsphäre. Dies betrifft den Umgang mit organisatorischen Strukturen, mit administrativer Technik und Abläufen, mit Kommunikationsmedien und natürlich auch mit Menschen. Sie alle stellen Verhaltensanforderungen an die persönliche Flexibilität. Und nach meinen Erfahrungen führt dies insbesondere zu folgenden möglichen Konfliktpotenzialen:

- Man fragt sich, ob man sich selbst untreu wird, wenn beispielsweise eigene Ansprüche, die man an die Betreuung von Mitarbeiterinnen und Mitarbeitern stellt, im Tagesgeschäft untergehen.
- Man fühlt sich überfordert von dem Druck, lebenslanges Lernen täglich am Arbeitsplatz neben dem Tagesgeschäft verwirklichen zu müssen. Denn Lernen heißt immer auch: Verändern.
- Man ist verstärkt dem Zwang ausgesetzt, mit häufig wechselnden Partnern (Teammitgliedern, Vorgesetzten, Kunden) zurechtzukommen. Das heißt, man muss sich immer wieder neu arrangieren, Rivalitäten austragen, sich profilieren. Es ist psychisch anstrengender geworden, den Zustand des Eingespieltseins herzustellen.
- Der Wandel als verlässliches Kontinuum mutet den Betroffenen zu, mit Dissonanzen: mit Ungereimtheiten, Unausgereiftem, Gegensätzlichkeiten und Überschneidungen, fertig zu werden.

- Zunehmend arbeiten Menschen aus unterschiedlichen Kulturen und mit verschiedenen Muttersprachen zusammen. Häufig wird als Unternehmenssprache Englisch gewählt. Das bedeutet für einen großen Teil der Mitarbeiter, sich nicht in der Sprache ausdrücken zu dürfen, in der sie sich sicher fühlen und in der sie ein breites Spektrum an Ausdrucksmöglichkeiten haben.

Innerpsychische Prozesse werden ausgelöst und führen zu Schwierigkeiten im Beruf. Die einzelnen Vorgänge haben eine einzige Zielrichtung: das Selbstwertgefühl, die persönliche Souveränität und Integrität. Diese werden nämlich infrage gestellt durch:

- die Furcht, nicht allem gewachsen zu sein,
- Selbstzweifel,
- Eindruck und Gefühl, allein dazustehen,
- Gefühl des Burnouts, des Ausgebranntseins.

Das alles bedeutet: Wir sind heute einer bis dato nicht gekannten Vielfalt an Konfliktquellen und Konfliktanlässen ausgesetzt und müssen uns arrangieren. Das heißt im Klartext: Schon um der eigenen Glückseligkeit willen empfiehlt es sich zu lernen, was man tun könnte, um mit konfliktschwangeren Situationen ökonomisch(er) umzugehen.

Warum investieren Unternehmen Geld in Trainings und Coachings, um die Konfliktfähigkeit ihrer Mitarbeiter zu steigern? Die Antwort fällt kurz aus und hat einen psychologischen und einen soziologischen Aspekt:

- Es verbindet sich damit die Hoffnung, Konflikte (und sonstige Probleme) handhaben und lösen zu können.
- Das Problem kann personalisiert werden. Das heißt: Da Personen handeln, sollen sie auch Konflikte ausbaden und – wie es so schön heißt – bewältigen. Da das Konfliktmanagement somit auf Menschen abgewälzt werden kann, muss weniger Energie und Sorgfalt darauf verwendet werden, konzeptionelle und strukturelle Vorkehrungen zu treffen, um Konfliktanlässe weniger wahrscheinlich zu machen.

Fazit

Konfliktfähigkeit ist zu einer Schlüsselkompetenz geworden, weil sie im praktischen Alltag im wahrsten Sinne des Wortes notwendig geworden ist.

Denken Sie sich nur einmal in folgendes Beispiel hinein:

Zurzeit empfinden Sie Ihre Abteilung als Inferno: Das Unternehmen unterzieht sich einer Reorganisation, von der Ihre Abteilung maßgeblich betroffen ist. Ferner müssen Sie zwei neue Mitarbeiter einstellen und aus einem Bewerberpool aus-

wählen. Außerdem spukt das Gerücht herum, dass Sie in Kürze einen neuen Chef erhalten, von dem Sie bisher nicht gerade Positives gehört haben. Zu allem Überfluss herrscht in einem ihrer Projektteams dicke Luft, weil die Mitglieder um Kompetenzen rangeln.
Am Montagmorgen laufen Sie den Flur entlang, um in Ihr Büro zu kommen und hören bereits von weitem, dass sich zwei Projektmitarbeiter lauthals streiten.
»O je«, fährt es Ihnen durch Leib und Seele, »geht das schon am Montagmorgen los!« Sie beschleunigen Ihren Schritt, schlängeln sich an dem Büro der beiden Streithähne vorbei und schließen, einen Seufzer ausstoßend, schnell die Tür Ihres Büros auf.
Diese seit Wochen andauernden Spannungen sind nicht spurlos an Ihnen vorbeigegangen. Im Gegenteil: Sie geben sich selbst gegenüber zu, dass sie Sie belasten. Und natürlich wissen Sie, dass es eine Ihrer Führungsaufgaben ist, in den Dauerkonflikt einzugreifen und zu moderieren oder als Mediator zu wirken. Sie haben das bis heute vermieden und Sie spüren, dass Sie diese Vermeidungsstrategie beibehalten möchten. Sie hoffen, die Zeit möge irgendwie für Sie arbeiten.

Zugegeben, ich habe die Situation stilisiert. Aus Gesprächen weiß ich allerdings, dass sie gar nicht so abwegig ist. Wie dem auch sei, das Beispiel zeigt zweierlei.

Erstens: In der Regel lernen wir nicht systematisch, mit Konflikten konstruktiv umzugehen. Wir lernen es eher beiläufig. Die Folge davon ist: Wir verfügen über wenig Wissen und geringe Kompetenz, gerade in konfliktgeladenen Situationen methodisch oder einfach nur wohl überlegt und vernünftig begründet zu agieren. Die Folge hiervon: Wir fühlen uns in solchen Situationen unwohl. Folglich tendieren wir dazu zu flüchten, anzugreifen oder – letzt endlich – nicht tragfähige, sondern so genannte faule Kompromisse einzugehen. Mit anderen Worten: Wir neigen dazu, schnelle Lösungen zu suchen. (Die Frage ist nur: für welches Problem beziehungsweise für wessen Konflikt?) Diese schnellen Lösungen entbehren häufig der Nachhaltigkeit. Sie wirken nur kurzfristig, weil der Mut fehlte, eine intensive Aus-ein-ander-setzung zu wagen.

Zweitens demonstriert die beispielhafte Situation, dass es in der Praxis sinnvoll ist, Konflikterleben in dreierlei Hinsicht zu beleuchten:

- Was geschieht innerhalb unseres Ichs, wenn sich ein Konflikt anbahnt beziehungsweise ausgebrochen ist? Diese Perspektive wird intrapersonal genannt, weil sie sich mit Prozessen innerhalb der Person beschäftigt.
- Was passiert, wenn zwei Personen an einem Konflikt beteiligt sind? Dies bezeichnet den interpersonellen Gesichtspunkt, da das zwischenmenschliche Geschehen fokussiert wird.
- Was geht vor, wenn eine Gruppe von einem Konflikt betroffen ist? Hier konzentriert sich die Betrachtung auf die gruppendynamischen Prozesse, da mehr als zwei Personen beteiligt sind.

Regina Mahlmann

Innere Konflikte

Aus: Konflikte managen

Was verstehen wir unter einem inneren Konflikt?

Jeder Konflikt, an dem wir beteiligt oder von dem wir betroffen sind, nimmt seinen Ausgang in uns, in der Person selbst. Kein Mensch kann neutral bleiben, wenn er von einem Konflikt betroffen oder an ihm beteiligt ist. Das Konflikterleben ist primär eine Gefühlsreaktion.

Um die persönliche Konfliktfähigkeit steigern zu können, sollten Sie verstehen, welche Bedingungen und Prozesse an der Konfliktentstehung beteiligt sind. Diese Notwendigkeit erfahre ich immer wieder in meinen Trainings. Teilnehmer und Teilnehmerinnen stellen stets Fragen danach, wie sie sich Entstehung und Verläufe erklären und Umgehensweisen vorstellen können. In diesem Kapitel gehe ich darauf ausführlich ein.

Wir erleben einen inneren Konflikt, wenn sich mindestens zwei Seelen in unserer Brust streiten. Sie drängen uns in unterschiedliche, manchmal divergente Richtungen, die wir zeitgleich einschlagen sollen. Aber sie sind unvereinbar: die Torte jetzt verspeisen – und sie nicht essen; der Kollegin den Tratsch über sie mitteilen – und darüber zu schweigen; dem Versetzungsgesuch folgen – und es abzulehnen.

Besonders vertraut sind ethisch begründete Konflikte, oft auch Gewissenskonflikte genannt: Ich sollte dies tun oder sagen oder meinen – tu, sage oder meine aber gleichzeitig auch etwas anderes. In diesem Fall der Gewissenskonflikte versagen wir vor eigenen normativen Ansprüchen oder denen der bedeutsamen sozialen Umwelt. Und das nagt am Selbstbild und Selbstwertgefühl. Hierin liegt eine entscheidende Quelle für die innere Konfliktentstehung.

Ganz im Sinne der Definition des sozialen Konfliktbegriffs tritt ein innerer Konflikt dann auf, wenn

- mindestens zwei innere Stimmen sich zur selben Zeit Gehör und Realität verschaffen wollen,
- diese Stimmen vom Ich der Person als zeitgleich unvereinbar beurteilt werden,
- die Verwirklichung der einen Stimme dem Geheiß der anderen widerspricht oder sie beeinträchtigt,
- die Person der Auffassung ist, dass die Entweder-oder-Logik gilt, also das Ausschlussprinzip.

Je stärker dieser Zwist unser Selbstwertgefühl berührt, desto wichtiger ist für uns die Klärung oder Lösung und desto intensiver empfinden wir den Konflikt.

Woran erkennen wir innere Konflikte?

Je bedeutsamer uns ein Votum für die eine oder die andere der gegenläufigen Stimmen ist, desto lebendiger durchleben wir die Merkmale seelischer Konflikte. Wir fühlen uns dann aus dem Gleichgewicht geworfen und verunsichert. Die Störung bestürzt, schreckt auf und irritiert. Häufig sind diese Gefühle begleitet von Anspannung und Disstress (negativer Stress).

Noch bevor wir rational darüber nachdenken, baut sich eine Spannung auf, die wir als belastend und daher unangenehm empfinden. Das drückt sich beispielsweise in Redewendungen aus wie: die Nerven sind zum Zerreißen gespannt. Je existenzieller die Konfliktfrage uns erscheint, desto eher fahren wir mit unseren Gefühlen und Gedanken Karussell – beziehungsweise sie mit uns. Denn sie lassen uns nicht zur Ruhe kommen. Das Abschalten fällt uns schwer. Insofern hat der intrapersonale Konflikt uns – und wir nicht ihn (Friedrich Glasl). Je weniger wir bestimmen können, wann wir uns ihm widmen, und je weniger wir seinen Lauf steuern können, desto mehr beherrscht er uns und nicht wir ihn.

Diesem Ausmaß an Dominanz sind wir natürlich nicht in jedem Konflikt ausgesetzt. Die Gefühle der Unsicherheit, Anspannung und Belastung jedoch sind untrügerische Kennzeichen eines seelischen Konflikts. In jedem Fall ringen wir um Präferenzbildung, um eindeutige Plädoyers für die eine oder andere Seite. Wir fühlen also einen Druck, eine Entscheidung treffen zu müssen. Dabei springen wir in unseren Fantasien häufig hin und her: Einmal sprechen mehr Gefühle und/oder Argumente für die eine, dann wieder für die andere Seite; einmal malen wir uns die möglichen Folgen bezüglich der einen Richtung in rosaroten Farben aus – und Augenblicke später versetzt uns die Vision, die wir mit der gegensätzlichen Richtung verbinden, in euphorische Stimmung. Diese Ambivalenz ist also ein weiteres Charakteristikum für intrapersonale Konflikte.

Welche Arten innerer Konflikte können wir unterscheiden?

Der Psychologe Kurt Lewin gliedert innere Konflikte in eine dreiteilige Typologie. Sie ist sehr verbreitet und schält pointiert heraus, wann wir uns innerlich zerrissen fühlen.

Annäherungs-Annäherungs-Konflikt

Stellen Sie sich bitte vor, Ihnen ist glaubhaft eine glänzende und von Ihnen angestrebte Karriere in der Firma, in der Sie arbeiten, in Aussicht gestellt worden und die erste Etappe steht in wenigen Wochen bevor. Sie sind folglich hoch motiviert und fühlen sich blendend. Eines Vormittags werden Sie von einem Headhunter kontaktiert, der Ihnen ein viel versprechendes Angebot unterbreitet. Da Sie neugierig sind, treffen Sie sich mit ihm. Das Gespräch lässt das Angebot äußerst attraktiv erscheinen. Die Verlockung, es anzunehmen, ist groß. Und jetzt? Jetzt sitzen Sie in der Klemme, wenn auch in einer außergewöhnlich komfortablen. Denn Sie müssen sich ja nur zwischen zwei sehr positiven Optionen entscheiden.

Fazit

Von einem Annäherungs-Annäherungs-Konflikt sprechen wir folglich dann, wenn wir zwischen (mindestens) zwei Zielen entscheiden müssen, die wir für gleichermaßen wertvoll und erstrebenswert halten, die sich aber eben nicht gleichzeitig realisieren lassen. Die Entscheidung für das eine entspricht folglich dem Verzicht auf das andere.

Annäherungs-Vermeidungs-Konflikt

Spinnen wir das obige Beispiel weiter: Sie stehen also vor der Entscheidung, in Ihrer Firma zu bleiben oder dem Lockruf des neuen Unternehmens zu folgen. Beide Perspektiven klingen viel versprechend. Jetzt beginnen Sie, sich auszumalen, welche Konsequenzen welche Entscheidung nach sich zöge. Da Sie bestrebt sind, die für Sie richtige Option zu wählen, kreist die innere Diskussion um Vor- und Nachteile, Chancen und Risiken, um begründete Erwartungen und Wünsche, die Sie mit den Möglichkeiten verbinden. Diese Überlegungen und die mit ihnen verschlungenen Emotionen richten sich auf Zukünftiges. Sie können folglich nicht wissen, sondern nur vermuten. Es gibt keine garantierte zukünftige Laufbahn. Bei-

des: das gleichzeitig Erstrebenswerte und das Ungewisse, sind Quellen dieses inneren Konflikts und machen die Wahl zur Qual.
Nach einer Phase innerer Konfusion wägen Sie systematisch ab. Das Fazit dieses Sortierungs- und Gewichtungprozesses kristallisiert heraus, dass Sie Befürchtungen haben. Sie befürchten, sich durch einen Verzicht in jedem Fall (neben Vorteilen) auch Nachteile einzuhandeln. Dies markiert einen Wendepunkt im Konflikterleben. Die vormals luxuriös anmutende Konfliktkonstellation mutiert in einen ernsthaften Konflikt, der Ihnen die Entscheidung zusätzlich erschwert. Dies tut er durch Ihre Furcht, möglicherweise etwas Falsches tun zu können. Jetzt sitzen Sie in der Falle des Annäherungs-Vermeidungs-Konflikts.

Fazit

Der Annäherungs-Vermeidungs-Konflikt zeichnet sich dadurch aus, dass wir vor einer Entscheidung stehen, die sowohl Angenehmes und Wertvolles als auch Unangenehmes und Nicht-Erstrebtes bringt. Wir befürchten, uns durch ein klares und »maß-gebliches« Votum unrevidierbare Nachteile einzuhandeln oder Chancen für immer zu vergeben.

Vermeidungs-Vermeidungs-Konflikt

Um diesen Konflikt-Typus beispielhaft einzuführen, versetzen Sie sich bitte in die folgende Situation: Nehmen wir an, Sie führen eine Abteilung mit fünf Personen. Obwohl die Arbeitsbelastung extrem hoch ist, wird Ihnen keine Neueinstellung zugestanden. Mehr noch: Frei werdende Stellen dürfen nicht neu besetzt werden. Nun befindet sich unter diesen bereits überbelasteten Personen ein Mitarbeiter, dessen Arbeitsleistung derartig niedrig anzusiedeln ist, dass er das Geld, das er kostet, nachweislich nicht erwirtschaftet. Sie (und auch der Kollegenkreis) sind äußerst unzufrieden. Sie überlegen, ihm zu kündigen. Das wäre nur folgerichtig, denken Sie, denn die Abteilung zahlt drauf. Andererseits, überlegen Sie weiter, eignet sich der Mitarbeiter immerhin dafür, anfallende Routinetätigkeiten zu übernehmen. Dadurch entlastet er die anderen. Folglich schließen Sie die Kündigung aus Ihrem Kalkül aus. Entlassen – behalten: Beides gefällt Ihnen nicht. Sie befinden sich somit in der Zwickmühle eines Vermeidungs-Vermeidungs-Konflikts, weil Sie am liebsten nichts von beidem und lieber etwas ganz anderes täten.

Fazit

Für den Vermeidungs-Vermeidungs-Konflikt ist typisch, dass wir uns zwischen Möglichkeiten entscheiden müssen, die wir gleichermaßen als unattraktiv bis unangenehm einschätzen. Wir sitzen in einem negativen Dilemma, weil wir nur das kleinere der Übel (nicht aber eine als positiv empfundene Alternative) wählen können.

Woher rühren innere Konflikte?

Die Psychologie ist die Wissenschaft, die sich der Erforschung der geistig-seelischen Motive und Motivationen menschlichen Verhaltens verschrieben hat. Wie jede Wissenschaft bringt auch die psychologische Forschung unterschiedliche Antworten hervor. Im Folgenden beschränken wir uns auf jene Aspekte, die für unsere Fragestellung besonders ergiebig sind. Wir befragen Tiefenpsychologien, Verhaltenstheorien, Entscheidungstheorien und kognitive Theorien.

Ursachen innerer Konflikte: Tiefenpsychologien

Heute finden wir den Ausdruck Tiefenpsychologie als Sammelbegriff für drei Psychologierichtungen: die Psychoanalyse Sigmund Freuds, die Individualpsychologie Alfred Adlers und die analytische Psychologie C. G. Jungs.

Vielleicht fragen Sie sich an dieser Stelle, warum Sie die wesentlichen Züge dieser Theorien kennen sollten. Wie eingangs erwähnt, werde ich in Seminaren häufig nach möglichen Erklärungen innerer Konflikte gefragt. Die folgenden Theorien bieten Erklärungsmodelle an. Mit ihrer Hilfe können wir besser verstehen und folglich gezielter handeln lernen. Hinzu kommt, dass die Theorien in unsere Alltagssprache eingeflossen sind. Wer kennt nicht die Begriffe *Es, Ich* und *Über-Ich* von Sigmund Freud? Wer hantiert nicht mit dem Begriff des Minderwertigkeitsgefühls von Alfred Adler? Wer sucht den Schuldigen für Konflikte nicht schon einmal in der Midlifecrisis, die auf Carl Gustav Jung verweist? Meistens werden diese Begriffe gebraucht, ohne dass verstanden ist, was sie genau meinen. Und was wir nicht verstehen, davon sollten wir schweigen – oder uns um Verstehen bemühen. Genau dies tut das vorliegende Kapitel.

Sigmund Freud: Psychoanalyse

Nach Sigmund Freud offenbaren sich in allen Lebensäußerungen unterdrückte Wünsche und unbewusste Konflikte. Nach ihm stehen psychische Vorgänge im Spannungsfeld von einerseits dem Sexualtrieb oder der Libido, dem Streben nach sinnlicher Lust (Lustprinzip) und andererseits der Ichtriebe, dem Streben nach Selbsterhaltung (Realitätsprinzip). Zwischen Lust- und Realitätsprinzip gibt es Konflikte, wenn die Libido die Person zu anderem Handeln motivieren will, als es das Realitätsprinzip für sinnvoll erachtet.

Dies führt uns zu dem Strukturmodell der Persönlichkeit: den Instanzen *Es, Ich* und *Über-Ich*. Es handelt sich dabei um ein Denkmodell, das den Aufbau und die Motivation der Person in Bewusstseins-Systeme gliedert. Das Es beherbergt danach das primäre triebhafte Luststreben. Es steuert jene Verhaltensweisen, von denen wir sagen: aus dem Bauch heraus. Das Es überlegt nicht, sondern übersetzt Triebimpulse sofort in Handlungen. In seiner Spontaneität bevorzugt es jene, die ihm Lustgewinn bringen. Das Über-Ich ist dem Lustprinzip abhold. Es hat die Funktion des Gewissens, also des Bewertens und (ethisch, moralisch) des Beurteilens. Es verkörpert die verinnerlichten Normen und Werte in Form von Moralcodices. Seine Bezugsrahmen definieren, was eine Person soll und nicht soll, darf und nicht darf. Das Über-Ich legt normative Messlatten. Zwischen dem nach Lust strebenden Es und dem normativ geleiteteten und pflichtbewussten Über-Ich kommt es häufig zum Streit. Die Person-Instanz Ich tritt deshalb vermittelnd auf. Dem Ich obliegt die Aufgabe, Trieb- oder Lustimpulse des Es in Verhalten zu übersetzen, das für das strenge Über-Ich akzeptabel ist. Solange dem Ich gelingt, Triebe zu domestizieren und sie gewissenhaft zu befriedigen, und solange es ihm gelingt, den Aufforderungen des Über-Ichs in einer Weise nachzukommen, die auch Lustgewinn verheißt, vertragen sich Es und Über-Ich. Zur Verdeutlichung folgendes Beispiel:

Schönes Wetter – Lust auf Baden gehen (Es). Schönes Wetter – Erst die Pflicht, dann das Vergnügen (Über-Ich).

Wege der inneren Konfliktlösung: 1. Das Es überredet das Über-Ich: Baden bis 18.00 Uhr, dann Pflicht. 2. Das Über-Ich überredet das Es: Bis Mittag Pflicht, dann bis 18.00 Uhr Baden, dann wieder Pflicht. Gelingt dieses Austarieren dem Ich nicht und die Verhandlung läuft auf eine Patt-Situation hinaus, streiten die beiden Instanzen Es und Über-Ich um die Dominanz. In dem Beispiel könnte das so ablaufen: Das Es versucht die erste Variante, das Über-Ich die zweite. Beide sind uneinig. Das Es: Nein, nein! Wer weiß, wie lange die Sonne scheint! Lieber gleich Baden gehen! Das Über-Ich: Wenn du erst beim Baden bist, kriegt man dich vor dem Abend nicht weg von dort. Dann könnte es für die Pflichterfüllung zu spät sein. Also erst die Pflicht. Schnell daran und schnell davon.

Der Ich-Instanz gelingt es hier nicht, eine Einigung herzustellen, sodass es zu einem inneren Konflikt kommt. Das Ich, das im Dienst des positiven Selbstwertgefühls steht, muss zwischen Es und Über-Ich vermitteln. Es steht in dem Kräftemessen nicht mittellos da. Es verfügt über Hilfsmittel, die Freud *Abwehrmechanismen* nennt. Insbesondere drei von ihnen spielen für das Entstehen innerer Konflikte eine wichtige Rolle. (Sie werden uns beim Thema Eskalation sowie bei den Lösungsmöglichkeiten noch einmal begegnen.)

Ein Abwehrmechanismus des in Bedrängnis gebrachten Ichs ist die *Projektion*. Jene seelischen Regungen, die das Ich nicht akzeptiert, will es bei sich selbst nicht wahrnehmen, weil dies dem Selbstbild Schaden zufügen würde. Deshalb blendet es sie aus – und schreibt sie anderen Personen zu.

Im Konflikt mit einer Kollegin ereifern Sie sich über deren Beliebtheit (Neid), indem Sie ihr unterschieben, sich bei den anderen anzubiedern. (Somit haben Sie einen moralisch annehmbaren Grund, sich über sie zu echauffieren; denn anbiedern ist in unserer Kultur ein negativer Wert.)

Ein weiterer Abwehrmechanismus ist *Verdrängung:* Impulse aus dem Es, deren Befriedigung das Über-Ich verbietet, werden vom Ich in das Unterbewusste oder Unbewusste abgedrängt. Die verschmähten Impulse wirken aber noch, liegen auf der Lauer und müssen ständig in Schach gehalten werden, damit sie im Dunkeln bleiben. Sie sind latent und halten die Person in einem permanenten Spannungszustand (Angst oder Aggression). Das Ich braucht Energie, um die Impulse im Verborgenen zu belassen. Sobald es aber schwächelt, etwa in Zeiten erhöhter Belastung, sehen die Es-Impulse ihre Stunde gekommen und drängen ins Bewusstsein zurück an die Oberfläche. Dies verunsichert (Angst vor …) oder stimmt gereizt (Aggression gegen …).

Der Chef hat dem Mitarbeiter eine Beförderung versprochen. Weder die Beförderung noch ein weiteres Gespräch folgen. Der Mitarbeiter ist sehr enttäuscht, verdrängt diese Verletzung seines Selbstwertgefühls und denkt nicht mehr daran. In einer länger dauernden Phase der Arbeitsüberlastung braucht der Mitarbeiter besonders viel Energie für den Arbeitsalltag. Er muss sozusagen alle Energiereserven mobilisieren. Deshalb bleibt ihm nichts anderes übrig, als Energien, die die Verletzung in der Verdrängung halten, anzuzapfen. Er bezieht von dort Energien – und beginnt, den Chef zu meiden oder ihm patzige Antworten zu geben.

Der dritte Abwehrmechanismus, der uns interessiert, ist die *Sublimierung:* Sozial nicht erwünschte beziehungsweise verachtete Motive oder Handlungen werden in sozial anerkannte Motive beziehungsweise Handlungen umgewandelt.

Ich würde meine Kollegin am liebsten vor Wut anschreien – tue dies aber nicht, sondern verberge meine Wut in zynischen, doppelbödigen oder betont freundlichen Bemerkungen. Oder: Am liebsten würde ich aus Zorn jemand schlagen – tue dies aber nicht, sondern gebe meinem Zorn darin Ausdruck, dass ich besonders heftig diskutiere. Oder: Am liebsten würde ich aus Freude auf dem Bürotisch tanzen – unterlasse das aber und reiße stattdessen meine Arme hoch, lache besonders herzlich oder mache Witze.

Zusammenfassung

Auf die Frage »Woher rühren intrapersonale Konflikte?« antwortet die Psychoanalyse: Sie kommen aus dem Kampf zwischen Trieb- und Lustimpulsen des Es einerseits und der Erziehung zu Selbstkontrolle und Disziplin durch Ich und Über-Ich andererseits. Anders gesagt: Das Es stößt auf Verbote des Über-Ichs und die disziplinierenden Wirklichkeitsanforderungen des Ichs. Dieser Grundkonflikt ist Mutter aller inneren Konflikte.

Alfred Adler: Individualpsychologie

Alfred Adler verdanken wir die Erkenntnis, dass Verhaltensweisen in Verbindung mit dem Selbstwertgefühl stehen. Von ihm stammen die weitläufig bekannten Konzepte Minderwertigkeitsgefühl und Kompensation.

Adler nimmt an, dass psychische Vorgänge und Handlungen Ausdruck des Strebens nach Zugehörigkeit und Geltung oder Macht sind: Wir wollen Einfluss nehmen, gestalten, auf andere und anderes einwirken. Er geht davon aus, dass es im Leben jedes Menschen Phasen und Bereiche gibt, in denen er sich im Vergleich zu anderen minderwertig fühlt und darunter leidet. Dieses Leidensdrucks wollen sich Menschen über den Mechanismus der Kompensation entledigen. Die Ursache, nämlich das Gefühl der Minderwertigkeit, auszugleichen erfolgt prinzipiell auf zwei Wegen: durch das Erzielen von Überlegenheit und durch das Erzielen von Zugehörigkeit. Zu inneren Konflikten kommt es dann, wenn die Kompensation nicht gelingt und wir uns trotz Mühen minderwertig fühlen.

Beispielsweise möchte ich mich einer Gruppe zugehörig fühlen und bemühe mich so sehr, dass ich eigene Bedürfnisse stark unterdrücke, um sozial erwünscht und ausschließlich im Sinne der Gruppe zu agieren. Indem ich mein Verhalten vorzugsweise auf das abstelle, was die Gruppe vermutungsweise belohnt, überkompensiere ich mein Defizit an Zughörigkeit durch extreme Anstrengungen und Selbst-Vergessenheit.
Das Minderwertigkeitsgefühl führt auch zu sozialen Konflikten, wenn wir überkompensieren, indem wir zu viel des Guten tun. Andere verstehen dann nicht, worin unser eigentliches Motiv besteht. Beispielsweise zeigen wir in unserem Bemühen, fachlich anerkannt zu werden, derartig viel Eifer, dass wir arrogant wirken.

Zusammenfassung

Nach Alfred Adler werden innere Konflikte aus der Anstrengung geboren, das Gefühl der Minderwertigkeit zu kompensieren und einen eigenen Lebensstil zu entfalten, der sowohl die Sehnsucht nach Geltung als auch nach Gemeinschaft befriedigt.

Carl Gustav Jung: Analytische Psychologie

C.G. Jung greift Freuds Begriff der Libido zwar auf, besetzt ihn aber mit einer anderen Bedeutung. Libido meint hier die allgemeine Lebensenergie, die sich gleichermaßen in der Suche nach Lust und Sinnhaftigkeit offenbart. Wie bei Freud und Adler ist es bei C.G. Jung das Unbewusste, das unser Streben und Handeln motiviert. Jung stellt unser Streben nach Selbstentfaltung und Sinn in den Vordergrund.

Nach Jung besteht die Aufgabe des Menschen darin, sich selbst zu verwirklichen und den Ausgleich zwischen Bewusstem und (individuellem und kollektivem) Unbewusstem zu finden. Dazu gehört, Einstellungen und psychische Funktionen auszubilden, die unsere Gesamtpersönlichkeit entwickeln. Er nennt dies *Individuation* (Selbstwerdung).

Innere Konflikte haben hier ihre Wurzel. Der Prozess der Individuation erleidet Störungen. Zum einen, in der ersten Lebenshälfte, durch den Widerstreit von Es, Ich und Über-Ich (Freud) und das komplizierte Kompensieren des Minderwertigkeitsgefühls. Zum anderen dadurch, dass wir soziale Rollen zu erfüllen haben. Gleichzeitig dürfen wir nicht in ihnen aufgehen, sondern müssen uns von ihnen distanzieren, um unseren Weg der Selbstwerdung beizubehalten. In der zweiten Lebenshälfte beschäftigen wir uns zunehmend mit Fragen nach dem Lebenssinn.

Als Beispiel kann hier die so genannte Midlifecrisis dienen. Weniger populär formuliert: Wenn wir bemerken, dass uns weniger die Alltagsfragen als das Fragen nach dem »Wofür eigentlich?« beschäftigen – dann befinden wir uns in der zweiten, eher metaphysisch ausgerichteten Lebensphase. Hier erleben wir innere Konflikte, wenn wir meinen, dass wir unser bisheriges Leben »falsch« gelebt haben …

Zusammenfassung

Nach C.G. Jung rühren Konflikte in der ersten, der pragmatischen Lebenshälfte aus dem persönlichen Streben nach Geltung und Zugehörigkeit sowie aus den Zwistigkeiten von Lust- und Realitätsprinzip. In der zweiten Lebenshälfte werden sie durch die Hinwendung zur Suche nach dem persönlichen Lebenssinn ausgelöst und offenbaren sich in einer weniger pragmatischen als metaphysischen Orientierung.

Ursachen innerer Konflikte: Verhaltenstheorien

Im folgenden Abschnitt befassen wir uns mit der grundsätzlichen Logik von Verhaltenstheorien. Auch dieses Wissen ist für die Praxis nützlich. Verhaltenstheorien können verständlich machen, wie wir uns das Entstehen innerer Konflikte auf der Verhaltensebene erklären können. Ferner eröffnen sie uns, wie wir uns verhalten sollten, um mit inneren Konflikten fertig zu werden.

Die Tiefenpsychologien fokussieren die Motive menschlichen Handelns. Sie wollen über Introspektion, also Selbstschau, erklären, warum ein Mensch einen inneren Konflikt hat. Demgegenüber halten sich Verhaltenstheorien an das, was wir beobachten können. Sie lenken den Blick auf das zielgerichtete Verhalten und halten nach Reizen Ausschau, die eine bestimmte Antwort (Reaktion) auslösen.

Die Grundlogik aller Verhaltenstheorien nimmt eine Verbindung zwischen Reiz (Stimulus) und Reaktion (Response) an. Diese Verbindung kann direkt oder vermittelt sein. Direkt heißt: Wir können eine klare Verbindung zwischen Reiz und Reaktion ausmachen. Vermittelt bedeutet: Die Reize, die Verhalten auslösen, sind nicht eindeutig zu identifizieren.

Die verhaltenstheoretische Forschung zeigt für unsere Frage vor allem dies: Ursachen für *innere Konflikte* liegen in der Fülle und Unterschiedlichkeit von Reizen, die auf uns einströmen und uns gleichzeitig (!) zu verschiedenen, unvereinbaren Reaktionen anhalten. Wer die Wahl hat, hat die Qual!

Soll ich am Wochenende mein Büro aufräumen (weil das Chaos unübersehbar ist) oder ans Meer fahren (weil die Sonne so hell vom blauem Himmel lacht)? Soll ich direkt sagen, was ich von dem Projektantrag halte (weil die vorliegenden Daten eine abschlägige Antwort prädestinieren), oder soll ich lieber im Strom der Hoffnungen und Meinungen der Kollegen mitschwimmen (weil sie mir anderes übel nähmen)?

Zusammenfassung

Verhaltenstheorien sehen die Entstehungsbedingungen von inneren Konflikten darin, dass unterschiedliche bis gegensätzliche Reize gleichzeitig zu bestimmten – und damit ebenfalls unvereinbaren – Reaktionen auffordern.

Ursachen innerer Konflikte: Entscheidungstheorien und kognitive Theorien

Wir treffen Entscheidungen im wahrsten Sinne des Wortes am laufenden Band. Die Notwendigkeit, sich für oder gegen etwas zu entschließen, gehört zu unserem Leben. Unterschiedlich allerdings ist, wie intensiv die inneren Konflikte ausfallen, die Entscheidungen vorangehen. Entscheidungen sind Weggabelungen. Wir »scheiden« das Mögliche in ein »jetzt« oder in ein »nie« oder »später vielleicht«. Entscheidungen bedeuten »ja« für die eine und »nein« für alle anderen Möglichkeiten. Deshalb fallen uns vor allem bedeutsame und zukunftsweisende Entscheidungen schwer. Wir werden im Folgenden betrachten, welchen Beitrag

- Prozesse der Wahrnehmung,
- kognitive Prozesse und
- Einstellungen

zum Entstehen innerer Konflikte leisten.

Prozesse der Wahrnehmung

Die Erforschung der Wahrnehmung begann im 19. Jahrhundert mit der Gestalttheorie und dauert bis heute an. Die Beschäftigung mit Wahrnehmungsprozessen führte unter anderem zu der Erkenntnis, dass wir auf zwei Weisen unsere Wirklichkeit schaffen: Zum einen erzeugen wir sie, indem wir Details zu einem sinnhaften Ganzen (zur

Gestalt) ordnen. Zum anderen konstruieren wir unsere Wirklichkeit, indem wir Ganzheiten wahrnehmen und die Details so einordnen, dass sie in die Gestalt hineinpassen. Eine populär gewordene Erkenntnis lautet: *Das Ganze ist mehr als die Summe seiner Teile.* Präziser müsste man sagen: Das Ganze ist etwas anderes als die Summe seiner Teile. So entsteht aus der Zusammenkunft zweier Personen beispielsweise eine Freundschaft. Die Beziehung: Freundschaft ist damit mehr als die Anzahl der Personen.

Im Alltag verlassen wir uns häufig auf unsere Wahrnehmungen und auf die mit ihnen verbundenen Beurteilungen: Wir hinterfragen sie nicht, sondern gehen davon aus, dass sie stimmen und einzig wahr sind. Darin liegt eine der wichtigsten *Konfliktquellen.* Denn wir machen uns zu wenig bewusst, wie subjektiv unsere Wahrnehmungen und Bewertungen sind und von welchen Faktoren abhängt, was wir für-wahrnehmen. Wissen wir um diese Einflüsse, können wir besser verstehen, warum Konflikte auftauchen. Dadurch gewinnen wir an Handlungsmöglichkeiten, konstruktive Lösungen zu finden. Aus diesen Gründen möchte ich Ihnen die für das Entstehen von Konflikten wichtigsten *Hypothesen der sozialen Wahrnehmungstheorie* vorstellen:

Körperliche Bedürfnisse bestimmen mit, was wir wie wahrnehmen. Stellen Sie sich bitte vor, Sie sind verantwortlich für die internationalen Produktionsstätten Ihrer Firma. Sie kommen gerade aus den USA zurück, als Sie die Nachricht erreicht, dass Sie sofort (!) nach Japan reisen müssen, weil dort eine katastrophale Panne passiert ist. Völlig erschöpft kommen Sie in Tokio an. Und obwohl Sie wissen, dass Sie als Erstes zur Produktionsstätte fahren sollten, ertappen Sie sich – na, wobei? Dabei, dass Sie leider keine gute Verkehrsanbindung finden können, Ihnen dafür umso mehr Hotels auffallen!

Stimmungen und Einstellungen prägen unsere Wahrnehmung in ähnlich selektiver Weise. Denken Sie an das viel zitierte halb gefüllte Glas: für den einen ist es halb voll, für den anderen halb leer. Sind wir verliebt, erscheint die Welt rosarot und Belastendes ist halb so schlimm. Gehören wir zu der Spezies der positiv Eingestellten (Gustav Gans: Ich habe immer Glück), nehmen wir Fehlschläge eher von der sportlichen Seite und riskieren sie auch, als betrachteten wir uns als chronische Pechvögel (Donald Duck).

Vor- oder Lernerfahrungen formen unsere Wahrnehmung. Das, was wir kennen und daher erwarten, registrieren wir eher und schneller als Unbekanntes und Unerwartetes. Worauf wir unsere Aufmerksamkeit besonders lenken, hängt davon ab, was uns vertraut und erwartbar erscheint. In Seminaren erziele ich die meisten Aha-Effekte mit dem folgenden Beispiel.

Angenommen, ein Laien- und ein Profifotograf schauen sich gemeinsam die Urlaubsfotos des Laien an. Worauf wird der Laie besonderen Wert legen? – Sicherlich auf den Erlebniswert, den die Bilder symbolisieren. Der Profi wird technisch urteilen: Lichtverhältnisse, Proportionen, Schärfe der Einstellung usw. Folge: Der Laie wird innerlich einen Konflikt spüren: Soll ich dem jetzt meine Fotos weiterzeigen oder nicht? Er wird enttäuscht und verletzt sein, weil er seine Geschichten, die zu den Bildern gehören, nicht loswird. Der Profi wird sich vielleicht fragen, ob es die Zeit wert sei, diese miserablen Aufnahmen anzuschauen …

Bereits diese Gesetzmäßigkeiten der Wahrnehmung verdeutlichen, dass Wahrnehmung nicht nur ein Resultat von Reizstruktur und Sinnesorganen ist, sondern mehr mit der Persönlichkeitsstruktur, persönlichen Erfahrungen und motivationalen Zuständen zu tun hat, als gemeinhin geglaubt wird. Wahrnehmung ist immer subjektiv! Zu *inneren Konflikten* kommt es, wenn mindestens zwei Wahrnehmungen, die für unser Handeln oder Wohlbefinden relevant sind, einander widersprechen.

Um die Prozesse zu begreifen, die bei inneren Konflikten ablaufen, dehnen wir unser Fragen auf ein anderes Feld pychologischer Forschung aus: auf das der kognitiven Psychologie.

Kognitive Prozesse

Der Ausdruck *Kognition* beinhaltet die Prozesse: Wahrnehmen und Erkennen, Denken und Urteilen, Vorstellen und Erfassen sowie Lernen. Außerdem bezeichnet er erlangtes Wissen und Erfahrungen.

Von kognitiver Orientierung sprechen wir dann, wenn kognitive Elemente das Verhalten steuern und nicht Gefühle. Kognitiv orientierte Menschen richten sich primär nach dem, was ihnen ihre Kognitionen – man kann auch sagen: ihre Vernunft – sagen. Jeder Mensch entwickelt bevorzugte kognitive Stile.

Beispielsweise gibt es Personen, die am Konkreten und Praktischen haften und typischerweise in Kategorien von Beispielen, Erlebnissen und eigener Betroffenheit denken (fachlich: feldabhängig denken), während andere vom Konkreten abstrahieren und vor allem theoretisch an etwas herangehen (feldunabhängig). Oder denken Sie an Personen, die typischerweise reflektieren, bevor sie handeln. Andere dagegen reagieren impulsiv. Oder stellen Sie sich eine Diskussion zwischen einer Person vor, die vor allem nach Gleichheiten, Ähnlichkeiten, Gemeinsamkeiten sucht, und einer Person, die stark pointiert, also das Einzigartige, das Auffällige, das Unterscheidende betont.

Das heißt: Die Struktur der kognitiven Orientierung bestimmt die zielgerichtete Handlungsabsicht (Zielvorstellung) und gibt das Handlungsschema vor. Wenn eine Person also den kognitiven Stil »konkret« verfolgt, wird sie nach Beispielen und Möglichkeiten der Umsetzung ihrer Idee Ausschau halten.

Was hat das alles, werden Sie fragen, mit dem Entstehen innerer Konflikte zu tun? Nun, zu *inneren Konflikten* kommt es dann, wenn gleichzeitig mehrere Strukturen der kognitiven Orientierung aktiviert sind, die sich nicht ohne weiteres vertragen.

Es stellen sich die Fragen:

- Soll ich konkret an das Problem herangehen oder erst einmal die grundsätzlichen Optionen (also theoretisch) abklären?
- Soll ich induktiv (vom konkreten Einzelpunkt) ausgehen oder deduktiv (vom Allgemeinen auf das Konkrete) schließen?

Ferner kommt es zu Konflikten, wenn unterschiedliche Handlungspläne, die für dasselbe Ziel infrage kommen, rivalisieren. Solche inneren Konflikte wurzeln also darin, dass wir viele Wege nach Rom einschlagen können, aber leider nicht alle gleichzeitig.

In all diesen Varianten geraten mindestens zwei Kognitionen in Konflikt, weil sie sich gegenseitig stören. Dies führt uns zu einem weiteren Konzept, das in Konfliktsituationen maßgebliche Auswirkungen hat: das Konzept der *kognitiven Dissonanz.* Diesmal beginne ich mit einem Beispiel, das – zugegeben – an Klischees anknüpft.

Stellen wir uns einen jungen Mann vor, der gerade erfolgreich sein Diplom in Wirtschaftswissenschaften absolviert hat. Wie viele Studierende pflegt er bis dato revolutionäre Ansichten. Etwa hält er die Globalisierung der Wirtschaft für eine moderne Version von Kulturimperialismus und Ausbeutung der armen Länder. Sein Erscheinungsbild charakterisiert ihn als Anhänger der Öko-Szene. Dieser junge Wirtschaftswissenschaftler tritt nun in den Ernst des Lebens ein, schreibt Bewerbungen und erhält tatsächlich eine Einladung zum Vorstellungsgespräch, und zwar ausgerechnet bei einer der größten internationalen Banken.

Mit ungutem Gefühl und zugleich Hoffnung und ein wenig Stolz (ein innerer Konflikt bahnt sich bereits an!) ringt er sich ein Outfit ab, das eine Art Kompromiss ist zwischen seinen Einstellungen und denen, die er bei den Bankern vermutet. Während des Gesprächs werden ihm einige Aspekte bewusst. In puncto Kleidung heißt es: raus aus den Jeans und hinein in den Anzug. In puncto Habitus bedeutet es: weg vom intelligenten und unverbindlichen Theoretisieren und hinein in pragmatische Gefilde und faktische Verantwortung. In puncto Einstellung ergibt sich: weg vom Gerechtigkeit suchenden Ideologen, hin zum loyalen, die Interessen der Bank vertretenden Funktionsträger.

Können Sie sich vorstellen, welchen Turbulenzen unser Anwärter innerlich ausgesetzt ist? Dies insbesondere, weil er das Angebot verlockend findet. Er ist hin- und hergerissen. In seinem Inneren fechten entgegengesetzte Kognitionen und Gefühle (Einstellungen, Normen und Werte, Lebensstil-Vorstellungen und Lebens-Visionen).

Eine solche Situation kennzeichnet eine kognitive Dissonanz. Menschen erleben kognitive Dissonanzen normalerweise als äußerst unangenehm. Denn sie erzeugen Spannung und Druck. Gemeinhin ertragen wir es schwerlich, gegensätzliche Meinungen, Voten, Gefühle gleichzeitig zu haben, weil wir nach Harmonie streben. Der mit der Gegensätzlichkeit verbundene Disstress drängt dazu, die Dissonanz zu vermindern und unser Gleichgewicht wieder zu erlangen.

Einstellungen

In unserem Beispiel vertritt der Absolvent bestimmte Haltungen oder Grundeinstellungen, die sich aus seinen Wertorientierungen und damit aus dem speisen, was er für gut und richtig, für erstrebenswert und wertvoll hält. Seine Einstellungen definieren, was er schwerpunktmäßig wahrnimmt und wie er urteilt. Beispielsweise verknüpft er Bankenaktivitäten mit der Ausbeutung Mittelloser und mit der Skrupellosigkeit, durch Finanztransaktionen Einzelnen wie ganzen Nationen zu schaden. Der Effekt dieser Einstellungen erschwert es ihm, flexibel zu reagieren, weil er eine Tätigkeit als Angestellter der Bank mit all diesen moralisch verwerflichen Absichten und Handlungen verknüpft. Diese Illustration verdeutlicht:

Einstellungen sind als *Grundorientierungen* zu verstehen. Sie stellen uns auf etwas ein. Sie prädestinieren unsere Wahrnehmung und Reaktionsbereitschaft. Sie sind quasi das Vorzeichen vor der Klammer, das darüber entscheidet, was mit dem geschieht, was innerhalb der Klammer steht. Sie machen damit das eine wahrscheinlich (für den Absolventen in dem Beispiel das Arbeiten für eine Ökobank) und anderes unwahrscheinlich bis unmöglich (beispielsweise das Arbeiten in einer normalen Bank oder an der Börse).

Einstellungen bezeichnen charakteristischerweise relativ *dauerhafte Handlungstendenzen.* Aufgrund der Verwobenheit mit normativen, affektiven und emotionalen Aspekten erweisen sich Einstellungen als recht widerstandsfähig gegen Veränderungen.

Zusammenfassung

Jeder persönlich wichtigen Entscheidung gehen innere Konflikte voraus, sobald wir zwischen unvereinbaren Optionen auswählen müssen. Entscheidungen verkörpern Konfliktquellen durch das Ensemble von Grundeinstellungen, der Art, wie wir Informationen aufnehmen und auswerten sowie der Bereitschaft, uns mit divergenten kognitiven Inhalten auseinander zu setzen. Innere Konflikte konstruktiv zu lösen erfordert, Entscheidungen zu treffen, die persönlich stimmig sind. Dies zu leisten, wird erschwert, weil:

- die Handlungsmöglichkeiten mit Einstellungen und folglich mit Werten und Gefühlen verflochten sind,
- sich Wahrnehmung selektiv so ausrichtet, dass wir Betrachtungsweisen vereinseitigen. Damit formen wir Teile der Wirklichkeit um oder blenden sie gar aus. Die Folge ist, dass unser Bild lückenhafter und parteilicher wird und das Risiko wächst, eine »falsche« Entscheidung zu fällen,
- kognitive Dissonanzen unser Selbstbild und Selbstwertgefühl bedrohen,
- wir befürchten, eine Entscheidung und damit ihre Wirkungen nicht mehr rückgängig machen zu können. Dies gießt Benzin in das Feuer des inneren Konflikts, weil wir vorwegnehmen, dass wir unsere Entscheidungen bereuen könnten. Dieser Reuefaktor erschwert es uns zusätzlich, uns für etwas zu entscheiden.

In der folgenden Übersicht biete ich Ihnen die wesentlichen Inhalte der einzelnen Theorien in ihrem Bezug auf die Frage nach zentralen Bedingungen für die Konfliktentstehung schematisch an.

Ursachen innerer Konflikte

	Tiefenpsychologie	Verhaltenspsychologie	Entscheidungs-, kognitive Psychologie
Ausgangspunkt	Unbewusste versus bewusste Motive	Beobachtbares Verhalten, Reiz-, Reaktions-Logik	Entscheidungen beruhen auf kognitiven Dissonanzen
Modelle und Bedingungen	S. Freud: Lust- versus Realitätsprinzip; Drei-Instanzen-Modell: Kampf zwischen ES, ÜBER-ICH, ICH A. Adler: Kompensation des Minderwertigkeitsgefühls durch Geltungs-, Gemeinschafts-Streben C.G. Jung: Individuation/Selbstwerdung versus soziale Rollenanforderungen	Die unterschiedlichen Verbindungen zwischen Reiz und Reaktion: • Sichtbare direkte Beziehung • Sichtbare oder nichtsichtbare vermittelte Beziehung • Nicht nachvollziehbare vermittelte Beziehung Konflikte resultieren aus einer Vielzahl an Reizen mit divergenten Handlungsanforderungen, die nicht gleichzeitig realisierbar oder unvereinbar sind	Enscheidungssituationen sind konfliktbeladen, insbesondere wenn • gegensätzliche, dissonante Kognitionen oder kognitive Stile • mit subjektiv hoher Bedeutung • zu gegensätzlichen Handlungen auffordern, diese • das Selbstwertgefühl bedrohen und • Entscheidungen und ihre Wirkungen als irreversibel betrachtet werden

Wodurch eskalieren innere Konflikte?

In den vorangegangenen Ausführungen haben wir zur Beantwortung dieser Frage bereits viel Vorarbeit geleistet. Deshalb mögen resümierende Hinweise genügen.

Anhand der Typologie von K. Lewin sahen wir, wie es dazu kommt, dass ein Annäherungs-Annäherungs-Konflikt in einen Annäherungs-Vermeidungs-Konflikt umschlägt. Das geschieht nämlich dann, wenn sich in die Chancen, die mit der Entscheidung verbunden werden, zunehmend Ereignisse oder Entwicklungen mischen, die es zu vermeiden gilt. Dieser Wendepunkt wird stets als Eskalation empfunden. Das hängt damit zusammen, dass die Furcht vor Folgen zunimmt und uns verunsichert. Das Bestreben, die optimale Entscheidung zu treffen, um die spätere Reue möglichst klein zu halten, geht über in Irritation und Ambivalenzgefühle. Das luxuriöse »Sowohl-als-auch« mutiert in ein flackerndes »Ich-weiß-nicht-recht«. Die darin offenbarte Unsicherheit kann bis hin zur Handlungsunfähigkeit führen. Damit wäre die letzte Eskalationsstufe der inneren Konfliktdynamik erreicht. Wie es zur Verschärfung innerer Konflikte kommt: Die wesentlichen Aspekte, die innere Konflikte entstehen lassen, treiben auch die Eskalation des Konfliktempfindens voran:

- wenn die Verwirklichung unbewusster Motive oder bewusster Bedürfnisse erschwert, beeinträchtigt oder verhindert wird (Lust- versus Realitätsprinzip);
- wenn uns Gefühle von Defiziten (Minderwertigkeitsgefühle) Handlungstendenzen abfordern, die auseinander streben und uns emotional in Bedrängnis bringen, weil wir beispielsweise das, was wir eigentlich am liebsten täten, unterdrücken;
- wenn verschiedene Reize (Wahrnehmungen) zu divergenten Handlungen auffordern, die wir nicht gleichzeitig realisieren können;
- wenn wir etwas bei uns selbst oder von außen kommend wahrnehmen, das unser Selbstbild und Selbstwertgefühl bedroht;
- wenn unterschiedliche Stimmen mit unterschiedlichen Handlungsplänen gegeneinander kämpfen.

Wir sahen ferner, dass die innere Spannung, Gespaltenheit und der damit verbundene Leidens- und Handlungsdruck sich (annähernd) proportional zur Wichtigkeit des Konflikts beziehungsweise der anfälligen Entscheidungen verhält. Je bedeutsamer ein Konflikt subjektiv ist, desto stärker stört er das Harmoniebedürfnis und desto stärker fühlen wir uns in unserem Selbstbild und in unserem seelischen Gleichgewicht beschädigt. Somit fallen die Bemühungen zunehmend engagierter aus, den Konflikt zu lösen.

Erwähnenswert ist, dass sich dieser Eskalationsprozess sowohl in der geistig-seelischen Dimension als auch physiologisch manifestiert. In Redewendungen wie »bebend vor Zorn«, »rot vor Wut«, »blass vor Angst« können Sie das erkennen.

Psychische und biologische Abläufe greifen bei der Eskalation nicht nur ineinander, sondern verstärken sich wechselseitig. Dieser Verstärkungsvorgang verdeutlicht, dass jeder Konflikt in der Person beginnt. Die psychische Erregung geht mit physiologischen Reaktionen einher, die wiederum unser seelisches Wohlbefinden stören. Bei diesen Prozessen nimmt das Gehirn als Übersetzungsinstanz eine zentrale Rolle ein. Das Stammhirn reagiert bei der Wahrnehmung äußerer Reize blitzschnell, indem es Hormone ausschüttet. Bei angenehmen Reizen produziert es Endorphine, bei unangenehmen Adrenalin und Noradrenalin. Diese bereiten uns auf Kampf/Angriff beziehungsweise Flucht/Rückzug vor. Da der Körper in solchen Situationen schnell reagieren muss, werden die Denkfunktionen massiv eingeschränkt. (Das muss so sein; denn stellen Sie sich vor, Sie würden im Fall eines Brandes in Ihrem Büro erst überlegen, welche Akten und Disketten Sie mitnehmen sollten, oder ob es klüger wäre, das Zimmer eiligst zu verlassen, oder ... oder ...)

Stammhirnreaktionen deuten Konfliktfälle als Bedrohung von vitalen Bedürfnissen. Sie sind existenzielle Alarmreaktionen. Da in einer solchen Situation die Bewusstseinsprozesse eingeschränkt sind, ist uns eine realitätsgerechte Prüfung und Bewertung von Sachverhalten erschwert. Wir handeln daher affektiv oder emotional. Auch das Denken nimmt ab. Dadurch lassen wir uns verstärkt zu spontanen: un-will-kürlichen Worten und/oder Taten hinreißen, die wir später bereuen, weil wir sie »so nicht gemeint« haben.

Die Parallelität oder Komplementarität physiologischer und geistig-seelischer Prozesse führt somit zu einer zunehmenden Beeinträchtigung der Denkfunktionen. Das Denken wird einseitig und fokussiert die Negativaspekte. Schließlich werden die Denkprozesse binär: schwarz oder weiß, gut oder böse. Selbst ursprünglich neutrale Reize erhalten eine bedrohliche Bedeutung, sodass sich die Person immer mehr in Bedrängnis fühlt (»mit dem Rücken an der Wand«). Ein solcher Teufelskreis löst Handlungen aus, die unverhältnismäßig erscheinen. Hier bewirkt der viel zitierte letzte Tropfen das Überlaufen der Regentonne.

Welche Möglichkeiten wir nutzen können, um dies zu verringern, ist das Thema des nächsten Abschnitts.

Wie können wir innere Konflikte konstruktiv nutzen?

Wir haben verschiedene Möglichkeiten, um Konflikte konstruktiv zu handhaben. Die Interventionsmöglichkeiten richten sich nach den verschiedenen Aspekten:

- Grundhaltung,
- Typologie innerer Konflikte,
- Tiefenpsychologien,
- Verhaltenspsychologie,
- Entscheidungs- und kognitive Psychologie.

Grundhaltung

Die grundsätzliche Einstellung zu Konflikten bestimmt zum einen, wie schnell wir in einen Konflikt hineinlaufen, und zum anderen, wie wir ihm begegnen. In einem ersten Schritt hilft es also, erst einmal eine bejahende Attitüde zu entwickeln. Das können wir erreichen, indem wir die möglichen positiven oder fruchtbaren Seiten des Konflikts in den Vordergrund rücken.

Übung

Notieren Sie sich bitte zunächst einige positive Facetten von Konflikten. Ziehen Sie sowohl das innere wie das interpersonelle und soziale Konfliktverständnis in Betracht. Assoziieren Sie frei, unzensiert und ungeordnet. Wenn Sie möchten, können Sie aber auch Ihre Einfälle sofort nach den zwei Verständnisweisen gliedern. Schreiben Sie dann einfach links die »Positiva innere Konflikte« und rechts die »Positiva soziale Konflikte«.

Damit Sie sich weitere Anregungen holen können, liste ich nun für Sie einige Ideen auf.

Positiva innerer Konflikte
- Bewusstwerden dissonanter Bedürfnisse, Ziele, Wichtigkeiten.
- Bewusst unterschiedliche (Handlungs-)Tendenzen spüren.
- Relevanzen und Präferenzen herausschälen.
- Gezielt mit Unstimmigkeiten auseinander setzen.
- Muster, Gewohnheiten, Automatismen aufbrechen.
- Neue Optionen eröffnen.
- In der Lebensgestaltung sich neu orientieren.
- Werte und Ideale, die für das persönliche Leben hohe und weniger hohe Bedeutung haben, identifizieren.

Positiva sozialer Konflikte
- Alle genannten Chancen bezüglich der Wahrnehmung innerer Konflikte.
- Eigene Gefühle, Gedanken, Wünsche sowie diejenigen der anderen kennenlernen.
- Die Möglichkeit, alte Verhaltensmuster aufzubrechen.
- Die Beziehungen können neu ausgerichtet und redefiniert werden.
- Zielprioritäten erkennen.
- Allgemeiner Erkenntnisgewinn und Erzielen von Lerneffekten.
- Soziale und emotionale Kompetenz durch wachsende Bereitschaft zu Empathie und Verstehenwollen erweitern.
- Kreative Lösungsfindung lernen.

Wenn es Ihnen gelingt, Vorbehalte gegenüber Konflikten abzubauen, erschließen Sie sich gleichzeitig ein reichhaltiges Verhaltensrepertoire, um im Konfliktfall zu agieren. Durch die Grundbereitschaft, Konflikte als Chance zu empfinden, wird der Grundstein für persönliche Konfliktfähigkeit sowie für konstruktive, aufbauende Konfliktbehandlung gelegt. Sie haben es selbst in der Hand!

Typologie innerer Konflikte

Der Wille, die positiven Aspekte des Konflikts zu erkennen, führt im Rahmen der Typologie innerer Konflikte dazu, dass wir bereits bei den ersten Anzeichen eines Konfliktes offen für ihn sind. Wir sind für eine »Aus-einander-Setzung« bereit. Innerhalb der Klärungsanstrengung können wir dann folgende unterschiedlichen *Zielstrategien* verfolgen:

- Wertehierarchie bilden,
- mögliche Folgen vorwegnehmen und weitere Alternativen suchen.

Wertehierarchie bilden. Der innere Konflikt stellt uns unter Entscheidungsdruck. Um die subjektiv beste Entscheidung zu fällen, lohnt es sich, hinter die Kulisse des Konflikts zu schauen. Zunächst kann man prüfen, welche Wertvorstellungen, Gefühle und Motive den divergenten Stimmen zugrunde liegen sowie welche Hoffnungen und welche Erwartungen zu erkennen sind. Da Wertfragen letztendlich ausnahmslos gefühlsunterlegt sind, ist es empfehlenswert, jede Stimme mit ihrem Votum sowohl kognitiv als auch affektiv ins Bewusstsein zu überführen. Das bedeutet: Bei jedem Votum sollten Sie versuchen, bewusst zu spüren, welche Gefühlsregungen bei Ihnen ausgelöst werden. Dieser emotionale Check hilft Ihnen, sich darüber klar zu werden, was stimmig (kongruent) und was nicht stimmig (inkongruent) ist. Darauf können Sie dann eine Hierarchie der Werte und Wünsche erstellen. Dies dient Ihnen dann als Entscheidungshilfe.

Mögliche Folgen vorwegnehmen und weitere Alternativen suchen. Intrapersonale Konflikte sind stets begleitet von Hoffnungen und Befürchtungen, Vorfreude, aber auch Angst vor Reue. Beides drückt aus, dass wir zukünftige Entwicklungen nicht prognostizieren können. Deshalb sind wir »gespannt«. Um das Eintreten der freudvollen Erwartungen wahrscheinlicher zu machen, können wir uns durch eine inspirative Methode Entscheidungshilfe holen. Imagination ist mit Fantasie und Kreativität verbunden. Sie mixt affektive und kognitive Impulse und vereinigt sie in Bildern, also Visualisierung.

Damit diese mentale Technik Früchte trägt, brauchen wir einen Moment der Ruhe oder Muße, um uns versenken zu können. Wir schalten vom Alltag ab, blenden Ablenkungen aus und widmen uns jeder Stimme einzeln. Wir sehen, hören, spüren (und riechen vielleicht sogar) jedes Detail in der Szenerie, die die Stimme in uns erzeugt. Dabei tun wir so, als hätten wir bereits eine Entscheidung getroffen. Die Logik dieses Vorgehens entspricht dem Angenommen, ich hätte mich für diese eine Option entschieden … – Was bewirkt sie für mich und für mein persönliches Umfeld? – Mit welchen Wirkungen bin ich einverstanden, welche will ich nicht? Um diese Fragen nicht nur mit dem nüchternen Verstand zu stellen und systematisch zu deklinieren, kleiden wir sie in eine Geschichte: Wir versetzen uns in jede Sequenz mit allen Sinnen und ganzer Fantasie und durchleben sie. Auf diese Weise täuschen wir unserem Gehirn eine Realität vor, zwingen es, sich damit zu beschäftigen. Somit geben wir uns selbst Entscheidungshilfe.

Tiefenpsychologien

Im Sinne der Psychoanalyse vermittelt das Ich zwischen den unreflektierten Bedürfnissen des Es und den disziplinierenden Forderungen des Über-Ichs. Deshalb müssen wir uns anstrengen, eine souveräne Ich-Instanz auszubilden. Dies tun wir, indem wir die (Trieb-)Wünsche anerkennen, grundsätzlich bejahen und gleichzeitig begreifen, dass ihre Verwirklichung zu einem späteren Zeitpunkt angemessener ist als im Hier und Jetzt. Dieser Befriedigungsaufschub trägt dem Es Rechnung. Denn seine Impulse werden berücksichtigt. Auch das Über-Ich ist zufrieden, da die Triebbefriedigung auf eine Gelegenheit verschoben ist, die dem Über-Ich zulässig erscheint. So lauschen wir beispielsweise nicht im Büro unserer Lieblingsmusik, sondern machen dies eben erst zu Hause.

Eine weitere Option ist die der Sublimierung. Das heißt: Wir überführen die Lust-Impulse in eine vom Ich und von der sozialen Umwelt akzeptierte Form.

Wir agieren unseren Bewegungsdrang am Arbeitsplatz so aus, dass wir mehrere Möglichkeiten des sitzenden und stehenden Arbeitens haben (Lehnstuhl, Drehstuhl, Kniestuhl, Sitzball, Stehpult usw.).
Wir gehen beispielsweise die Treppe hoch zum Kollegen, anstatt eine E-Mail zu schreiben.

Empfinden wir uns als minderwertig, zum Beispiel etwa weil alle Kolleginnen oder Kollegen im Gegensatz zu uns akademisch gebildet sind, können wir Wege suchen, dieses Minderwertigkeitsgefühl zu reduzieren. Beispielsweise geschieht dies dadurch, indem wir:

- uns eigene Stärken und Leistungen bewusst machen;
- in den Kategorien von Andersartigkeit anstatt von Unter- und Überlegenheit denken;
- Anstrengungen unternehmen, auf einem fachlichen Teilgebiet besonders zu glänzen und als Expertin beziehungsweise Experte zu gelten;
- kritisch den fachlichen und sachlichen Stellenwert der akademischen Bildung im Zusamenhang mit der Aufgabe betrachten.

Die Individualpsychologie C.G. Jungs macht uns darauf aufmerksam, dass es klärend sein kann, die pragmatischen Gefilde des Alltags zu verlassen und nach dem subjektiv höheren Sinn des Lebens zu fragen. Diese Befragung gibt an, welche Werte und Handlungen für uns persönlich von besonderer Bedeutung sind. Sie unterstützt das Bemühen, den Alltag und die inneren Konflikte durch Präferenzbildung zu bewältigen und letztlich so das höhere Selbst zu entfalten. Dabei können uns beispielsweise Tagträume genauso assistieren wie private Rituale oder auch die Mitgliedschaft in metaphysischen Zirkeln.

Verhaltenspsychologie

Eine beliebte, weil nahe liegende Intervention ist das Vermeiden: Wir setzen uns erst gar nicht der Versuchung aus, zwischen unvereinbaren Reizen und Handlungstendenzen entscheiden zu müssen. Dieser Strategie wohnen jedoch maßgebliche Nachteile inne. Erstens: Das Vermeiden oder Ausweichen ist nicht immer möglich. Zweitens:

Die Angst, der Versuchung zu erliegen, lässt die Kreise und Situationen anwachsen, die wir meiden. Die Vermeidungsstrategie führt folglich dazu, unseren Bewegungsraum sukzessiv einzugrenzen. Wenn überhaupt, hilft sie nur dann, wenn es sehr seltene und eingeschränkte Szenen sind, die hohe Verführungskraft und damit großes Konfliktpotenzial in sich bergen. Empfehlenswerter sind daher zwei andere Strategien. Die eine bezieht sich darauf zu lernen, Interferenzen zu erkennen. Das bedeutet, sich eines inneren Konfliktes dadurch bewusst zu werden, dass wir die eigene Verhaltensweise als Resultat gegenläufiger Neigungen entlarven.

Ein alltägliches Beispiel ist das halbherzige oder gebremste Engagement. Beispielsweise kann es sein, dass wir eigentlich die Aufgabe in einem Projekt als persönliche Herausforderung betrachten und sie gern ausführen. Gleichzeitig aber hegen wir gegen die Projektleitung ungute Gefühle und mögen sie nicht. Resultat: halbherziger Einsatz als Zusammensetzung aus innerer Motivation und Antipathie.

Die zweite Strategie bezieht sich auf den Umstand, dass Reizeindrücke und die ihnen zugeschriebene Bedeutung nicht nur von außen, sondern auch von innen, nämlich von Wünschen, Stimmungen, Launen, spontanen Assoziationen usw. herrühren. Dieses Wissen um die exo- und endogene Bedingtheit können wir nutzen. Die grundlegende Idee lautet: Wir suchen nach Chancen (etwa am Arbeitsplatz), wo wir sowohl inneren Bedürfnissen als auch äußeren Anforderungen gerecht werden. Wir versuchen, das Verhältnis zwischen beiden Realitätsmodalitäten subjektiv stimmiger zu machen.

Entscheidungs- und kognitive Psychologie

Prinzipiell haben wir folgende Optionen, innere Konflikte zu entschärfen beziehungsweise zu lösen.

- Erstens: Wir können eigene Ansprüche und Ziele, persönliche Wünsche und Prioritäten, Einstellungen und Verhaltenorientierungen ändern.
- Zweitens können wir prüfen, ob wir Elemente im Umfeld unseres Handelns zu ändern vermögen.
- Drittens: Wir können in einem inneren Konflikt neue kognitive Elemente hinzufügen, um das Gewicht der dissonanten zugunsten der konsonanten Elemente zu verschieben.

Alle drei Strategien wirken heilend: Sie helfen, in einem Konflikt wieder handlungsfähig zu werden – und zwar in einem gewollten, anvisierten Sinn.

Zusammenfassung

Die resümierenden Bemerkungen formuliere ich in diesem Fall als Appell:

- Rufen Sie sich die positiven Seiten eines inneren Konfliktes ins Bewusstsein und konzentrieren Sie Ihre Energien auf diese.
- Halten Sie eine Art Konferenz der divergenten Stimmen ab (Schulz von Thun). Lassen Sie jedes innere Votum ausführlich zu Wort kommen und befragen Sie jede innere Partei nach deren grundlegenden Motiven. Legen Sie eine Präferenzfolge fest.
- Lernen Sie, Ihre Befürchtungen der etwaigen Konsequenzen von Entscheidungen zu beherrschen. Schreiben Sie zu jeder inneren Tendenz eine Zukunftsgeschichte, visualisieren Sie diese und durchleben Sie sie mit allen Sinnen.
- Prüfen Sie, welche Möglichkeiten Sie haben, um Handlungstendenzen (Motive, Bedürfnisse, Interessen) zu verwirklichen. Seien Sie dabei fantasievoll und kreativ. Beleuchten Sie die Konfliktsituation aus den unterschiedlichsten Perspektiven.
- Reflektieren Sie, welche Bedeutung die Faktoren, die zu dem inneren Konflikt führen, für Sie, Ihr Selbstwertgefühl und Ihren Lebensentwurf haben. Richten Sie Ihre Entscheidung an dieser Vision aus.
- Nutzen Sie Ihr Wissen um die endo- und exogenen Einflüsse, die zu inneren Konflikten führen. Rufen Sie sich in Erinnerung, dass Stimmungen, Launen, Tagesform und Wünsche, Einstellungen, Erfahrungen einerseits und Regeln sozial erwünschten Verhaltens andererseits innere Konflikte erzeugen. Analysieren Sie das Verhältnis zwischen den Einflüssen und wählen Sie Ihren Schwerpunkt.
- Überlegen Sie gründlich, welche Änderungen in Ihren Einstellungen, Ansprüchen, Zielen die Wahrscheinlichkeit erhöhen, die von Ihnen gewünschten Wirkungen zu zeitigen.
- Suchen Sie nach neuen Impulsen, Informationen oder Perspektiven, um die Argumente für oder gegen innere Voten zu stärken, um mutiger und sicherer in der Entscheidungsfindung zu werden.
- Betrachten Sie innere Konflikte als normal. Anerkennen und bejahen Sie, dass Kopf und Herz, Verstand und Seele nach differenten Logiken leben. Forsten Sie nach Synergien – und ertragen Sie es mit hoffnungsfroher Gelassenheit, wenn die Gegensätze bleiben. Erleben Sie sie als Bereicherung. Entscheiden Sie sich durchaus einmal für das Risiko, sich emotional verleiten zu lassen.

Regina Mahlmann

Zwischenmenschliche Konflikte

Aus: Konflikte managen

Was verstehen wir unter einem zwischenmenschlichen Konflikt?

Der interpersonelle Konflikt ist eine Spielart des sozialen Konflikts. Normalerweise werden sie nicht differenziert. Ich treffe diese Unterscheidung insofern, als ich die zwischenmenschlichen Konflikte für solche Zusammenstöße reservieren möchte, die zwischen zwei Personen stattfinden. Von sozialen Konflikten soll hingegen dann die Rede sein, wenn mehr als zwei Personen betroffen sind.

Von einem interpersonellen Konflikt sprechen wir folglich dann, wenn von zwei Akteuren mindestens einer Unvereinbarkeiten im Fühlen und Denken, Wollen und Handeln erlebt, indem er sich durch den anderen beeinträchtigt fühlt.

»Die Grundlage menschlichen Zusammenlebens ist eine zweifache und doch eine einzige: der Wunsch jedes Menschen, von den anderen als das bestätigt zu werden, was er ist, oder sogar als das, was er werden kann, und die angeborene Fähigkeit der Menschen, seine Mitmenschen in dieser Weise zu bestätigen.« (Martin Buber)

Woran erkennen wir zwischenmenschliche Konflikte?

Zwischenmenschliche Konflikte zeigen sich in kommunikativen Zusammenhängen, also in der Art, wie wir miteinander reden und umgehen. Aus der Spannung lassen sich Verhaltensweisen beobachten. Wir reagieren dabei sowohl auf nonverbale als auch auf verbale und behaviorale (verhaltenmäßige) Eigentümlichkeiten.

Übung

Bevor Sie weiterlesen, notieren Sie bitte, welche nonverbalen Zeichen (Mimik, Gestik, Körperhaltung, Tonlagen etc.) für Sie eine konflikthafte Spannung signalisieren.

Anregungen: Vielleicht haben Sie beispielsweise die folgenden – häufig beobachtbaren – Anzeichen zu Papier gebracht:

- auffällig leise oder laute, hohe oder tiefe Stimmlagen,
- auffällige Blässe oder Röte,
- auffällig seltener Blickkontakt oder Anstarren (mit Blicken durchbohren),
- auffällig lange Reaktionszeiten,
- auffällig weite Körperdistanz beim Kommunizieren,
- auffällig abgewandte Körperhaltung,
- zugekniffene Augen,
- nach unten gezogene Mundwinkel, gerade oder zusammengepresste Lippen,
- Vermeiden, Aus-dem-Weg-Gehen.

Alle diese und weitere nichtsprachliche Verhaltensweisen drücken Affekte oder Gefühle aus. Sie haben Hinweischarakter auf einen (sich anbahnenden, noch latenten oder bereits offenen) Konflikt und sollten in das subjektive Frühwarnsystem eingespeist werden. Allerdings möchte ich betonen: Nonverbales Verhalten ist vieldeutig! Wir können ihm folglich nicht eindeutig Gemütslagen oder Haltungen entnehmen. Eine auffällig leise Stimme oder Blässe etwa kann einfach ein Anzeichen physischer Erschöpfung sein. Daher ist es nötig, dass wir zusätzlich verbale und behaviorale Merkmale wahrnehmen und in unsere Deutung einflechten.

Übung

Auch hier gibt es typische Merkmale. Bitte notieren Sie wieder, welche verbalen und verhaltensbezogenen Merkmale für Sie eine konfliktschwangere Spannung anzeigen.

Hier wieder einige Beispiele, an denen Sie sich orientieren können.

- Wortwahl: fremdwortreicher oder -ärmer als gewöhnlich, ausgefeilter oder einfacher, nüchterner oder emotionaler.
- Satzbau: länger, komplizierter, kürzer oder einfacher als normalerweise.
- Beides kann Mittel einer Gewichtsverlagerung sein, nämlich weg vom Bemühen um Verständlichkeit und hin zum Bemühen, sich als klüger, erfahrener, überlegener zu profilieren. Das gilt auch für die folgenden Merkmale.
- Pausen: kürzere oder längere Gesprächspausen als üblich.
- Redequalität: ausladendere oder kürzere, präzisere Beiträge als gewöhnlich.
- Diskussionsverhalten: Rückzug oder Angriff, Hinnehmen oder scharfzüngige Widerlegung.
- Kontaktfrequenz: abnehmend oder zunehmend (beides in provokativer Absicht); umgangssprachlich: nervend oder wie Luft behandelnd, ausweichend.
- Informationsverhalten: zurückhaltend oder streuend, bewusste Verzerrung bis hin zu Täuschungen.
- Kommunikations-und Kontaktqualität: Zunahme von Desinteresse, Gereiztheit, Festhalten an Formalismen, Sturheit, Unnachsichtigkeit, Ablehnung und Widerstand: alles Zeichen der Abnahme von Empathie und Zunahme von Abkapslung; Gerüchte, Intrigen in Umlauf bringen.

Allgemein können wir sagen, dass die Interaktion im Konflikt von Misstrauen oder Argwohn bis hin zu Feindseligkeit gekennzeichnet ist und wir uns zunehmend seelisch und oft auch körperlich unwohl fühlen. Fast proportional wächst das Bedürfnis, diesem Disstress ein Ende zu setzen, das heißt, wir spüren Leidens- und daher Handlungsdruck.

Welche Konfliktarten treffen wir typischerweise an?

Das Bemühen, Ideengebäude zu entwerfen, die helfen, mit Konfliktsituationen konstruktiv umzugehen, hat zahlreiche Einteilungen ins Leben gerufen. Die Konfliktarten sind modellhaft zu verstehen: Sie lenken unsere Aufmerksamkeit auf ausgewählte Aspekte und setzen Akzente in der Betrachtung. Fast jeder Konflikt ist vielschichtig: Einstellungen und Überzeugungen, Bedürfnisse und Wünsche, Interessen und Ziele, Sach- und Beziehungsaspekte spielen eine Rolle. Aus diesem Grund sind sämtliche Konfliktarten verwandt und zum Teil aufeinander rückführbar. Deshalb wirken Differenzierungen häufig künstlich. Ihr Sinn liegt in der pragmatischen Absicht, die Vielschichtigkeit zu reduzieren.

Es geht also um Vereinfachung im Dienste der praktischen Handhabung. Insofern können in Konflikten häufig thematische Schwerpunkte identifiziert werden. Das äußert sich in Stellungnahmen wie: »Mir geht es vor allem um …«, »Zentral ist doch hier …«, »Der Punkt ist doch …«. Der Katalog von Konfliktarten ist eine Antwort auf die Frage nach dem Kardinalpunkt in einem Konflikt. Demzufolge bündelt er Energien und lenkt die Konzentration auf das, worum es in der Auseinandersetzung vor allem gehen soll. Die Benennung der Konfliktart definiert, kurz gesagt, sowohl Konfliktanlass als auch das Thema. Die *geläufigsten Konfliktkategorien* sind:

- Interessenkonflikt,
- Zielkonflikt,
- Beurteilungskonflikt,
- Verteilungskonflikt,
- Rollenkonflikt,
- Strukturkonflikt,
- Beziehungskonflikt,
- Wertkonflikt.

Interessenkonflikt: Das Thema eines Konflikts liegt hier in unterschiedlichen Wünschen oder Bedürfnissen.

Beispielsweise gilt das Hauptinteresse des Abteilungsleiters Produktion standardisierten Abläufen, während die Verkaufschefin Sonderwünsche von Kunden jederzeit erfüllen will.

Zielkonflikt: Er folgt dem Interessenkonflikt meistens auf dem Fuße, indem die Interessen auf verschiedene, unvereinbare Ziele verweisen.

Der Produktionschef deklariert beispielsweise das Ziel, möglichst kostengünstig zu produzieren, während die Verkaufsleiterin Kundenzufriedenheit anvisiert.

Beurteilungskonflikt: In diesem Konflikt besteht zwar ein Konsens über das Ziel, aber über den Weg dahin ist man sich uneinig.

Um mit dem Beispiel fortzufahren: Selbstverständlich möchte auch der Produktionschef zufriedene Kunden. Denn diese versorgen die Abteilung mit neuen Aufträgen. Um gleichzeitig das Budjetziel zu erreichen (Zielkonflikt innerhalb der Produktionsabteilung!), »soll der Verkauf gefälligst dafür sorgen, dass er dem Kunden anbietet, was von der Stange möglich ist«. Er soll die Kunden entsprechend »erziehen«. Die Verkaufschefin präferiert den anderen Weg: Die Produktion soll flexibel sein, um Kundenwünsche zu erfüllen. Denn nur, wenn die Bedürfnisse des Kunden getroffen und befriedigt werden, bleibt er treuer Kunde. Sie verfolgt die Strategie der Nachhaltigkeit. Sie möchte langfristig die Kundenbindung sichern, indem Kundenwünsche realisiert werden.

Verteilungskonflikt: Anlass und Thema kreisen um knappe Ressourcen. Bei diesen kann es sich um Positionen (eine Führungsposition ist zu besetzen; es bewerben sich vier Anwärter), um Geld und Material, aber auch um Anerkennung handeln.

Beispielsweise können Produktionschef und Verkaufschefin um die Anerkennung der Geschäftsleitung buhlen und jeder empfinden, dass der je andere mehr Zuwendung erhält.

Rollenkonflikt: In einem Rollenkonflikt befinden wir uns, wenn Rollen (Funktionen und Zuständigkeiten mit ihren Erwartungen, Rechten und Pflichten) uns dissonante Verhaltensweisen abfordern.

Beispielsweise sind Produktionschef und Verkaufschefin privat befreundet. Beide können in ein Dilemma geraten, indem sie fragen: »Soll ich als Freund beziehungsweise Freundin reagieren oder als Repräsentant der Abteilung?«

Ein anderes Beispiel ist die Besetzung unterschiedlicher Positionen mit einer Person. Wenn etwa die Verkaufschefin neben dieser Funktion noch Mitglied der Geschäftsführung ist (und entsprechende zusätzliche Kompetenzen und Macht innehat), kann sie in den Rollenkonflikt geraten: »Soll ich mich als gleichwertig zum Produktionschef verhalten, also als eine Kollegin mit anderer Interessenausrichtung, oder mein Gewicht als Geschäftsführungsmitglied in die Waagschale werfen?«

Strukturkonflikt: Anlass und Thema von Strukturkonflikten sind formale, organisatorische Festlegungen oder Prozeduren. In Firmen finden wir meistens Matrixorganisationen vor. Populär ist auch die Linienorganisation neben der Projektorganisation.

Beispielsweise entzündet sich häufig der Zwist zwischen Projektleitern und Linienvorgesetzten darum, wer die Mitarbeiterbeurteilungsgespräche durchführen soll. Die Projektleiter machen geltend, dass die zu beurteilenden Mitarbeitenden vor allem in Projekten arbeiteten und zum Linienvorgesetzten weniger Kontakt hätten, sodass diesem die Beurteilungsgrundlagen fehlten. Linienvorgesetzte führen ins Feld, sie seien nun einmal die hierarchisch Höheren, trügen offiziell Führungsverantwortung und müssten über die weiteren Karriereschritte der Mitarbeitenden entscheiden. – Dieser Konflikt könnte über strukturelle Veränderungen (Organisation, Zuständigkeiten) entschärft werden.

Beziehungskonflikt: Während bei den genannten Konfliktarten der Sachaspekt im Vordergrund steht, liegt hier der persönliche offen zutage. Anlass und Thema ist die Beziehung.

Wenn sich beispielsweise der Produktionschef und die Verkaufschefin bei allen Gelegenheiten wechselseitig provozieren und vielleicht gar persönliche Attacken fahren, um den anderen zu blamieren, lohnt es sich, die Beziehung genauer zu untersuchen. Denn auf der Beziehungsebene transportieren wir, wie wir den anderen empfinden und betrachten und gleichzeitig, wie wir von ihm betrachtet werden wollen. Selbstbild, Fremdbild und Selbstwertgefühl sind die Themen.

Wertkonflikt: Sie werden auch als ideologische Konflikte bezeichnet, weil sie sich an Anschauungen, an Werten und Normen entzünden. Sie werden oft als Zielkonflikte getarnt. Diese Tarnkleidung kommt nicht von ungefähr; denn normative Überzeugungen bilden das Fundament für Zieldefinitionen. Das heißt, sie bestimmen, was persönlich wertvoll und erstrebenswert ist. Wie Beziehungskonflikte basieren sie maßgeblich auf Gefühlslagen und Gefühlsentscheidungen. Für moralische Anschauungen existiert kein rein rationaler, bestenfalls ein zweckrationaler Grund. Weil sie auf Gefühl basieren, haben Wertkonflikte den Charakter von Konflikten um den guten Geschmack: Sie können ein Leben lang dauern, und sie sind nicht (rational) entscheid-, weil nicht objektivierbar.

Fazit

Die Unterscheidung von Konfliktarten dient dem praktischen Zweck, den Konfliktschwerpunkt zu definieren und damit die Energien in eine Richtung zu lenken. Sie unterstützt die Anstrengung, die Auseinandersetzung gezielt und konstruktiv zu führen.

Woher rühren zwischenmenschliche Konflikte?

Wenn wir nach den Ursachen oder Begründungen interpersoneller Konflikte fragen, müssen die Kenntnisse über die Genese innerer Konflikte stets mitlaufen. Die dort skizzierten Logiken und Mechanismen begleiten jede Person, die sich im Konflikt befindet, wenn auch mit individuellen Schwerpunkten und Ausdrucksweisen.

Eine andere Qualität des Konfliktgeschehens gewinnen interpersonelle Konflikte dadurch, dass zwei Personen aufeinander reagieren. Das Geschehen ist mehr als die Summe zweier Akteure: 1 plus 1 ist mehr als zwei – die Logik der Synergie wirkt auch im Konflikt.

Zunächst lassen wir Revue passieren, welche Faktoren das Auftreten zwischenmenschlicher Konflikte begünstigen. Ich setze dabei die Kenntnis der individualpsychologischen Bedingungen, die wir im vorangehenden Kapitel behandelt haben, voraus.

Folgende Faktoren begünstigen das Auftreten eines Konflikts:

- Grundeinstellung zum Konflikt und entsprechende Verhaltensbereitschaften,
- Grundmotivation in der Gefühlsausrichtung,
- Grundeinstellung in der sozialen Beziehungsdefinition,
- situative Variablen.

Grundeinstellung zum Konflikt und entsprechende Verhaltensbereitschaften

Den Zusammenhang von Grundeinstellung und Verhalten haben wir im Kapitel Grundlegende Voraussetzungen für Konfliktfähigkeit ausführlich beleuchtet, sodass an dieser Stelle eine knappe Erinnerung genügen mag. Die grundlegende Einstellung zum Konflikt entscheidet darüber:

- Wie ich Konflikte betrachte. Als destruktiv oder konstruktiv, als Vernichtung oder Chance.
- Wie ich mein Gegenüber sehe. Als Gegner/Feind oder Partner.
- Welche Erwartungen ich ihm gegenüber und im Verlauf des Konflikts hege. Ob er alles ihm Mögliche gegen mich mobilisiert oder mit mir eine Win-Win-Lösung anstrebt.
- Worauf ich meine Wahrnehmung fokussiere. Auf Trennendes und Feindseliges oder Verbindendes und Partnerschaftliches.
- Zu welchen Strategien ich neige. Kampf beziehungsweise Rückzug oder Kompromiss und Integration.

Die Wahrscheinlichkeit, dass ein Streit zu einem Konflikt mutiert, wächst, je polarer die Grundeinstellungen ausfallen beziehungsweise wenn diese inkompatibel sind.

Grundmotivation in der Gefühlsausrichtung

Grundmotivationen zeigen sich in dem persönlichen Stil, mit anderen Menschen umzugehen. Da ich in meinem Buch »Selbsttraining für Führungskräfte« (Beltz 1998) ausführlich und mit Selbsttests auf der Grundlage der vier Kategorien des Tiefenpsychologen Riemann gearbeitet habe, greife ich an dieser Stelle die drei Kategorien der Psychoanalytikerin Karen Horney auf.

Sie unterscheidet in der persönlichen Gefühlsausrichtung drei Grundtendenzen, die Menschen (oft unbewusst) in ihrer Beziehung zu anderen verfolgen:

- Hinwendung,
- Abwendung,
- Gegenwendung.

Menschen, die von *Hinwendung* im sozialen Kontakt getrieben werden, tragen das ausgeprägte Bedürfnis in sich, von anderen angenommen und geliebt zu werden. Oft plagen sie Minderwertigkeitsgefühle, sodass sie glauben, andere zu benötigen, um existenzfähig zu sein. Selbstsicherheit beziehen sie vornehmlich aus dem Eindruck und Gefühl, von anderen akzeptiert zu werden. Diese Abhängigkeit von äußerer Zuwendung macht sie zum einen empfindsam gegen Kritik. Kritik, und sei sie noch so sachlich vorgetragen, deuten sie als Anschlag auf ihre Person. Zum anderen führt die Sensibilität dazu, Konfrontationen zu verhindern. Ist das nicht möglich, neigen sie dazu, den Konfliktanlass zu bagatellisieren und dabei eigene Bedürfnisse zurückzustellen. Sie tun dies, um schnellstmöglichst die erstrebte Harmonie wieder herzustellen.

Ganz anders verhalten sich Menschen, die durch *Abwendung* angetrieben werden. Sie halten Distanz und orientieren sich vor allem kognitiv. Wir nehmen sie häufig als unterkühlt, auffallend sachlich und nüchtern und egozentriert wahr. Unter ihnen finden wir die typischen Einzelgängerfiguren. Selbstgenügsamkeit scheint ihnen eine erstrebenswerte Lebensform zu sein. So ausgerichtete Menschen bemühen sich in Konflikten vor allem um einen sachlich bezogenen und vernünftigen Stil und legen Wert auf Argumente, nicht auf Gefühle – die offenbar aus ihrem Gesichtsfeld verschwunden sind.

Menschen, deren Gefühlsorientierung der *Gegenwendung* angehört, scheinen das Leben als Dschungel zu begreifen, in dem es täglich darum geht, den Überlebenskampf zu gewinnen. Sie kombinieren Gefühl und Kognition in ihrer eher aggressiven Lebensauffassung, indem sie Mittel anwenden, um zu siegen. Die Angriffe können offen sein (heißer Konflikt) oder sich darin verbergen, dass diese Personen darauf beharren, Formalismen, Prozeduren, Regularien eingehalten zu wissen (kalter Konflikt).

Die *Wahrscheinlichkeit, dass Konflikte entstehen*, steigt im Rahmen dieser Typologie, sobald Personen schwerpunktmäßig unterschiedlichen Extremen zuneigen.

Person A ist vor allem distanzorientiert, während B Zuwendung und Bestätigung sucht. A tastet im Konflikt alle Verhaltensweisen von B auf Indizien ab, die das Attribut »aufdringlich« verdienen, weil sie As Wunsch nach Distanz verletzen. Unternimmt Person B Anstrengungen, A näher zu kommen, wird A zurückweichen und Bs Verhalten auf der Skala »nervend – aufdringlich – belästigend – bedrohlich« einordnen und sich entsprechend abweisend verhalten. Person B interpretiert die Distanzierung von Beginn an als Ablehnung ihrer Person. Sie nimmt also das Distanzbedürfnis persönlich, fühlt sich verletzt und wird (zumindest eine ganze Weile) keine Mühe scheuen, um von A Zuwendung zu erhalten. Dies braucht B, um ihr Selbstbild und Selbstwertgefühl zu reparieren.

In diesem Beispiel verengen sich auf beiden Seiten die Wahrnehmungsfilter und Deutungsoptionen im Konfliktverlauf darauf, Bedrohlichkeiten zu erkennen und abzuwehren. Jeder lebt zunehmend in der eigenen Welt, verliert immer mehr den Zugang zur Welt des anderen. Fehldeutungen und Missverständnisse, Misstrauen und Antipathien nehmen zu. Eine konstruktive Lösung rückt damit in weite Ferne.

Grundeinstellung in der sozialen Beziehungsdefinition

Es gibt Menschen, die wir als kooperativ wahrnehmen. Sie bemühen sich stets, Ziele gemeinsam zu definieren und zu erreichen, Konflikte zur Zufriedenheit aller Beteiligten zu lösen und partnerschaftlich mit anderen Menschen umzugehen. Sie legen die Beziehung symmetrisch an. Die Psychologie spricht hier von der *kooperativen Grundeinstellung.*

Ihr Antagonist wird als konkurrierende oder *rivalisierende Grundeinstellung* deklariert. Eigene Interessen verfolgen, Vorteile für sich nutzen oder Chancen und Gelegenheiten ergreifen, um persönliche Bedürfnisse zu saturieren – dies scheint Personen mit dieser Beziehungsdefinition prinzipiell nur gegen andere und auf deren Kosten möglich. Für sie gilt die Devise: Mein Vorteil ist des anderen Nachteil, und umgekehrt: Ihr Nachteil ist mein Vorteil. Die Beziehung zu anderen Menschen wird damit von Machtkategorien diktiert. Es gibt nur Über- und Unterlegenheit. Die Beziehung ist asymmetrisch angelegt.

Die *individualistische Grundeinstellung* erkennen wir gewöhnlich daran, dass es einer Person gleichgültig ist, was andere denken, fühlen und tun. Dies gilt so lange, wie eigene Interessen nicht tangiert werden. Im Mittelpunkt der Aufmerksamkeit und Handlungen steht das Ego der Person. Sie konzentriert sich auf die Verwirklichung persönlicher Ambitionen. Sollte das zulasten anderer gehen, wird das achselzuckend hingenommen. Sollte es auch so klappen, ist es ebenso gut. Die Beziehung ist, je nach Lage der Dinge, mal symmetrisch, mal asymmetrisch angelegt.

Die *Konfliktwahrscheinlichkeit* nimmt mit dem Grad der einseitigen Ausrichtung der Kontrahenten zu.

Der Lieferant zieht alle ihm verfügbaren Register, in einer partnerschaftlichen Verhandlungsführung einen tragfähigen Kompromiss mit dem Kunden herzustellen. Der Konflikt entzündet sich an einer Reklamation, an der der Kunde eine Teilverantwortung trägt. Der Kunde spielt hingegen das Spiel: »Einer wird gewinnen – und das bin ich«. Ein Spiel, an dem alle kooperativen Bemühungen scheitern. Denn die rivalistische Strategie fordert, ausschließlich eigene Vorteile zu verfolgen, und verengt daher die Perspektive auf die Interessen einer Partei.

Situative Variablen

Die vorhergehenden Ausführungen legten Grundmuster dar. Sie zeigten modellhaft auf, nach welchen Logiken die individuelle Psyche und soziale Kontakte, also Kommunikation und Interaktion, funktionieren. Ein Resultat bestand darin festzustellen, dass je nach Konstellation die Wahrscheinlichkeit der Konfliktgenese größer oder kleiner ausfällt. Wie diese allgemein gültigen Determinanten wirken, hängt im praktischen Leben von situativen und individuellen Faktoren ab. Da sich Menschen nämlich in verschiedenen *Stimmungslagen* befinden können, wird natürlich auch die konfliktprovozierende Wirkung unterschiedlich wahrgenommen.

Je unbelasteter wir uns fühlen; je optimistischer wir in die Welt blicken; je weniger Bedeutung oder Wichtig- und Dringlichkeit wir etwas zuschreiben – desto generöser und toleranter können wir uns verhalten. Das heißt, desto weniger haben Konfliktpotenziale eine Chance, heftige Konflikte zu entfachen. Der Konfliktgenese wird – zugespitzt gesagt – der Boden völlig entzogen, wenn beide Parteien gelassen sind. Schwieriger wird es, wenn eine Partei sich großzügig zurücklehnt (»Ist doch alles nicht so dramatisch«), während sich die andere echauffiert.

Ein weiterer situativer Faktor entscheidet darüber, ob wir einen Konflikt wagen, nämlich unsere *Einschätzung, erfolgreich sein zu können.* Je aussichtsreicher die Zielerfüllung scheint, desto eher riskieren wir die Konfrontation. Inwiefern wir den Einsatz als Erfolg versprechend einstufen, hängt ab von:

- dem Selbstwertgefühl,
- Erfahrungen,
- Kompetenzen (eigene und des Gegners),
- Einflussoptionen (eigene und des Gegners),
- Einschätzung der Gestaltungsmacht des Gegners.

Wie wir uns selbst sehen, also unser *Selbstbild,* hängt ebenso wie unsere *Erfolgseinschätzung* von unserer *Stimmungslage* ab. Bei guter Gestimmtheit und optimistischem Lebensgefühl schätzen wir uns selbst stärker, intelligenter, fähiger ein. Anders ist dies bei pessimistischer oder trauriger Verfassung. Die positive Stimmung und damit verknüpfte Selbsterhöhung münden ferner in das Gefühl, dem Kontrahenten gewachsen, sogar überlegen zu sein. Beide Auswirkungen der »Hoppla, hier komm ich«-Stimmung machen uns, wenn wir in einen Konflikt eintreten, streitlustiger, risikofreudiger und zuversichtlicher, was den Ausgang der Konfrontation betrifft. Sinken wir durch eine defätistische Stimmung in unserer Selbstachtung, werden Gefühle der Minderwertigkeit aktiviert – und die Vorzeichen kehren sich um: Dann schätzen wir die Erfolgswahrscheinlichkeit eher gering ein und überlegen uns sehr genau, ob sich das Austragen des Konflikts für uns »lohnt«. Sprich, ob wir uns zutrauen, ihn durchzustehen, ohne uns zu blamieren.

Zusammenfassung

- Mit Arthur Schopenhauer gilt: Die Welt existiert als Wille und Vorstellung. Jeder hat aufgrund genetischer, biografischer und situativer Faktoren eine individuelle Weltsicht. Wahrnehmung und Deutung sind stets subjektiv. Die Konfliktwahrscheinlichkeit wächst, sobald es den Kontrahenten darum geht, die »wirkliche« oder »wahre« oder »objektive« Wirklichkeit zu identifizieren – und selbstverständlich deckt sich die objektive mit der eigenen Wirklichkeitsauffassung.
- Durch divergente bis rivalisierende Grundtendenzen ergeben sich bei verschiedenen Menschen unterschiedliche Relevanzen und Verhaltensweisen. Die Konfliktwahrscheinlichkeit nimmt – grob formuliert – proportional zur Verschiedenheit der Betroffenen zu.
- Situative Faktoren können die Proportionalität durchkreuzen und die Auswirkungen der Dissonanzen entschärfen. Eine maßgebliche Rolle spielt hierbei die subjektive Stimmungslage, die die Bedeutung des Konfliktanlasses sowie das Selbstbild und folglich die Konfliktfreudigkeit beeinflusst. Je weniger wichtig uns etwas anmutet, desto eher können wir loslassen. Wir nehmen Distanz ein, die uns tolerant und großzügig stimmt, sodass wir dem anderen seinen Willen lassen können. Je bedeutsamer uns etwas ist, desto mehr engagieren wir uns für unsere Ziele. Dies setzt, wie gezeigt, ein »gesundes Selbstwertgefühl« voraus sowie die persönliche Kalkulation, etwas gewinnen (nicht unbedingt siegen) zu können. Andernfalls, bei einem geringen Selbstwertgefühl und geringer Erfolgseinschätzung, treten wir in den depressiven Teufelskreis ein und verlagern den Konflikt nach innen.

Wodurch eskalieren zwischenmenschliche Konflikte?

Gewiss kennen Sie den Überraschungseffekt: Eine Diskussion beginnt ganz harmlos und entpuppt sich plötzlich als hitziges Wortgefecht, in dem jeder dem anderen Feuerpfeile zuschießt. Und in dem Augenblick, in dem Sie dies erkennen, wissen Sie bestenfalls vage, um was es eigentlich geht. Ich nenne dieses Erlebnis: *in einen Konflikt hineinschlittern.* Ein weiteres Erlebnis kennen Sie sicher auch, nämlich dass wir uns in der konflikthaften Auseinandersetzung zu Worten und/oder Taten hinreißen lassen, die wir so nicht meinen, deren Auswirkungen wir nicht wollten oder die wir bereuen.

Die folgenden Erörterungen erhellen, wie es zu solchen Verhaltensweisen und Resultaten kommen kann. Dazu bedienen wir uns drei Zugangsweisen und betrachten:

- die vier Ebenen der Konfliktentwicklung,
- die psychischen Mechanismen,
- die häufigsten Eskalationsstufen.

Die vier Ebenen der Konfliktentstehung

1. Ebene: Dissonanzen in der Sache. Heftige Konflikte fallen nicht aus heiterem Himmel auf uns nieder, sondern bahnen sich an. Wenn wir vom Ausbruch eines Konflikts überrascht werden, spricht viel dafür, dass unser Frühwarnsystem versagt hat.

Konflikte beginnen in der Regel mit Meinungsverschiedenheiten und bewegen sich zunächst schwerpunktmäßig auf der sachlichen Ebene. Es wird um Argumente gerungen. Die eigenen Vorstellungen und Ziele werden als legitim, sinnvoll, richtig dargestellt. Man versucht, den Partner für das eigene Interesse zu gewinnen.

2. Ebene: Dissonanzen in der Beziehung. Irgendwann empfinden die Parteien die Debatte als mühsam. Spannungen treten auf, weil es immer anstrengender und aufwendiger wird, Anerkennung und Verständnis herzustellen. Folglich nehmen Ungeduld und Gereiztheit zu. Die Gereiztheit der einen wird von der anderen Partei mit mindestens der gleichen Aggressivität zurückgegeben. Negative Gefühlslagen verstärken sich wechselseitig, weil sie als Provokationen gedeutet werden. Für den Übergang von der ersten auf diese zweite Ebene ist es typisch, dass sachliche Unvereinbarkeiten zunehmend in den Hintergrund, Beziehungsaspekte aber immer stärker in den Vordergrund treten.

Das Urteil »der andere versteht mich nicht« (1. Ebene) wandelt sich zur Unterstellung »der andere weigert sich, mich zu verstehen. Er will es gar nicht«. Diese Verlagerung der Wahrnehmung und damit des Streits auf die persönliche Ebene erkennen wir daran, dass Ungeduld und Zweifel zunehmen. Sie verändern sowohl die Tonalität, als auch die Inhalte, mit denen wir argumentieren. Zwischentöne, Anspielungen und versteckte Provokationen schleichen sich ein.

Spannungen auf der Beziehungsebene verstärken die Tendenz, dem Kontrahenten mit Vorbehalten und Misstrauen entgegenzutreten. Auf dieser zweiten Ebene differenzieren wir immer weniger nach Sach- und Beziehungsaspekten. Wir mischen beide Dimensionen, sodass es zu Wertungen kommt wie: Ist ja klar, dass der andere mich nicht unterstützt. Der hat mich noch nie gemocht und schon immer versucht, mich auszubooten! Damit ist der Feind identifiziert – und das berechtigt uns dazu, stärkere Geschütze aufzufahren. An dieser Schwelle angelangt, bewegen sich die Kontrahenten auf die Ebene drei zu.

3. Ebene: Konflikt über den Konflikt. Die sachlichen und interpersonellen Differenzen münden jetzt in weitere Polarisierungen. Jede Partei deutet die Uneinigkeiten auf der Sach- und der Beziehungsebene anders. Dies signalisiert, dass sie einen Konflikt über den Konflikt haben. Gemäß ihrer unterschiedlichen bis antagonistischen Interpretationen konstruieren sie verschiedene Welten und somit unterschiedliche Gründe für den Konflikt.

Das fördert das Risiko, dass die Konfliktparteien vom Boden der Tatsachen abheben und sich in Reaktionen versteigen, die gleichsam ungewollt passieren. Neben der Kontrolle verlieren die Kontrahenten den Überblick und damit die Option, gezielt Einfluss zu nehmen. Gleichzeitig nehmen die unbeabsichtigten Wirkungen zu, die Wahrnehmung wird zunehmend verzerrt, Lösungsvorstellungen werden eingeengt und das Verhalten wird unflexibel.

Hinzu kommt: Die Kontrahenten haben sich von dem Bemühen um Verständigung inzwischen so weit entfernt, dass jede Partei ihre eigenen Deutungen für bare Münze nimmt. Persönliche Einschätzungen und Unterstellungen werden überhaupt nicht mehr hinterfragt, sondern als Fakt genommen. Die Folge ist, das Differenzen zunehmen und die Einigung immer schwieriger wird. Damit erklimmen die Beteiligten die vierte Ebene.

4. Ebene: Konflikt über die Konfliktlösung. Da die Streitenden kaum noch voneinander wissen, was dem je anderen wichtig ist und wie er aus welchen Gründen die Lage beurteilt, fallen die Vorschläge zur Konfliktlösung unterschiedlich aus. Jede Partei verschmäht die Ideen der anderen als unbrauchbar. In diesem Stadium haben sie einen Konflikt darüber, wie die Konfliktlösung herbeigeführt werden kann und sie aussehen soll.

Zusammenfassung

1. Ebene: Dissonanzen in der Sache.
2. Ebene: Dissonanzen in der Beziehung.
3. Ebene: Konflikt über den Konflikt.
4. Ebene: Konflikt über die Konfliktlösung.

Auf der ersten Ebene der Konfliktentwicklung liegt der Akzent auf den sachlichen Meinungsverschiedenheiten und die Kontrahenten haben den Konflikt. Auf der zweiten Ebene geht es um Beziehung. Man kann sagen, es geht um persönliche Differenzen – und noch immer haben die Kontrahenten den Konflikt. Ab der dritten Ebene hat der Konflikt uns, weil die Eskalation zu Feindbildern und Unverstehen führt, die Kontrahenten dies aber nicht berücksichtigen und so tun, als wüssten sie, um was es dem anderen geht. Insofern tragen sie (oft nicht bewusst) einen Konflikt über den Konflikt (über dessen Inhalte) aus. Dies verlängert sich auf die vierte Ebene, in der sie um die Art der Konfliktlösung streiten.

Fallbeispiel: Projekttod
Der Projektleiter des Entwicklungsprojekts »Simulatoren« streitet mit der Geschäftsführerin darüber, dass sein Projekt gestoppt werden soll. Zunächst tauschen die beiden Argumente aus.
Die Geschäftsführerin hebt beispielsweise hervor, der Markt sei für das Produkt zu klein, zumal ein finanzstarkes Konkurrenzunternehmen ebenfalls an der Entwicklung arbeite. Das Risiko einer Fehlinvestition sei zu groß.
Der Projektleiter hält dagegen: Prototypen seien bereits auf dem Markt, die Resonanz sei viel versprechend. Die Entwickler seien zudem kurz vor dem Durchbruch für eine außergewöhnliche Nutzung des Geräts. Die Konkurrenz stehe auf verlorenem Posten. Die Nachfrage nach dem Gerät könne gar nicht ausbleiben. Die Kundengruppe sei bereits informiert, die Bedarfslage eruiert und unbestritten vorhanden. Außerdem habe das Unternehmen bereits so viel Geld in das Projekt investiert, dass es den Rest auch noch aufbringen müsse.
In diesem Tenor geht es hin und her – bis die Geschäftsführerin beginnt, auf die Uhr zu schauen, tief durchzuatmen, den Blickkontakt aufzugeben. Das bemerkt der Projektleiter, der zunächst verständnisvoll reagiert: »Sollen wir einen neuen Termin ausmachen? Ich habe den Eindruck, Ihre Zeit drängt.« »Nein«, lautet die Antwort, »ich denke, es ist kein weiterer Termin nötig; denn die Entscheidung der Geschäftsleitung ist klar: Das Projekt wird gestoppt.«
Damit ist die zweite Ebene eingeläutet und die dritte folgt auf dem Fuße: Der Projektleiter fühlt sich hintergangen, verletzt und in seiner Argumentation nicht ernst genommen: »Ach so ist das! Eine Alibiveranstaltung also, dieses Gespräch hier, ja? Da wird in der Geschäftsleitung einfach etwas beschlossen! Selbstverständlich wird der Projektleiter mit Fakten konfrontiert und mit einem geheuchelten Gesprächsangebot geködert. Genau genommen haben Sie ja gelogen, als Sie sagten, wir wollten über zukünftige Perspektiven des Projekts sprechen!« »Nun mal nicht

so hitzig! Sie wissen ja gar nicht, welche Informationen wir eingeholt haben, um die Entscheidung zu treffen. Sie wären von der Entscheidung übrigens nicht so überrascht, wenn Sie sich stärker um die Marktforschung gekümmert hätten!« – »Ach, jetzt bin ich auch noch schuld daran, dass das Projekt ermordet wird! Womöglich soll ich die Todesurkunde unterschreiben und selbstverständlich meinen Leuten gut begründet verkaufen!« Damit tritt der Konflikt auf die Ebene vier. Geschäftsführerin: »Sie sind der Projektleiter eines der wichtigsten Projekte – und haben selbstverständlich die Pflicht, das Interesse der Geschäftsleitung und des Unternehmens auch nach innen zu vertreten. Sie haben dafür zu sorgen, dass unangenehme Entscheidungen von Ihren Mitarbeitern akzeptiert werden und diese nicht in die Demotivation abdriften.« – Projektleiter: »So so. Was Sie nicht sagen. Sie haben ja überhaupt keine Ahnung von der Stimmung im Betrieb! Die ist wegen der Geschäftslage, aber vor allem wegen der miesen Informationspolitik seitens der Geschäftsführung schon einige Zeit länger im Keller. Sie können froh sein, dass die Leute so loyal sind und ihre Arbeit mehrheitlich gern machen. Und jetzt betrügen Sie sie auch noch um diese Freude! – Ich (!) werde das Ende der letzten Hoffnung meinen Leuten ganz gewiss nicht mitteilen. Das machen Sie gefälligst selbst!«

Mit diesem Appell verlassen wir das Wortgefecht. Führen Sie ihn, liebe Leser, gemäß Ihrer eigenen Erfahrungen zu Ende.

Die psychischen Mechanismen

Mit den psychischen Mechanismen werden jene geistig-seelischen Abläufe bezeichnet, die bewirken, dass nicht wir den Konflikt haben, sondern der Konflikt uns. Sie umfassen die Veränderungsprozesse im

- Fühlen,
- Wahrnehmen, Vorstellen, Denken,
- Wollen,
- Verhalten.

Ihre (selten bewussten) Veränderungen geben den Ausschlag dafür, ob und inwieweit ein Konflikt eskaliert. Sie definieren die Richtung, in die sich der Konflikt entwickelt. Der Überblick über die Beiträge, die die Mechanismen am Teufelskreis oder Zirkelprozess (F. Glasl) leisten, ermöglicht es, sowohl die beschriebenen Phasen in der Konfliktgenese und im Konfliktverlauf als auch die Eskalationslogik besser nachvollziehen zu können. Außerdem verdeutlicht er, wie es kommt, dass wir in einen Konflikt hineinschlittern – und warum es so schwerfällt, den Weg hinauszufinden.

Veränderungprozess im Fühlen

Im Konflikterleben nimmt die eigene Empfindlichkeit zu. Wir achten auf Zwischentöne. Gleichzeitig streben wir danach, uns nicht verunsichern oder aus der Fassung bringen zu lassen. Allmählich entwickeln sich emotionale und kognitive Dissonanzen: Fanden wir den Kontrahenten zu Beginn noch recht sympatisch, schleichen sich in diese Gefühle allmählich negative ein. Dies verwirrt uns zusätzlich und beeinträchtigt unsere Handlungsfähigkeit.

Folglich wollen wir Ordnung schaffen und wieder handlungsfähig werden. Das tun wir, indem wir polarisieren. Polarisieren bedeutet, in gut und böse zu trennen. Die Vielfalt der Gefühle wird auf diese zwei Varianten reduziert. Dabei reservieren wir die angenehmen Gefühle für uns selbst, die unangenehmen für den Kontrahenten. Damit ist die Gefühlswelt wieder eindeutig.

Der Preis ist hoch: Wir verlieren das Gefühl und den Blick für den anderen. Empathie geht verloren. Dieser Verlust hängt mit dem Zusammenspiel von Fühlen und Denken zusammen. Denn der gleiche Prozess findet im kognitiven Bereich statt. Wir tendieren dazu, eine Art Monopol für Wahrheit zu besetzen: Was wir als Wirklichkeit annehmen, ist für uns die Wirklichkeit. So entstehen Wahrnehmungslücken und Wahrnehmungsverzerrungen. Wir entfernen uns immer mehr vom anderen und sind auf unsere eigenen Vermutungen angewiesen. An diese pflegen wir zu glauben. Da dies beide Parteien tun, kapseln sie sich voreinander ab. Am Ende dieses Abkopplungsprozesses steht, dass jede Partei ein Bild von der anderen hat und folglich Bilder von Personen, nicht mehr die realen Personen aufeinander reagieren.

Veränderungsprozess im Wahrnehmen, Vorstellen, Denken

Im Zuge der emotionalen Erregung stellen sich unsere Wahrnehmungsfilter um. Wir nehmen zunehmend selektiv wahr. Unsere Antennen empfangen vor allem das, was unseren Erwartungen und Vorstellungen von dem entspricht, was wir dem Gegner zutrauen oder nicht. Auf diese Weise verstärken sich negative Bilder und Vorurteile. Wir finden unsere Annahmen und Vorhersagen bestätigt (Selffulfilling prophecy). Mit der Zeit bildet sich ein Röhrenblick (F. Glasl) aus: Die Wirklichkeit, die wir wahrnehmen, nimmt an Komplexität und Differenziertheit ab, an Einfachheit und Einfältigkeit zu. Auch die mittel- und langfristigen Folgen des eigenen Tuns werden immer weniger überlegt und in das eigene Verhalten eingebaut.

Veränderungsprozesse im Wollen

Die Einseitigkeit im Fühlen und Wahrnehmen sowie Denken wirkt sich darauf aus, was wir wollen. Die Vorstellungen sowohl von dem Lösungsweg als auch vom Ziel selbst lassen immer weniger Spielraum und Varianz zu. Der Wille tendiert dazu, sich auf bestimmte Vorstellungen zu versteifen. Er beharrt darauf, ein Ziel ausschließlich auf dem und dem Weg zu verfolgen. Als Ziel oder Lösung kommt nur das und das infrage. Der Wille verengt sich also, wird absolut, radikal und ultimativ.

Veränderungsprozesse im Verhalten

Die Logik der Egozentrik pflanzt sich im Repertoire der Verhaltensoptionen fort. Zum einen nimmt ihre Vielfalt ab. Zum anderen decken sich die Absichten immer weniger mit dem, was durch Worte und/oder Taten angezettelt wird. Der Konflikt ist im Anmarsch, die Kontrolle zu übernehmen. Denn: Worte und Taten rufen zunehmend Wirkungen hervor, die wir nicht beabsichtigen. Erkennen wir dies, sind wir über uns selbst wütend – und bestrafen den anderen, weil der Schuld sein muss. Diese Projektion dient der eigenen Entlastung und dem Schutz des Selbstwertgefühls. Bemerken wir den Fauxpas nicht, interpretieren wir die aggressivere Gegenreaktion als verstärkte Feindschaft. Deshalb reagieren wir mit einem Gegenangriff massiverer Art. Es entstehen dämonisierte Zonen (F. Glasl): Der Gegner wird durch mein Handeln zu Reaktionen veranlasst, deren Folgen er nicht wollte. Ich schlage mit geballter Kraft zurück und rufe damit meinerseits unbeabsichtigte Wirkungen hervor. Die jeweiligen Konsequenzen sind unleugbar. Trotzdem übernimmt keine Partei die Verantwortung für diese Dynamik. Damit berauben sie sich der Möglichkeit, diese Logik zu unterbrechen und das Steuerrad wieder zu übernehmen.

Die häufigsten Eskalationsstufen

Die umrissene Eskalationsdynamik hat F. Glasl in neun Stufen und drei Phasen abgebildet. Jeder Stufenwechsel gleicht dem Überschreiten einer Schwelle und jedes Überschreiten bezeichnet eine neue Qualität im Konflikt. Diese ist identisch mit der Verschärfung und diese wiederum meint, dass konstruktive Lösungen in wachsendem Maße in weite Ferne rücken.

Die **Phase 1** weist **drei Stufen** auf:

- 1. Stufe Verhärtung;
- 2. Stufe Debatte und Polemik;
- 3. Stufe Taten statt Worte.

1. Stufe: Verhärtung. Merkmale: Aus Interessen werden Standpunkte. Diese prallen aufeinander. Zeitweilige Ausrutscher bewirken Irritationen und Verunsicherung, sodass die Parteien sich gegeneinander zu verschließen beginnen. Vorbehalte nehmen zu die Kommunikation leidet unter der zunehmend einseitigen selektiven Filterung der Wahrnehmung. Es entsteht ein Bewusstsein der bestehenden Spannung. Noch herrscht aber die Überzeugung, die Spannung in gemeinsamen Gesprächen lösen zu können. Die Bereitschaft zur Kooperation ist noch stärker als das Rivalitätsdenken.

2. Stufe: Debatte und Polemik. Merkmale: Gegensätze werden durch Debattieren und Polemisieren ausgetragen. Polarisierungen und Schwarzweißdenken prägen die Auseinandersetzung. Entsprechend nimmt das wechselseitige Zuhören und Aufeinander-eingehen ab. Polemik bricht durch. Es werden trickreiche verbale Taktiken gefahren. Argumente werden genutzt, um die eigene Überlegenheit zu sichern und um den anderen zu verunsichern. Zwischen Fakten werden kausale Verknüpfungen behauptet. Anspielungen, Seitenhiebe, vordergründige Höflichkeit – das alles sind Züge im Kampf um Überlegenheit. Allianzbildung setzt ein: Unter Einbezug von Dritten will man sich Anerkennung holen. Noch wechseln Haltungen der Kooperation und Konkurrenz ab. Es dominiert der Wunsch, durch Diskussion zur Lösung zu kommen.

3. Stufe: Taten statt Worte. Merkmale: Das Gefühl herrscht vor, Reden hilft nichts mehr, also müssen Taten beweisen, worum es geht. Es kommt zur Konfrontation. Diskrepanzen zwischen verbalen Aussagen und nonverbalem Verhalten nehmen zu. Pessimistische Erwartungen, die aus gewachsenem Misstrauen resultieren, bewirken, dass sich die Parteien zunehmend abgrenzen. Eine rivalistische Haltung dominiert.

Die Erfahrung zeigt, dass in dieser ersten Phase die Möglichkeit besteht, die Wende zum Konstruktiven zu bewerkstelligen, weil noch kein irreversibler Schaden angerichtet ist.

Die **Phase 2** durchläuft die Stufen:

- 4. Stufe Images und Koalitionen;
- 5. Stufe Gesichtsverlust;
- 6. Stufe Drohstrategien.

4. Stufe: Images und Koalitionen. Merkmale: Vorurteile verdichten sich zu Stereotypen und Klischees. Es werden Image-Kampagnen initiiert und Gerüchte in die Welt gesetzt, die die Auseinandersetzung beherrschen. Dadurch manövrieren sich die Gegner in negative Rollen und bekämpfen diese. Der Prozess der Selffulfilling Prophecy wird eingeleitet durch die Fixierung auf einseitige und verzerrte Feindbilder, die durch neue Erfahrungen nicht mehr korrigiert werden. Es wird mit den Mitteln des kalten Konflikts operiert: mit nicht nachweisbaren Böswilligkeiten.

5. Stufe: Gesichtsverlust. Merkmale: Kränkungen und Beleidigungen werden als Anschläge auf den Kontrahenten interpretiert und nicht mehr als versehentliche Übergriffe. Die Parteien sind jetzt der Überzeugung, die destruktiven Motive des Feindes zu durchschauen. Deshalb wird die gemeinsame Geschichte rückwirkend neu geschrieben: Alle Erlebnisse werden jetzt passend interpretiert. Die verwerflichen, feindseligen Absichten werden als von Beginn an vorhanden unterstellt. Das legitimiert rücksichtslose Attacken.

6. Stufe: Drohstrategien. Merkmale: Die Spirale von Drohung und Gegendrohung dreht sich immer schneller, die Parteien wollen sich so zum Nachgeben zwingen. Da Drohungen nur dann wirken, wenn der Gegner glaubt, dass der Drohende seine Ankündigung realisieren kann, muss der Drohende seine Entschlossenheit demonstrieren. Drohungen zwingen zu Selbstbindungsaktivitäten; denn sie erzeugen auch beim Drohenden Handlungszwang. Dadurch besteht die Gefahr, dass ihm die Zügel aus den Händen gleiten und eigene Initiativen unmöglich werden. Beide Parteien stehen unter enormer Anspannung. Dieser Stress wird durch ultimative Forderungen und Gegenforderungen laufend gesteigert.

In dieser zweiten Phase ist eine konstruktive Wende ohne externe Beratung oder Mediation erschwert. Ab Stufe 5 ist es kaum noch möglich. Zu viel Schaden ist angerichtet an den Selbstbildern und dem Selbstwertgefühl der Kontrahenten.

Die **Phase 3** durchläuft die Stufen:

- 7. Stufe Begrenzte Vernichtungsschläge;
- 8. Stufe Zersplitterung des Feindes;
- 9. Stufe Gemeinsam in den Abgrund.

Im normalen privaten wie betrieblichen Alltag finden wir die Stufe 7 noch recht häufig im interpersonellen Konflikt, während die Stufen 8 und 9 selten auftreten und mehr auf Gruppen bezogen sind.

7. Stufe: Begrenzte Vernichtungsschläge. Merkmale: Die Kontrahenten sind der Überzeugung, dass es nichts mehr zu gewinnen gibt. Entscheidend ist für sie, ob der Verlust auf der gegnerischen Seite größer ist als der eigene. Der Schaden des anderen wird zum Anlass zur Freude. Drohungen werden in die Tat umgesetzt, begrenzte Zerstörungen ist als passende Antwort gemeint. Überproportionale Gegenschläge werden noch vermieden, weil man selbst überleben will.

8. Stufe: Zersplitterung des Feindes. Merkmale: Die Kontrahenten visieren die Zersplitterung des feindlichen Systems an. Deshalb versuchen sie, vitale Systemfaktoren oder Organe zu zerstören und das System dadurch funktionsuntüchtig/unsteuerbar zu machen. Angestrebt wird die totale Zerstörung des Gegners durch Lahmlegen wichtiger Funktionen.

9. Stufe: Gemeinsam in den Abgrund. Merkmale: Man sieht keinen akzeptablen Weg mehr zurück. Die Parteien gehen auf totale Konfrontation, deren einziges Ziel in der totalen Vernichtung des Feindes besteht, auch zum Preis der Selbstvernichtung.

Zusammenfassung

Das Stufenmodell der Eskalationslogik verdeutlicht noch einmal, wodurch Konflikte so heftig und scharf werden. Es hilft uns in diagnostischen und strategischen Bemühungen: Wir können durch systematisches Fragen erkennen, in welcher Stufe wir sind, warum uns das Umkehren zum Konstruktiven schwer fällt – und was wir an Optionen nutzen können, um eben diese Wendung einzuleiten.
Selbstverständlich meint das Modell nicht, dass in einem Konflikt sämtliche Phasen und alle Stufen strikt nacheinander durchlaufen werden. Einzelne Stufen können übersprungen werden. Das gilt vor und zurück.
Meistens intensiviert sich ein Konflikt sukzessive. Ein Mindestmaß an Harmoniebedürfnis hemmt uns, sofort mit der Tür ins Haus zu fallen, aufs Ganze zu gehen und vielleicht Vertrauen auf Nimmerwiedersehen zu verabschieden.

Wie können wir zwischenmenschliche Konflikte konstruktiv nutzen?

Die Antwort auf die gestellte Frage erarbeiten wir aus drei Perspektiven. In der *ersten Perspektive* fasse ich die verschiedenen Strategietypen zusammen. Die fünf Strategien untersuche ich zudem dahingehend, welche Strategie von welcher Grundmotivation in der Gefühlsausrichtung und von welcher Grundeinstellung in der Beziehungsorientierung nahe gelegt wird. Der Sinn, diesen Bogen zu schlagen, liegt in der praktischen Orientierung: Je besser wir die eigenen und die grundsätzlich wirkenden Motivationen und Beziehungsdefinitionen bei anderen einschätzen können,

- desto weniger werden wir negativ überrascht;
- desto sensibler können wir uns auf den anderen einstellen;
- desto kompetenter können wir den Konfliktverlauf mitgestalten;
- desto alerter achten wir darauf, Fallen, die uns die psychischen Mechanismen stellen, zu umfahren;
- desto wahrscheinlicher wird es, eine tragfähige Lösung zu finden.

Die *zweite Perspektive* rückt die Konfliktarten in den Vordergrund und fragt nach den Schwerpunkten in der Konfliktbehandlung. Die *dritte Perspektive* bietet methodische Anregungen, sich im Konflikt zu verhalten.

Die erste Perspektive: Die fünf Strategien

Die folgenden Strategien orientieren sich an zwei Perspektiven: dem Anliegen, primär oder tendenziell zuerst eigene Bedürfnisse zu befriedigen beziehungsweise primär oder tendenziell zuerst die Befriedigung der Bedürfnisse des Partners anzustreben (vgl. die Abbildung auf der gegenüberliegenden Seite).

Rückzug oder Flucht

Die Parteien A und B haben einen Konflikt. A zieht sich zurück und verzichtet damit darauf, eigene Interessen zu verwirklichen. Inwiefern Partei B ihre Interressen entfalten kann, hängt davon ab, inwiefern B auf A angewiesen ist. Im Regelfall verlieren hier beide Personen.

Die fünf Strategien als Ansatzpunkt

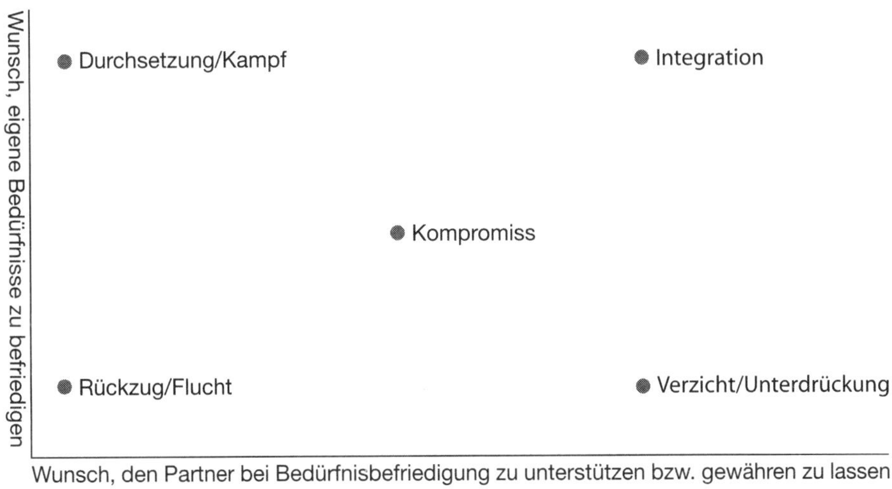

Herr Martin Mohn und Timm Klar (aus dem letzten Beispielfall) wissen beide um die Spannung in der Arbeitsbeziehung. M. Mohn geht auf T. Klar zu und möchte mit ihm einen Termin und Ort für eine offene Aussprache festlegen. Herrn Klar ist diese Aussicht unangenehm. Deshalb erwidert er: »Äh, tut mir Leid. Aber ich habe meinen Planer nicht dabei und kann überhaupt nicht absehen, wann ich Zeit habe.« – Diese Flucht lässt eine gespannte Atmosphäre und einen frustierten Martin Mohn zurück. Der »Vorteil« von Herrn Klar (Vermeidung der Konfrontation) ist kurzfristig; denn der Konflikt schwelt weiter und wird über kurz oder lang wieder an der Oberfläche auftauchen. Wie der Volksmund sagt: Aufgeschoben ist nicht aufgehoben.

Offenkundig bevorzugt Herr Mohn den kooperativen Umgang und wird von Hinwendung dazu motiviert, auf Herrn Klar zuzugehen. Dieser hingegen scheint der Gefühlsausrichtung Abwendung näher zu stehen und präferiert die individualistische Grundeinstellung. – Wie bereits im Kapitel zu den inneren Konflikten hervorgehoben, bedarf es großer Anstrengung, Geduld und Feinfühligkeit, um im Rahmen derartig divergenter Handlungstendenzen einen gemeinsamen Weg zu finden und ein gemeinsames Ziel zu definieren.

Unterdrückung

Partei A ergibt sich und überlässt Partei B das Feld. A wird insofern wieder verlieren, als ihre Interessen keine Verwirklichung finden. (Korrigiert sie ihre Zielvorstellung, verändert sich die Bewertung.) B wird, je nach Abhängigkeit von der Mitwirkungsnotwendigkeit von A, im günstigsten Fall gewinnen. Der Konflikt wird auch diesmal nicht bearbeitet oder manifest gemacht, sondern verdeckt oder – von A – geleugnet.

Nach der Abfuhr, die Herr Mohn erlitten hat, kann er sein Bedürfnis nach einem klärenden Gespräch unterdrücken. Das ist schmerzhaft und bindet psychische Energie. Im Kapitel »Innere Konflikte« sahen wir, dass dies durch Verdrängung, Ablenkung oder Sublimierung geschieht. Er könnte sein Bedürfnis strikt leugnen. Ferner könnte er seinen Wunsch und den Konfliktanlass bagatellisieren. Er könnte auch Ablenkung suchen: »Am besten kümmere ich mich um meine anderen Mitarbeiter. Ich glaube, die habe ich in der letzten Zeit ohnehin vernachlässigt.« Oder er kann sublimieren: »Ich sollte meine Kritik in ein offizielles Qualifikationsgespräch einflechten.«

Die in Rede stehende Strategie verlegt den interpersonellen Konflikt schwerpunktmäßig ins Innere. Dazu tendieren insbesondere Nähe suchende Menschen, die aufgrund ihres Konsensbedürfnisses der kooperativen Einstellung anhängen.

Kampf oder Durchsetzung

Hier steht das eigene Interesse und Ziel im Vordergrund. Zu ihrer Durchsetzung werden offene Angriffe oder versteckte Attacken gefahren. Am Ende gibt es einen Verlierer und einen Gewinner. (Der Sieg kann allerdings trügerisch sein. Denn kurzfristig trägt der Sieger zwar die Durchsetzung seiner Bedürfnisse als Trophäe vom Schlachtfeld. Als Preis muss er die Zerstörung der Beziehung in Kauf nehmen und damit rechnen, dass der Verlierer auf seine Gelegenheit lauert, es ihm heimzuzahlen.)

Martin Mohn könnte sich mit der Abfuhr von Timm Klar nicht zufrieden geben und auf Kampf umstellen. Als »Kalter Krieg« geführt, könnte er beispielsweise ein Mitarbeitergespräch ansetzen und so Herrn Klar dazu zwingen, mit ihm zu reden. Er könnte sich auch entschließen, den Konflikt »heiß« auszutragen und sich durchzusetzen, indem er seinem Mitarbeiter mit Abmahnung droht und ihn mittels eines Ultimatums erpresst.

Im Rahmen seiner Zielsetzung, nämlich eine Aussprache mit F. Klar zu führen, sind die Chancen mit der Kampfstrategie naturgemäß gering. Denn wer lässt sich schon zu Intimität zwingen! Die Kampfstrategie wird vor allem von Personen bevorzugt, deren Gefühlsausrichtung Gegenwendung und deren Grundeinstellung rivalistisch ist.

Kompromiss

Kompromiss ist der Versuch, beidseitig »ein wenig zu gewinnen«, was logisch und praktisch bedeutet, gleichzeitig »ein wenig zu verlieren«. Die Parteien treffen sich in der viel zitierten »Mitte«, die nichts anderes symbolisiert als eine beidseitig akzeptierte, »gesunde«, weil tragfähige Lösung. Der Kern eines guten Kompromisses besteht darin, dass beide Seiten ihre Kerninteressen verwirklicht finden.

Im Fall des Kompromisses liegt es auf der Hand, dass sowohl M. Mohn als auch T. Klar grundsätzlich bereit sein müssen, aufeinander zuzugehen. Es kann sein, dass es Herrn Mohn gelingt, diese Konzilianz in F. Klar zu wecken, indem er ihm anbietet, sich abends auf ein Glas Wein zu treffen. Dadurch wäre der Aussprache der förmliche und strenge Charakter genommen. Das Bedrohungspotenzial wäre entschärft. Durchaus möglich ist ferner, dass Herr Klar die Notwendigkeit einer Aussprache einsieht und von sich aus einen Termin nennt. Dieser Termin läge wahrscheinlich in der Zukunft (in ein bis zwei Wochen), weil Herr Klar einer Scheu oder Abneigung (Es-Impulse, Unlustprinzip), vielleicht auch seinem schlechten Gewissen über seine defizitäre Arbeitsleistung (Über-Ich-Impuls) Rechnung tragen muss. Herr Mohn (von dem dieser Vorschlag übrigens auch kommen könnte) könnte dies akzeptieren, weil sein Wunsch erfüllt wird, wenn auch nicht sofort.

Die Kompromiss-Strategie finden wir als hauptsächlichen Stil bei kooperativ eingestellten Personen. Tendieren sie besonders zu Hinwendung, sind das gute Vorzeichen für nachhaltige Lösungen. Von individualistisch Orientierten wird sie von Fall zu Fall, je nach Interessenlage, angewandt. Da sie primär auf sich selbst gerichtet sind und ihre Bedürfnisse ins Zentrum stellen, fallen Kompromisse prinzipiell wackeliger aus. Das Risiko des Konfliktpartners besteht darin, über den Tisch gezogen zu werden und sich auf einen Kompromiss einzulassen, der sich im Nachhinein als faul entpuppt.

Integration

Die Integration steht unter dem Stern, Synergie und Synthese zu realisieren. Die Kontrahenten sind gleichermaßen bestrebt, Verständnis für die Interessen und Motive des anderen zu entwickeln. Sie suchen gemeinsam nach Wegen und Lösungsoptionen, die es erlauben, dass beide Interessenlagen zum Tragen kommen. Partei A bezieht alle Aspekte von B in ihre Überlegungen ein und umgekehrt. So wächst die Wahrscheinlichkeit, dass beide gewinnen. Dieses Verfahren eröffnet völlig neue Lösungen, an die niemand vorher gedacht hat. Das Spektrum des Möglichen wird neu entdeckt.

Herr Mohn und T. Klar würden in diesem Fall den Weg zum eigentlichen Ziel machen. Denn eine integrative Strategie impliziert das Offenlegen aller Karten, also bereits die von Herrn Mohn angestrebte Aussprache.

Es ist selbstredend, dass die Integration besonders kooperativ und zuwendungsgesteuerten Personen liegt. Ihnen fällt es leicht, diese Strategie zu fahren. Empathie ist ihnen ein Anliegen. Kooperative Einstellung in Kombination mit der individualistischen Beziehungsorientierung erschwert die Durchführung der integrativen Strategie. Denn die Ich-Bezogenheit muss zum Teil aufgeweicht werden und einer Du-Bezogenheit Platz einräumen. Ähnlich verhält es sich bei der Konstellation Abwendung und Kooperation. Das fällt den Betroffenen schwer. Bei Gegenwendung im Verbund mit Rivalismus erscheint die Integration gar nicht erst am Horizont.

Die zweite Perspektive: Konfliktarten

Wie in dem Abschnitt Konfliktarten erwähnt, bezeichnen die einzelnen Kategorien zentrale Aspekte, um die es den Kontrahenten geht. Die folgenden Ausführungen illustriere ich an den genannten Beispielen.

Interessenkonflikt

Hier liegt der Akzent der Auseinandersetzung darauf, die im Spiel befindlichen Wünsche, Bedürfnisse, vielleicht auch Befürchtungen offen zu legen. Dies ermöglicht, dass die Konfliktpartner die Motive, von denen sie getrieben werden, kennenlernen und verstehen können. Der Verstehensprozess wird gefördert, wenn zusätzlich das Warum oder Ziel: die Einbettung der Motive und Interessen formuliert wird. Auf diese Weise haben die Kontrahenten die Chance, das vertretene Interesse jeweils ganzheitlich und sinnhaft einzuordnen.

Der Produktionschef und die Verkaufschefin erläutern einander, in welchem Pflicht- und Zielzusammenhang ihre Interessen stehen. Sie fördern das wechselseitige Verstehen, wenn sie bei ihren Erläuterungen zwei Argumentations- oder Fragelogiken nutzen: »Ich brauche möglichst viel von …, um …« und: »Wenn ich das nicht habe, dann passiert …« Beispielsweise argumentiert der Produktionschef: »Ich brauche möglichst viel Aufträge, die den standardisierten Abläufen entsprechen, weil ich sonst weniger externe Aufträge bearbeiten kann. Diese brauche ich, um die Produktion auszulasten und mit dem erwirtschafteten Überschuss der Forschungs- und Entwicklungsabteilung unter die Arme zu greifen …«

Ziel- und Beurteilungskonflikt

Da Ziele Ergebnisse von Beurteilungsprozessen sind, können wir sie zusammen behandeln. Wieder geht es im ersten Schritt darum, die Wahrscheinlichkeit zu erhöhen, dass die Kontrahenten nachvollziehen können, welches Ziel verfolgt wird. Auch hier empfiehlt sich, die Vernetzung der eigenen Ziele mit weiteren Zielen und denen anderer Personen, Abteilungen, Bereiche, Hierarchieebenen darzustellen. Dies hat neben der Mitteilung den Effekt, dass beiläufig eine Zielüberprüfung stattfindet. (Diese kann auch systematisch betrieben werden.) Alle Ziele werden in den übergeordneten gemeinsamen Kontext eingegliedert. Ihr Stellenwert wird überprüft. Die leitenden Fragen sind: Wer verfolgt genau welche Ziele? Welche Funktion haben sie im übergeordneten Zielsystem des Konfliktumfeldes? Gegebenenfalls kommt es zu Ziel- oder Präferenzkorrekturen.

In einer weiteren Möglichkeit, sich zu einigen, führt die Aufmerksamkeit vom Ziel weg und zum Weg hin. Die zu diskutierenden Fragen lauten hier: Welche Wege könnte ich noch beschreiten, um zum Ziel zu gelangen? Welche sind möglich und denkbar, welche davon realistisch? So besteht eine gute Chance, einen gleichwertigen Ersatz für den Weg zu finden, den bisher jede Partei bevorzugt.

Vielleicht entdeckt die Verkaufsleiterin, dass ihr Ziel Kundenzufriedenheit nicht nur über das Erfüllen von Sonderwünschen erreichbar ist. Dies könnte ebenso geschehen durch den Ausbau von Serviceleistungen, der verfeinerten Kundenbetreuung oder einer verbesserten Kundeninformation über Veranstaltungen (events).

Rollenkonflikt

Rollenkonflikte sind primär innere Konflikte. Sie erzeugen einen Handlungszwang, der auf der sozialen Bühne geleistet werden muss. Vorerst ist der Entscheidungsprozess ein innerer Vorgang. Aus diesen Gründen empfehlen sich die im Kapitel »Innere Konflikte« aufgeführten Vorgehensweisen. Zusätzlich sei betont, dass Rollenkonflikte im Geschäftsleben in beiden thematischen Dimensionen gesondert behandelt werden sollten: Nämlich in der privaten oder persönlichen und in der beruflichen. In beiden Dimensionen geht es darum, Motiv-, Ziel- und Wirkungszusammenhänge innerhalb der Dimensionen und gegebenenfalls übergreifend zu beleuchten.

Die Verkaufschefin überlegt gesondert, welche Relevanz ihre Freundschaft mit dem Produktionschef für ihr Leben und welche Funktionen sie als Verkaufschefin hat. Dann betrachtet sie die möglichen Auswirkungen ihrer Entscheidungen im Beruf beziehungsweise im Privatleben. Schließlich wägt sie ab, was für sie wichtig ist.

Strukturkonflikt

Das Augenmerk liegt hier auf organisatorischen und strukturellen Maßnahmen sowie auf der Frage, welche Veränderungen zur Konfliktlösung beitragen.

Die Prozedur der Mitarbeitergespräche und Qualifikationen könnte dahingehend verändert werden, dass die Projektleiter primär die Gespräche führen. Die Ergebnisse samt ihrer Empfehlungen für Qualifikationen und Förderung werden dann dem Linienvorgesetzten zugeleitet. Dies bildet die Basis für das weitere Mitarbeitergespräch. Praktikabel ist aber auch eine zu dritt geführte Gesprächspraxis. Die Mitsprache der Projektleiter ist dabei auf die Projektmitarbeit beschränkt. (Das könnte zeitlich in dem formellen Ablauf des Gesprächs eingebaut werden. Der Projektleiter müsste dann nicht während des gesamten Gesprächs anwesend sein.)

Beziehungskonflikt

Da hier die Beziehung zwischen den Kontrahenten zur Sprache kommt, verlaufen diese Auseinandersetzungen oft sehr emotional. Intensive Gefühle drängen nach außen. Die Partner sollten – und das ist der erste Schritt in der Lösungssuche – einander diese Möglichkeit geben. Das kann nur dann der Fall sein, wenn die Beteiligten keine Furcht haben, dadurch alles Porzellan zu zerschlagen. Gefühlsregungen zu zeigen ist eine Frage des Vertrauens. Die viel beschworene Selbstkontrolle oder Selbstbeherrschung kaschiert. Nicht ausgelebte Gefühle verfärben die weitere Interaktion in jedem Fall. Sie erweisen sich dadurch als Hindernis auf dem Weg zu einer konstruktiven Bearbeitung des Konflikts. Wichtig ist bei den Beteiligten dabei die Haltung der Distanz (zu sich selbst) und Toleranz dem anderen gegenüber. Denn selbstverständlich sollte bei intensiven Gefühlsäußerungen nicht jedes Wort auf die Goldwaage gelegt werden. Der Grad, in dem wir diese Gutwilligkeit empfinden und zeigen können, hängt von der Qualität ab, die die Beziehung vor dem Konflikt hatte. Je tragfähiger sie war, desto mehr vertrauen die Kombattanten (unbewusst, manchmal auch wissentlich) darauf, dass heftige Gefühle keinen dauernden Schaden anrichten. Je brüchiger die Beziehung ist, desto vorsichtiger gehen die Beteiligten miteinander um. Und vorsichtig bedeutet im vorliegenden Zusammenhang: weniger aufrichtig und offen.

Auf der rationalen Ebene sollte zunächst angestrebt werden zu klären, wann (in welchen Situationskonstellationen) es warum zu Reibereien kommt. Ziel ist wieder, wechselseitiges Verständnis und damit Nachvollziehbarkeit herzustellen. Dies gelingt am ehesten, wenn sich die Konfliktpartner über Folgendes austauschen:

- Wie sieht mich der Konfliktpartner? Aus welchen Gründen? (klassisches Feedback).
- Wo fühle ich mich verkannt? Das heißt: Wo stimmt das Feedback nicht mit meinem Selbstbild überein?
- Des Weiteren ist zu identifizieren, wo Handlungsbedarf besteht und
- inwiefern die Kontrahenten den Veränderungswünschen nachkommen wollen: wo warum und wo warum nicht. Am Schluss sollten konkrete Vereinbarungen stehen.

Wertkonflikte

Insbesondere bei Wertkonflikten, in denen Überzeugungen und damit emotional unterlegte Orientierungen eine Rolle spielen, kann es vernünftigerweise nicht darum gehen, einen inhaltlichen Konsens zu erzielen. Es sei denn, die Kontrahenten wollen missionieren. Der Konflikt kann entschärft werden, wenn die Parteien Toleranz entfalten. Das heißt, es muss ein Konsens über den Dissens erzielt werden. Soweit mit den individuellen Grundsätzen Verhaltensweisen verbunden sind, die den Partner negativ betreffen, sollte die Debatte darüber geführt werden, inwiefern diese Auswirkungen reduziert werden können.

Der Teamchef vertritt den Glaubenssatz, im Team müsse Harmonie herrschen. Deshalb müsse jede zwischenmenschliche Dissonanz ausdiskutiert werden (behaviorale Auswirkungen). Ein Teammitglied hält das für unnötig, weil es Zeitverschwendung sei (Glaubenssatz: Im Beruf haben Gefühle nichts zu suchen, es zählen nur Arbeitsleistungen). Daher klinkt es sich bei Beziehungskonflikten aus (behaviorale Auswirkung). Das Arrangement könnte heißen: Bei zwischenmenschlichen Reibungen, die der Leistung und daher der Effektivität schaden, bezieht das Teammitglied ebenso wie die anderen Stellung. Es engagiert sich also aktiv im Klärungsprozess.

Die dritte Perspektive: Methodische Anregungen

Es gibt zahlreiche Bücher, die sich mit Fragen der Moderation und der Gesprächsführung in schwierigen und konflikthaften Situationen befassen. Ich beschränke mich deshalb auf einige wenige Anregungen.

Aspekte der Moderation im Konflikt

Zweck: Auflisten gemeinsamer und strittiger Kernpunkte, um

- die Anliegen und Argumentationen des Gegenübers nachvollziehen zu können,
- Verbindendes herauszuschälen,
- Trennendes klar zu definieren.

Dies bildet die Basis für kreative Lösungswege. Die Methode sieht wie folgt aus:

1. Jede Partei notiert gemeinsame und strittige Kernpunkte für sich. (Am besten benutzen Sie dazu Moderationskarten.)
2. Die (auch aus Entfernung lesbaren!) beschriebenen Karten werden an eine Pinnwand geheftet.

3. Dabei werden die Stichworte kurz erläutert.
4. Die andere Partei hört nur zu. Lediglich Verständnisfragen sind gestattet.
5. Gemeinsam werden die Karten nach Themen gruppiert.
6. Gemeinsam wird eine Rangfolge definiert, nach der die Anliegen diskutiert werden.
7. Um den Lösungsprozess einzuleiten, kann eine Kreativitätstechnik angewandt werden, zum Beispiel das Brainstorming. (Kreativitätstechniken erleichtern es, über den eigenen Gartenzaun hinauszusehen. Außerdem können sie Spaß machen – und Lachen fördert bekanntermaßen sowohl den Einfallsreichtum als auch die Sympathie.)
8. Am Schluss (und das alles muss nicht während einer einzigen Sitzung passieren) muss für jeden klar ersichtlich sein, worauf sich die Kontrahenten geeinigt haben und was strittig geblieben ist.

Aspekte der Gesprächsführung im Konflikt

Das Harvard-Konzept

»Getting to Yes«, eine Übereinkunft erzielen, wie der Titel des in deutsch unter »Das Harvard-Konzept« erschienenen Buches lautet, ist Ziel einer jeden Verhandlung. Da jeder Konflikt auch Verhandlungscharakter hat, können wir spezielle Gesichtspunkte dieses Verfahrens für Konfliktsituationen heranziehen.

Das Harvard-Konzept stellt das sach- oder themenbezogene Verhandeln im Rahmen der *Win-Win-Haltung* in den Mittelpunkt. Es ist eine Strategie, mit deren Hilfe alle Beteiligten Nutzen in den Verhandlungen ziehen sollen. Die Beziehungsebene bleibt unbeschädigt. Die wesentlichen Aspekte, die zur Integration oder zu einem guten Kompromiss führen, sind:

- Sach- und Beziehungsfragen voneinander getrennt behandeln;
- eigene Interessen und die des Konfliktpartners mitteilen, kennenlernen und wechselseitig verstehen;
- das Bemühen verstärken, gute Optionen zu entwickeln, um das Ziel zu erreichen und Lösungen zu finden;
- gemeinsame Spielregeln vereinbaren und einhalten.

Im Einzelnen gilt Folgendes: Egal, mit wem wir den Konflikt austragen und verhandeln – wir definieren stets eine Beziehung zum anderen. Wir empfinden Antipathie oder Sympathie, Über- oder Unterlegenheit, Gleichwertigkeit oder Rangunterschied und so weiter. Über die Art der Beziehungsdefinition sollten wir uns aber klar werden. Denn diese Sicht erzeugt in uns selbst Gefühle. Sie bestimmt sowohl die Art, wie wir mit dem anderen kommunizieren, als auch die Bereitschaft, die Anliegen des Partners überhaupt verstehen zu wollen. Entsprechend der Wechselwirkung von Aktion und

Reaktion provoziert die eigene Haltung bestimmte Haltungen beim anderen. Eigene Handlungen rufen wiederum gewisse Handlungen beim Gegenüber hervor. Folglich können wir die Wahrscheinlichkeit einer konstruktiven Verhandlung bereits über die persönliche Beziehungsdefinition steigern oder eben auch minimieren.

Die Beziehungsebene sollte man in der Auseinandersetzung möglichst von der Sachdimension abkoppeln. Zusätzlich trennt das Harvard-Konzept strickt Interessen von Positionen.

Der gesamte Prozess erstreckt sich über vier Etappen:

1. **Analyse:** Die Kontrahenten versuchen, die Beziehungs- und Sachaspekte des Konflikts herauszukristallieren. Sie tauschen Vorstellungen und Ziele, Wünsche und Interessen aus, sortieren sie und behandeln sie getrennt.
2. **Planung:** Sie entwickeln Handlungsalternativen.
3. **Diskussion:** Sie bemühen sich, unter Anwendung fairer Spielregeln und im Bewusstsein der gegenseitigen Abhängigkeit eine integrative Lösung zu finden.
4. **Durchführung:** Die Vereinbarung wird umgesetzt.

Es kommt darauf an, das Feilschen um Positionen (und Im-Recht-Sein-Wollen) aufzugeben und stattdessen Bedürfnisse zum Gegenstand der Auseinandersetzung zu machen.

Das Konzept der Ich-Botschaften

Eine Ich-Botschaft empfiehlt sich, wenn wir ein Anliegen kommunizieren wollen, das emotional besetzt ist. Das betrifft sowohl die Gefühle in der betroffenen als auch in der angesprochenen Person. Wenn ich möchte, dass mein Wunsch akzeptiert (und vielleicht sogar erfüllt) wird, dann sollte ich mein Anliegen entsprechend vortragen. Eine Ich-Botschaft kann in solchen Fällen gute Dienste erweisen.

Die Ich-Botschaft eröffnet dreierlei: Sie erleichtert den Zugang zum anderen. Zweitens macht sie es einfacher, Gefühle und Ansichten zu formulieren, von denen wir vermuten, dass sie dem Gegenüber nicht gefallen oder ihn gar verletzen könnten. Und drittens erhöht sie die Wahrscheinlichkeit, Gehör für eigene Anliegen zu erhalten. Die Ich-Botschaft leistet dies durch einen Dreischritt:

- Ich beschreibe jene Verhaltensaspekte, die ich beim anderen wahrnehme beziehungsweise wahrgenommen habe. (Beschreiben statt interpretieren und beurteilen!) Selbstverständlich in der Ich-Form.
- Ich benenne die Folgen, die diese Verhaltensweisen für mich haben.
- Ich formuliere die Gefühle, die die Verhaltensweisen in mir hervorrufen.

Wem das zu theoretisch ist, der mag sich in die folgende Situation hineinversetzen.

Mitarbeiter M. trifft bei Meetings meistens zu spät ein. Im Grunde ist er ein fleißiger Mensch, der alle möglichen Aufträge übernimmt, aber leider keinen davon richtig zu Ende führt. Beides strapaziert inzwischen die Nerven seines Chefs. Der Vorgesetzte könnte auf den Mitarbeiter zum Beispiel zugehen, indem er sagt: »Herr M., es ist ja nett, dass Sie so viele Arbeiten übernehmen. Aber erstens führen Sie nichts davon richtig zu Ende, zweitens kommen Sie zu Sitzungen ständig zu spät, sodass wir stets wegen Ihnen aufgehalten werden. So geht das natürlich nicht!«

Wie wirken diese Aussagen auf Sie, werte Leserin, werter Leser? Wie würden Sie reagieren, wenn Sie so angesprochen würden? – Wahrscheinlich fühlt sich Herr M. angegriffen, bloßgestellt, in seinem Bemühen verkannt, unverstanden und ungerecht behandelt. Vielleicht bekommt er Schuldgefühle oder er reagiert mit Trotz und Lust, seinem Chef mal die Meinung zu sagen. Auf jeden Fall ist er in seinem Selbstwertgefühl verletzt. Das schürt Frustration oder Aggression. Es kann auch zu Resignation oder Abwehrverhalten führen. Eine denkbar schlechte Startposition für eine konstruktive Konfliktbehandlung. Der Vorgesetzte könnte aber auch eine Ich-Botschaft formulieren:

»Herr M., ich sehe, dass Sie häufig 20 bis 30 Minuten zu spät in unsere Sitzungen kommen. Da ich auf Ihre Informationen angewiesen bin, hindert das mich und die Gruppe daran, in dem vorgesehenen Zeitrahmen die Tagesordnungspunkte abzuarbeiten. Außerdem habe ich bemerkt, dass von den Aufträgen, die Sie freundlicherweise annehmen, nicht alle bis zum Schluss bearbeitet sind. Das ist problematisch für mich. Denn als Leiter der Abteilung bin ich verantwortlich für die Erledigung der Aufträge. Ich gestehe freimütig, dass mich das ärgert.«

Auch wenn die Formulierung künstlich klingt (Sie können sie ja in die gesprochene Sprache übersetzen!): Ich bin sicher, dass Sie den Unterschied in der Wirkung bemerken. Der Mitarbeiter wird vermutlich weniger verletzt sein, weil er die Konsequenzen seines Tuns als persönliche Belastung anderer verstehen kann. Dadurch, dass er außerdem die Abhängigkeit seines Chefs von seinem Verhalten nachvollziehen kann, werden vor allem kognitive und nicht affektive Prozesse aktiviert. Das heißt, die Einsicht in die Notwendigkeit, das eigene Verhalten zu verändern, wird sich eher einstellen.

Ich-Botschaften fördern zum einen die Einsichtnahme in ein Problem (Konfliktanlass), das ich anderen mache (den ich anderen gebe). Sie fördern zum anderen, dass eine innere Bereitschaft beim Kritisierten auflebt, sich dem Konflikt zu stellen und ihn zu diskutieren.

Regina Mahlmann

Soziale Konflikte

Aus: Konflikte managen

Was verstehen wir unter einem sozialen Konflikt?

Einen Aspekt, warum ich den Begriff soziale Konflikte für Auseinandersetzungen in Gruppen ab drei Personen reserviere, möchte ich hervorheben: In einer Gruppengröße ab drei Personen, der Triade, werden interaktionale Phänomene und Prozesse möglich, die in der Zweierkonstellation nicht oder weniger deutlich auftreten, nämlich:

- Koalitionsbildung,
- Auswirkungen von Konkurrenz beziehungsweise Rivalität,
- soziale Einflussnahme und Kontrolle,
- Auswirkungen von Kooperation.

Zur Erinnerung nochmals die Definition von sozialen Konflikten: Ein sozialer Konflikt liegt vor, wenn

- mindestens drei Parteien (Personen, Gruppen) interagieren,
- die Parteien glauben, dass ein Handlungszusammenhang und damit eine wechselseitige Abhängigkeit vorliegt,
- mindestens eine Partei dabei Unvereinbarkeiten oder Unverträglichkeiten im Denken und Wahrnehmen, im Fühlen und Wollen und/oder im Handeln erlebt und
- sie so in der Realisierung ihrer Absicht beeinträchtigt wird.

Ein sozialer Konflikt wurzelt also in der Regel in der wahrgenommenen Unvereinbarkeit oder Unverträglichkeit der Handlungstendenzen oder Ziele dreier oder mehr Akteure.

Die Veränderungen in den psychischen Mechanismen haben wir bereits erörtert. Sie wirken natürlich auch in der Gruppensituation. Allerdings nimmt die Kompliziertheit und Komplexität zu, weil sich die Anzahl der Akteure erhöht. Auch in diesem Kapitel legen wir den Schwerpunkt auf die neuartigen Aspekte.

> »*Eine unmenschlichere Strafe konnte nicht erfunden werden, als dass man, wenn dies möglich wäre, in der Gesellschaft losgelassen und von ihren Mitgliedern völlig unbeachtet bleiben würde.*« (William James, amerikanischer Psychologe)

> »*Jeder ist an allem Schuld.*« (Dostojewski, russischer Schriftsteller)

Woran erkennen wir soziale Konflikte?

Bevor Sie weiterlesen, bitte ich Sie zu notieren, welche Anzeichen Ihrer Meinung nach für die Ankündigung von Konflikten sprechen.

Vermutlich haben Sie Signale notiert, die sich weitgehend mit den Punkten aus dem Kapitel »Zwischenmenschliche Konflikte« (s. Seite 45ff.) decken. Der dortigen Liste sind Phänomene hinzuzufügen, die in Gruppen deutlicher zutage treten und weitreichendere Konsequenzen haben. Anregungen dazu:

- Grüppchenbildung (Allianzen, Fraktionen).
- Wir-Ihr-, Ich-Ihr- oder Freund-Feind-Spaltung.
- Wechselseitiges Herabsetzen von Leistungen, Verhalten, Argumenten.
- Mauern gegen Aktionen, Entscheidungen, Initiativen mauern, sobald die eigene Subgruppe in der Minderzahl ist.
- Mangelnde Bereitschaft, in die gleiche Richtung zu gehen: Man findet immer ein Haar in der Suppe.
- Vertrauensschwund.
- Knisternde Atmosphäre.
- Strategische und hochselektive Kommunikationsflüsse: Wechselseitige Informationen erfolgen häppchenweise, interessegeleitet und parteilich (politisch).
- Der Koordinationsaufwand in Gruppen nimmt zu.

Welche Konfliktarten treffen wir typischerweise an?

In Gruppen treffen wir all jene inneren und zwischenmenschlichen Anlässe und Konfliktarten an, die wir bereits diskutiert haben. Besonders häufig entzünden sich soziale Konflikte an Aspekten der Beziehung, der Beurteilung und der Verteilung.

Beziehungskonflikt. In einem Team von sechs Personen streiten sich zwei Mitglieder bei jeder Gelegenheit. Sie unterbrechen sich in Redebeiträgen und suchen jeweils für die eigene Position Beistand von anderen. Eine Konfliktanalyse ergibt: Bei beiden stimmt die Chemie nicht. Jeder fühlt sich durch die arrogante Art des Kontrahenten provoziert. Dieser Zwist auf der Beziehungsebene pflanzt sich fort und mündet in einen Beurteilungs- beziehungsweise Bewertungskonflikt.

Beurteilungskonflikt. In einer Teamdiskussion steht die Entscheidung an, ob die Geschäftsleitung von einer Panne im Projekt unterrichtet werden soll. Über das Ziel sind sich alle einig: nämlich die Panne so schnell wie möglich zu beheben. Über den Weg dahin aber besteht Uneinigkeit. Teammitglied A plädiert dafür, die Geschäftsleitung zu unterrichten, da man diese eventuell für die Reparatur doch noch einschalten muss. Der Kontrahent votiert dagegen, weil es auf die Kraft der Selbstorganisation der Gruppe baut. Beide haben Anhänger gefunden. Der Konflikt erhält eine kollektive Dynamik. Sowohl dem Beziehungskonflikt als auch dem Beurteilungskonflikt kann ein Verteilungskonflikt zugrunde liegen.

Verteilungskonflikt. Die beiden Teamkollegen wissen, dass die Projektleitung wechseln soll, da die jetzige Leiterin befördert wird. Sie buhlen um die Nachfolge und benutzen die Teammeetings dazu, sich (auf Kosten des jeweiligen Kontrahenten) als besonders geeignet zu profilieren. Deshalb inszenieren sie polemische Schlagabtausche (Fokus Beziehungsebene) und betonen Beurteilungsdifferenzen (Fokus Sachebene).

Woher rühren soziale Konflikte?

Die Überlegungen, die wir zu den inneren und interpersonellen Konflikten machten, sollten wir stets mitlaufen lassen. Sie sind weiterhin wichtig, weil in Gruppen einzelne Persönlichkeiten mit ihren Wünschen und Befürchtungen, ihren persönlichen Zielen und Ambitionen handeln. Diese subjektiven Eigenheiten offenbaren sich in der Interaktion mit anderen mehr oder weniger.

Um die Zusammenhänge klarzumachen, fragen wir zunächst nach der Bedeutung der Gruppe für den Einzelnen. Dann untersuchen wir die Muster gruppendynamischer Abläufe. Anschließend fassen wir die Konfliktquellen kurz zusammen.

Da wir zahlreiche Aspekte ansprechen, machen Sie sich doch bitte beim Lesen Notizen zu Gesichtspunkten, die Sie an Konflikte in Ihrer Umgebung erinnern.

Die Bedeutung der Gruppe für den Einzelnen

Menschen sind soziale Wesen. Daher haben Gruppen und die Zugehörigkeit für den Einzelnen immer eine große Bedeutung. Die sozialpsychologische Forschung hat gezeigt, dass auf die Frage: Wer bin ich?, also auf die Frage nach *Identität und Selbstbild,* die Befragten soziale Vergleiche anstellen. In der Antwort beziehen sie sich auf Interaktionspartner und Bezugsgruppen. Menschen brauchen folglich die soziale Bindung. Sie nutzen *soziale Vergleiche* insbesondere in für sie bedeutsamen Gruppen gleichsam als Spiegel: Das Feedback von anderen lässt uns erfahren, wie wir auf andere wirken. Feedback gibt Anregungen dafür, was wir tun beziehungsweise unterlassen sollten und können. Positives Feedback verstärkt unser jeweiliges Verhalten so, dass wir es wiederholen. Negatives Feedback hält uns an, über unser Verhalten nachzudenken. Menschen suchen in der Gruppe auch nach *Vertrautheit.* Das fällt in den kurzzeitigen Projektgruppen immer schwerer. Der Mangel an Vertrautheit oder Eingespieltsein verunsichert und birgt Konfliktpotenzial. Außerdem suchen wir in Gruppen *Bestätigung,* also positive Verstärkung. Diese Sehnsucht mobilisiert unser soziales Anschlussverhalten. Welches Verhalten wir dabei konkret zeigen und wie unser Verhalten von den anderen beurteilt wird, hängt vor allem von den Gruppenmitgliedern und von situativen Variablen ab.

Ein Teammitglied, Frau L., sucht in der Gruppe Bestätigung ihres Könnens. Sie entdeckt aber, dass sie im sozialen Vergleich ihr Selbstbild als kompetente Kraft nicht bestätigt findet. Folglich fühlt sie sich deplatziert, allein und minderwertig. Eine innere Spannung und ein innerer Konflikt (Annäherungs-Vermeidungs-

Konflikt) bauen sich auf. Sie kann ihrem Impuls, das Team zu verlassen, aber nicht nachgeben, weil sie von ihrem Chef hinbeordert wurde und fachlich nicht ersetzbar ist. Sie möchte daher verhindern, dass die Teamkolleginnen und -kollegen ihre Anspannung und Unsicherheit bemerken.

Daher entschließt sie sich, sich besonders anzustrengen und ins Zeug zu legen, um sich der Gruppe zugehörig und von ihr respektiert zu fühlen. Da sich diese Anstrengung aber von ihrem Minderwertigkeitsgefühl her nährt, tendiert sie zur Überkompensation. Das bedeutet, sie engagiert sich weit mehr als die anderen. Sie tut zu viel des Guten. Ihre Bemühungen werden deshalb von den anderen als Übereifer oder als Anbiederei interpretiert. Ihr Ziel ist somit (zunächst) nicht erreicht. Zudem setzt sie sich der Gefahr aus, eine Außenseiter- oder Sündenbockrolle im Team zugeschrieben zu erhalten.

Als Resultat können wir festhalten: Die Einschätzung der eigenen Fähigkeiten, Verdienste, Leistungen, Meinungen usw. verläuft stets in Relation zu anderen Personen und/oder Gruppen.

Bezogen auf die Frage nach den Konfliktquellen bedeutet dies: Je wichtiger einzelnen Gruppenmitgliedern der soziale Vergleich ist, desto intensiver fallen die Anstrengungen aus, das subjektive Anspruchsniveau zu erfüllen. Dies kann zu überkompensatorischem Verhalten führen, das von den anderen Gruppenmitgliedern negativ gedeutet und beantwortet wird. Als zweite Konfliktquelle kommt hinzu, dass die Konfliktverläufe destruktiv werden, je weniger sich die Kontrahenten bewusst machen, um was es sich beim Konfliktanlass handelt. Missverständnisse bilden hier potenzielle Konfliktherde. Beispielsweise wird von den Kontrahenten der Frontenwechsel als billige Kollaboration gedeutet, obwohl er subjektiv sachlich begründet ist. Mangelnde Differenzierung in der Betrachtung kann also Konflikte entzünden, vorhandene verschärfen und die Chance mindern, den Zusammenprall in konstruktive Bahnen zu lenken. Diese Ergebnisse zeigen zwar, dass die Selbstbeurteilung stets an Vergleiche mit anderen gebunden ist. Dabei ist es indes nicht nötig, dass es sich um konkrete andere Personen handelt. Es genügt, wenn wir uns grundsätzlich so positionieren können, dass das Selbstwertgefühl gesteigert oder erhalten wird. Gleichzeitig gilt: Wir werden von der physischen Präsenz relevanter Bezugspersonen in der Selbsteinschätzung und folglich im Verhalten beeinflusst. Wenn zum Beispiel eine imposante, souveräne Person, etwa ein Vorgesetzter, im Team anwesend ist, fällt die Selbsteinschätzung geringer aus als bei einer unsicher wirkenden Bezugsperson. In diesem Fall steigt die Selbsteinschätzung.

Daraus folgt für die Praxis: Die viel diskutierte hierarchieübergreifende Teamzusammensetzung ist eine Konfliktquelle, wenn der beeinflussende Faktor von Respektspersonen nicht bedacht wird.

Legt eine respektierte Führungskraft Wert darauf, dass das Team selbstständig arbeitet, sollte sie sich in der aktiven Mitarbeit beziehungsweise in ihren Interventionen zurückhalten. Tut sie das nicht, sind Konflikte in der Gruppe zu erwarten.

Denn die Teammitglieder fühlen sich dann als Handlanger. Eigene Initiativen werden im weiteren Verlauf immer mehr unterdrückt.
Dies richtet mittelfristig irreversible Schäden an. Die Führungskraft wird mit operativen Verpflichtungen und Verantwortung überladen (und fragt sich, wozu sie die Gruppe eigentlich braucht). Die Gruppeneffektivität wiederum hängt am Tropf der Leistung des Chefs und sinkt gegen null, weil die Teammitglieder sich überflüssig vorkommen.

Soziale Vergleichsprozesse haben also Auswirkungen auf den Gruppenprozess. Denn jedes Mitglied strebt sowohl die hervorgehobene Bewertung spezifischer Persönlichkeitsmerkmale als auch des Selbstwertgefühls und Selbstbildes an. Deshalb aktiviert es Verhaltensweisen, die beides leisten sollen. So kommt es zu kompetitiven, im schlimmeren Fall zu rivalisierenden Handlungen.

Ein Konflikt kann dann entstehen, wenn gutwillige Konkurrenz in Feindseligkeit umschlägt. Diese Konfliktquelle wird besonders dann akut, wenn die Vergleichsbedingungen für ein Gruppenmitglied ungünstig sind. Schneidet es nämlich bei den Vergleichen schlecht ab, tut es alles, um vor sich selbst und vor den anderen das erwünschte Niveau des Selbstwertgefühls halten zu können. Es beginnt,

- Vergleichssituationen auszuweichen,
- Vergleichsergebnisse zu ignorieren,
- sie zu eigenen Gunsten zu fälschen beziehungsweise zu verzerren,
- für das schlechte Abschneiden Entschuldigungen und Rechtfertigungen zu suchen,
- Vertuschungsmanöver zu inszenieren.

Zusammenfassung

Menschen, hier: Gruppenmitglieder streben danach, ihr positives Selbstwertgefühl zu erhalten.
Sie tun dies über soziale Vergleichsprozesse. Mit ihrer Hilfe versuchen sie, in sozial akzeptierter Weise und erlaubtem Rahmen Gleichwertigkeit oder Überlegenheit zu demonstrieren.
Da soziale Vergleichsprozesse die Gefahr in sich bergen, Unfrieden in der Gruppe zu stiften, Kohäsion und Effektivität zu gefährden, entwickeln Gruppen Normen und Praktiken sozialer Einflussnahme. Diese sollen die destruktiven Folgen eindämmen.
Da die Selbstbeurteilung über soziale Vergleichsprozesse ein unvermeidlicher innerer Prozess ist, müssen diese und die Begleitphänomene als fixer Bestandteil jeder Gruppe und ihrer Dynamik betrachtet werden.
Soziale Vergleichsprozesse in Gruppen erzeugen bestimmte Konfliktquellen, die sich oft an dem Auseinanderklaffen von Selbst- und Fremdbild entzünden.

Muster gruppendynamischer Abläufe

Keine Gruppe fällt fertig vom Himmel. Gruppen sind dynamische Systeme. Voraussetzungen, Rahmenbedingungen, personelle Zusammensetzung und Zusammenspiel können sich jederzeit ändern. Eine Gruppe befindet sich in einem permanenten Prozess der Entwicklung. Sie bewegt sich. Die empirische und experimentelle Forschung zeigt, dass jede Gruppe – wenn auch in unterschiedlichen Ausprägungen – gewisse Prozesse durchläuft, bestimmte Strukturen aufbaut und spezifische Funktionen braucht, um leistungsfähig zu sein. Jede dieser Phasen, Strukturen und Funktionen beherbergt neben der produktiven Leistung Möglichkeiten des Konflikts. Im Folgenden nehmen wir die wesentlichen Aspekte näher unter die Lupe:

- Gruppenbildung,
- Führungsfunktionen,
- Machtausübung,
- Normenentwicklung und Konformität,
- Entscheidungsfindung,
- Kontrollausübung.

Gruppenbildung

Wie oben hervorgehoben, sind Gruppen dynamische soziale Einheiten. Sie durchlaufen ein *fünfphasiges Entwicklungsschema.* Dieses Modell hat praktischen Nutzen und sollte vor allem von exponierten Funktionsträgern in Gruppen beachtet werden, weil es sie in ihrer Steuerungsaufgabe unterstützen kann.

Aus der *Führungsperspektive* erleichtert das Modell die Beurteilung der Gruppe. Beispielsweise kann man besser einschätzen, ob das Team so weit ist, hohe Leistungsanforderungen zu erfüllen. Oder man erhält Indizien dafür, aus welchen Gründen sich das Team in Reibereien aufzehrt. Oder man bekommt Antworten darauf, warum die interne Koordination nicht klappt. Das Modell hilft ferner dabei abzuklären, welche Erwartungen die Teammitglieder an die Führung stellen, also welche Aufgaben der Führende erfüllen muss.

Die *Perspektive der Teammitglieder* ist komplementär. Je nach Entwicklungsphase tragen sie spezifische Erwartungen an die Teamführung heran. Beispielsweise erwarten sie zu Beginn des Teamprozesses, dass die Führung Ziele formuliert, Aufgaben verteilt, Kompetenzen benennt, kontrolliert und koordiniert. Nach einiger Zeit erfolgreicher Zusammenarbeit verändern sich ihre Erwartungen dagegen. Jetzt sollte die Teamführung sich aus der operativen Dimension zurückziehen. Eingriffe erfolgen nur auf Wunsch. Würde in dieser Phase die Führung noch die Anfangserwartungen als Handlungsmaßstab nehmen, würde ihre Führung als anmaßend, von Misstrauen geprägt und dirigistisch bewertet werden. Überlässt dagegen der Führende gleich zu Beginn der Gruppe alle Freiheiten, dann wird dies häufig als faul, nachlässig und verantwortungslos interpretiert.

Das *fünfphasige Modell der Gruppenbildung* durchläuft folgende Entwicklungsstadien:

1. **Orientierung:** Die Gruppe konstituiert sich. Die neuen Kolleginnen und Kollegen kennen sich nicht oder kaum. Es gibt noch keine Rollen- und Funktions- sowie Führungsstrukturen. Es überwiegen mehrdeutige und Probe-Handlungen: Man probiert Verhaltensweisen aus, um die Wirkung auf ihre Akzeptanz hin zu testen. Die Teammitglieder bemühen sich, dem Selbstbild, das außerhalb des Teams gepflegt wurde, Geltung zu verschaffen und jene Strukturen zu etablieren, die man kennt. Insgesamt ist das Verhalten noch unkoordiniert. Regelungen, Pläne, Aufgabenzuteilungen sind provisorisch. – Diese Phase wird auch Forming genannt.
2. **Konflikt:** Das erste vorsichtige Ab- und Herantasten wird jetzt abgelöst durch Profilierungs- und Machtrangeleien. Es kommt zu Meinungsverschiedenheiten bezüglich Plänen, Kompetenzen und vieles mehr. Im Rahmen der Kämpfe um Status, Kompetenzen, Rollen kommt es zu Fraktionsbildungen, Polarisierungen und wechselnden Allianzen. Der Umgang miteinander und das Klima werden als emotional und explosiv empfunden. – Diese Phase wird auch Storming genannt.
3. **Integration:** Dieser für alle Beteiligten anstrengenden Phase folgt die Bemühung um Integration. Im Verlauf der turbulenten Auseinandersetzungen schälen sich Gemeinsamkeiten und Sympathien heraus. Konflikte werden sukzessive beigelegt, Oppositionen reduziert. Widerstand macht Unterstützung und Kooperation Platz. Es werden Gruppennormen oder Spielregeln erarbeitet, die für alle gelten. Mit dieser Basis der Übereinstimmung ist die Voraussetzung für eine effektive Zusammenarbeit gelegt. – Diese Phase wird auch Norming genannt.
4. **Leistung:** Die Spannungen sind weitestgehend gelöst. Rollen sind ausdifferenziert und die Aufgaben verteilt. Die Gruppenstrukturen sind nun etabliert. Das Team hat sich als funktionsfähige soziale Einheit konstituiert. Konstruktives und zielorientiertes Arbeiten ist jetzt möglich; ihm wird der Hauptanteil der Energie gewidmet. Aufkommende Probleme oder Konflikte werden kooperativ behandelt. – Diese Phase wird auch Performing genannt.
5. **Stabilisierung:** Aufgrund der Zufriedenheit der Gruppenmitglieder mit der Gruppe und dem Status in ihr sind sie an Veränderungen nicht sonderlich interessiert. Vielmehr dominiert das Bestreben, den Zustand insofern zu zementieren, als sie Unruhe und negative Veränderungen vermeiden wollen.

Da sich die Bedingungen, unter denen eine Gruppe arbeitet, genauso ändern können wie ihre personelle Besetzung, kann es immer wieder zu neuen Durchläufen kommen. Es kann sein, dass eine Gruppe einzelne Phasen mehrfach durchlebt.

Folgende Konfliktquellen ergeben sich in erster Linie. Die erste haben wir bereits eingangs erwähnt: Wenn insbesondere Träger von Führungsfunktionen oder Teamentwickler nicht erkennen, in welchem Stadium sich die Gruppe befindet, wächst die Wahrscheinlichkeit unangemessenen Verhaltens. Wird dies nicht erkannt, nehmen Missverständnisse zu und die Eskalationsdynamik nimmt ihren Lauf.

Als zweite Konfliktquelle kann man erkennen: Der Gruppe wird nicht der Raum gelassen, insbesondere die Phasen eins bis drei zu durchlaufen, sondern von ihr wird sofortige Höchstleistung gefordert. Die Praxis zeigt: Was zu Beginn an Zeit gespart wird, muss im Arbeitsprozess zeitlich investiert werden. Denn die latenten Machtkämpfe wurden unterbunden. Damit fehlt es an sozialer Reibung, zu der ja auch Nähe und Sich-kennen-Lernen gehören. Dieser Mangel rächt sich während des Arbeitsprozesses. Es kommt oft zu echten und noch häufiger zu Schein-Gefechten. Die Energie und Fantasie, die hier verbraucht werden, fehlen bei der Sacharbeit. Der Zeitaufwand für die Zielerreichung wird somit größer. Oft leidet auch die Qualität.

Führungsfunktionen

Egal wie die Führungsfunktion genannt wird, ob Gruppenführung, Teamleitung oder Projektleitung, Moderator oder Coach – eine zentrale Aufgabe wird ihr stets zugeschrieben, nämlich die Verantwortung dafür, Gruppenaktivitäten zu bündeln und darauf hinzulenken, bestimmte Ziele zu erreichen. Diese *Lokomotions-Funktion* verlangt von der Führung (von Fall zu Fall in unterschiedlicher Gewichtung):

- die Gruppenziele klar zu kommunizieren,
- den Zielkontext zu erläutern,
- den Stellenwert der Einzelbeiträge hervorzuheben,
- die Aktivitäten zu koordinieren,
- Informationen und Kompetenzen bereitzustellen beziehungsweise Zugang dazu zu sichern, um das Gruppenziel zu realisieren und ein zufrieden stellendes Klima zu schaffen,
- die Qualität der Beziehungen unter den Teammitgliedern zu überblicken,
- positive wie negative Sanktionen auszuüben,
- als Moderator oder Mediator zu fungieren,
- die Gruppe nach außen zu präsentieren.

In der *Kohäsions- und Integrationsfunktion* sorgt die Teamführung für die Entwicklung und Förderung des Teamzusammenhalts sowie dafür, dass die emotionalen Bedürfnisse aufgefangen werden. Die Teamleitung hat in dieser Funktion:

- anzuregen, Gruppenprozesse zu reflektieren,
- bei Konflikten die Aussprache zu initiieren,
- Spielregeln gemeinsam zu erarbeiten,
- in permanentem Feedback zu überprüfen, ob Aufgaben-, Kompetenz-, Rollenregelungen oder Spielregeln noch angemessen sind,
- für die Transparenz von Abläufen und Komunikation zu sorgen,
- sich darum zu kümmern, dass sich jedes Mitglied aktiv einbringen kann, zu moderieren.

Diese fast klassisch zu nennenden Führungsfunktionen können natürlich auf mehrere Personen verteilt werden.

Das Konfliktpotenzial verbirgt sich in zweierlei: zum einen in der Fähigkeit und Fertigkeit des Führenden, die an ihn herangetragenen Funktionen zu erfüllen. Versagt er, schlittert er in intrapersonelle Konflikte hinein, die sich in interpersonellen Spannungen fortpflanzen. Zum anderen sorgen nicht erfüllte Erwartungen der Gruppe an die Leitung für Spannungen und Dissonanzen. Daraus folgt: Werden wechselseitig die Erwartungen und Messkriterien nicht oder nur zum Teil geklärt, erhöht sich die Wahrscheinlichkeit, dass es zu Missverständnissen bis hin zu Konflikten kommt. Dabei spielen auch Machtprozesse eine wichtige Rolle. Zu dieser bedeutenden Variable im Gruppenprozess kommen wir jetzt.

Machtausübung

Macht ist eine spezielle Form der sozialen Einflussnahme. Vom Machtinhaber wird angenommen, dass er über Mittel und Möglichkeiten verfügt, andere dazu zu bewegen, seine Interessen auch gegen deren Willen durchzusetzen. Machtausübung setzt voraus, dass sie von den anderen anerkannt wird. Macht ist immer eine Zuschreibung. Andere Personen müssen einen Menschen als mächtig empfinden.

Das Konfliktpotenzial finden wir in zweierlei Hinsicht: Erstens kann der Mächtige die an ihn herangetragenen Erwartungen und Anforderungen erfüllen oder er kann es nicht.

Eine Projektleiterin wird aufgefordert, sich bei der Geschäftsführung durchzusetzen, damit das Budget erhöht wird. Misslingt ihr das, kann es in der Gruppe zum Konflikt kommen. Denn die enttäuschten Mitglieder deuten ihr mangelndes Durchsetzungsvermögen als schwach. Sie halten sie in ihrer Funktion für ungeeignet. Neben ihrer Leistungsfähigkeit wird somit auch noch die Legitimation ihrer Führungsfunktion in Zweifel gezogen.

Zweitens kann ein vorhandener Machtanspruch auf eine *Gegenmacht* (Reaktanz) stoßen. In diesem Fall kommt es zum Machtkampf. Dies passiert insbesondere dann, wenn die Legitimation für die Machtposition infrage gestellt wird und/oder wenn sich Betroffene in ihrem Handlungs- und Freiheitsspielraum eingeengt fühlen.

Ein Teammitglied ist bekannt dafür, bei Konflikten erfolgreich zu schlichten. Ihm wird im Rahmen der Rolle Vermittler die Macht zugetraut. Inzwischen wird ganz selbstverständlich erwartet, dass ihm das Schlichten immer gelingt. Diese Machtzuschreibung hat im Verlauf der Zusammenarbeit dazu geführt, dass andere Teammitglieder nicht einmal mehr den Versuch unternehmen, Streitende auseinander zu bringen. Sondern reflexartig ertönt der Ruf nach dem Vermittler. Die Teammitglieder haben sich also vollkommen aus dieser Verantwortung herausgezogen und sie der einen Person übertragen. Ein personeller Wechsel führt dazu, dass eine weitere Person die Position des Mediators beansprucht. Mit diesem Neuzugang bekommt der Vermittler Gegenmacht zu spüren, weil das neue Teammitglied bestrebt ist, sich als mindestens genauso gut zu profilieren. Andernfalls sieht es sich in seinem Spielraum eingeengt. Denn es möchte sein Können in aller Breite demonstrieren.

Bemerkenswert für die Praxis sind zwei Eigentümlichkeiten. Zum einen zeigen Forschungen, dass Reaktanz selten prompt, sondern zeitlich verzögert erfolgt. In der Regel wartet die Person oder Gruppe auf eine günstige Gelegenheit, die den Erfolg der Bemühungen in Aussicht stellt.

Bezogen auf die obige Gruppensituation kann das beispielsweise bedeuten, dass das neue Mitglied auf das Ausscheiden des Rivalen wartet. Steht das in weiter Ferne, wird es seine Fähigkeiten beim nächsten Konflikt demonstrieren. Oder es wartet darauf, dass der Kontrahent den ersten Fehler macht.

Zum anderen wächst die Wahrscheinlichkeit der Reaktanz mit dem Grad empfundener Willkür. Dies trifft sowohl auf die Einengung des Handlungsspielraums zu als auch auf ihre Wiederherstellung.

Die Führungskraft eröffnet der Mitarbeiterin, sie solle beim eintägigen Teamworkshop die Moderation übernehmen. Nach zwei Stunden Workshop nimmt ihr der Chef die Leitung ohne Ankündigung und ohne Begründung aus der Hand. – Die Mitarbeiterin empfindet das als willkürliche, das heißt sachlich nicht nachvollziehbare Maßnahme. Sie sieht sich in ihrem Handlungsspielraum eingeengt und in ihrer Kompetenz beschnitten. Dies wiederum beschädigt ihr Selbstbild. Wenn sie couragiert ist, kann sie sofort Maßnahmen der Gegenmacht einleiten und ihren Chef vor Publikum darauf hinweisen, dass er die getroffene Vereinbarung missachtet. Der Chef wird dies als Kampfansage interpretieren und mit hoher Wahrscheinlichkeit ebenfalls zur Kampfstrategie greifen. – Sie kann aber auch auf den Abend warten und ihn dann allein darauf ansprechen. Diese Kompromissstrategie fällt in den Bereich der Reaktanz insofern, als sich die Mitarbeiterin mit ihrem Anliegen beim Chef durchsetzen will: Er soll Vereinbarungen einhalten und ihr die Moderation überlassen.
Nehmen wir an, der Chef, der die Moderation ungefragt übernommen hat, realisiert jedoch nach zwei bis drei Stunden, was er angerichtet hat. Wenn er dann plötzlich ankündigt: Ach, Frau A., übernehmen Sie jetzt bitte wieder das Ruder, wird der Prozess der Reaktanzbildung kaum gestoppt. Denn für die Mitarbeiterin bleibt die Motivation beziehungsweise Begründung des Chefverhaltens weiterhin im Dunkeln.

> **Fazit**
>
> Sobald Menschen Handlungen als willkürlich wahrnehmen, ist es ihnen in der Regel gleichgültig, ob sie positiv oder negativ sind. Denn sie schlussfolgern, dass sich die Willkürhandlung jederzeit wiederholen kann. Einmal willkürlich – immer willkürlich. Zumindest rechnen wir damit und sind entsprechend unsicher bis misstrauisch. Damit wäre als **Konfliktquelle** identifiziert: unbegründete, nicht verständliche, nicht nachvollziehbare oder plötzliche Handlungen und Entscheidungen.

Normentwicklung und Konformität

Jede neu geformte Gruppe ist dahingehend gefordert, implizite oder explizite Normen zu entwickeln und zu befolgen. Normen sind Festlegungen darüber, wie die individuellen Beiträge und Interessen gewichtet und koordiniert werden; was verboten und erlaubt, erwünscht und unerwünscht ist. Normen legen Leitplanken für das Verhalten in Form eines *Verhaltenskodex.* Sie regeln die Zusammenarbeit auf der Sach- und auf der Beziehungsebene und definieren, wer unter welchen Bedingungen dazugehört und wie sich Neuankömmlinge zu verhalten haben.

Zusätzlich zu den Verhaltensnormen werden *Beurteilungs- und Meinungsnormen* fixiert. Dies geschieht meist unbewusst. Das heißt: In Gruppen entstehen durch den gemeinsamen Bezugsrahmen neue Wahrnehmungs- und Bewertungsfilter sowie Bewertungsmaßstäbe.

Bisher erlebte ein Teil der Teammitglieder, dass ihre Einzelleistungen im Vordergrund der Beurteilung standen. Deshalb fixieren sie sich zu Beginn der Teamarbeit darauf, ihre Individualbeiträge perfekt zu machen. Die Kollektivnorm: Es zählt in erster Linie das Teamresultat, fordert von ihnen nun, ihre Einzelleistungen sowie deren Stellenwert neu zu bewerten und sie in das Leistungsnetzwerk der Gruppe einzuordnen. Außerdem müssen nun auch die anderen bei der Erfüllung unterstützt werden. Der Fokus muss nun weg von der perfekten Eigenarbeit und hin auf die Gruppenarbeit gerichtet werden. Der Akzent liegt auf Synergie aller Beiträge und nicht auf der Perfektion im Detail.

Die Frage, wann Konformität erzwungen wird, entscheidet die *Zielausrichtung der Gruppe.* Gruppendruck wird in der Regeln dann ausgeübt, wenn die Zielverfolgung leidet. Ist dies der Fall, wird der Störenfried mit Druck konfrontiert. Die Wahrscheinlichkeit seiner Verhaltensänderung wiederum wächst mit der Bedeutung, die das Mitglied der Druckmaßnahme beimisst. Unter welchen Bedingungen Teammitglieder bereit sind, sich dem Konformitätsdruck zu beugen, hängt entscheidend von der Einschätzung ab, welche Sanktionen tatsächlich ausgeübt werden können und welche Konsequenzen sie für den Betroffenen hätten.

In dieser Konstellation stellen sich als Konfliktquellen zwei Aspekte dar: die vorhandene oder nicht vorhandene Sanktionsmacht und die Reaktion der Sanktionierten.

> Zwei Teamkollegen – Tandem genannt, weil sie ständig zusammensitzen – halten hartnäckig daran fest, unvorbereitet in Meetings zu erscheinen. Sie weichen damit ab von der Spielregel: Alle bereiten ihren Part für Sitzungen vor. Die Teamleiterin kündigt – nach Absprache mit der Restgruppe – an, den beiden mit Ausschluss zu drohen. Realistisch ist das in den Augen des Tandems nicht. Die Verschärfung des Konflikts wird zunächst dadurch verhindert, dass das Tandem an der Drohung sieht, wie ernst es der Gruppe ist. Sie erkennt, dass das Ende der Geduld erreicht ist. – Allerdings: Bis zur Verhaltensänderung kann der Weg noch lang sein.

Entscheidungsprozesse

Von einer Entscheidung sprechen wir dann, wenn mindestens zwei Handlungsoptionen zur Wahl stehen und wir kognitive sowie interaktive Schritte unternehmen müssen, um zu ent-scheiden. Entscheidungen in Gruppen zu fällen ist grundsätzlich dann schwierig, wenn nicht die meisten oder die wichtigsten Mitglieder bereit sind zu kooperieren. Damit ist der bereits erwähnte Aspekte der *persönlichen Grundmotive* berührt. Denn:

- Die kooperative Motivation sorgt für Fairness und Empathie und strebt Win-Win-Lösungen an.
- Die individualistische Motivation dagegen fokussiert die Optimierung des persönlichen Nutzens und lässt die Konsequenzen für andere weitgehend außer Acht (je nach Kalkulation).
- Die kompetitive oder rivalistische Motivation rückt die Gewinn- oder Nutzendifferenz und nicht die absolute Höhe des persönlichen Gewinns in den Mittelpunkt (Nullsummenspiel; eigener relativer Vorteil).

Diese Konfliktquelle führt zu Auseinandersetzungen, wenn in der Gruppe die Grundmotivationen so heterogen sind, dass es große Mühe kostet, um ein gemeinsames Arrangement zu finden. Experimentelle Forschungen zeigen, dass die Bereitschaft, kooperative Strategien anzuwenden steigt, wenn:

- der innere Konflikt zwischen Eigen- und Kollektivinteresse abnimmt,
- der persönliche Nutzen aus der Kooperation eindeutig steigt,
- die anderen Mitglieder erkennbar kooperieren wollen,
- die Mitglieder direkt miteinander kommunizieren können.

Eine weitere wichtige Determinante für Konfliktquellen im Rahmen (individueller und) kollektiver Problemlösungs- und Entscheidungsprozesse verkörpern die Kriterien einer guten Entscheidung. Diejenigen, die die Erfolgswahrscheinlichkeit mit rationalen und erfahrungsbegründeten Mitteln errechnen und messen, legen Wert auf Objektivität. Konzentrieren sich dagegen andere Gruppenmitglieder auf Wahrscheinlichkeiten und mögliche Szenarien, bricht ein Konflikt aus. Hier sollten drei Faktoren berücksichtigt werden. Denn sie beeinflussen die *Entscheidungsfindung:*

- Menschen neigen dazu, die Häufigkeit und die Auftretenswahrscheinlichkeit von Ereignissen nach dem zu bemessen, wie leicht oder schwierig sie sie im Gedächtnis abrufen können. Daher tendieren sie dazu, das Auftreten seltener Ereignisse zu unterschätzen.
- Die subjektive Einschätzung der Auftretenswahrscheinlichkeit ist außerdem abhängig von dem Nutzen, den wir erwarten. Schätzen wir den Nutzwert hoch ein, halten wir das Eintreten des Ereignisses für wahrscheinlicher, als wenn wir ihn niedrig einschätzen.
- Menschen halten lange an eigenen Meinungen fest. Sie verändern sie meist erst, wenn die Gegenbeweise nicht mehr zu leugnen sind.

Nehmen wir die bisherigen Ausführungen zusammen, kann es nicht verwundern, dass ein Konfliktherd in der Praxis immer wieder Feuer entzündet, nämlich die Ansicht: Entscheidungen in Gruppen müssten immer schnell und auf direktem Weg gefunden werden. Es gehört zu den alltäglichen Erlebnissen, dass Gruppenentscheidungen selten geradlinig, im strikten Sinn effizient und effektiv gefällt werden. Denn bereits die Tatsache, dass jedes Gruppenmitglied in seiner subjektiven Haut steckt und den Umkreis seiner individuellen Erfahrungen und Eigenheiten nicht verlassen kann, verhindert, dass eine Gruppe, sofort die Autobahn mit ihrer direkten Verbindung vom Start- zum Zielort befahren kann. (Dass Autobahnen oft auch verstopft sind, davon wollen wir hier ganz schweigen.)

Kontrollprozesse

Eine Frage, die im Alltag von Gruppenarbeit immer wieder auftaucht, richtet ihr Augenmerk auf Kontrollweisen. Sie lautet: Wie können wir sicherstellen, dass Gruppenentscheidungen eingehalten und umgesetzt werden? (Wir setzen dabei voraus, dass die gefällten Entscheidungen prinzipiell umgesetzt werden dürfen!)

Kontrolle ist ein Prozess der Überprüfung. Er wird durch verschiedene Arten sozialer Einflussnahme realisiert. Diese Arten haben verschiedene Gesichter: Formen der Überzeugung und Überredung bis hin zu Formen direkter und indirekter Machtausübung.

Als *erste Konfliktquelle* können wir *konträres Kontrollbewusstsein* benennen. Personen mit einem ausgeprägten Kontrollbewusstsein gehen nämlich davon aus, dass sie ihre Umwelt wirksam steuern können, dass sie auch ihre Ziele erreichen. Sie neigen zu der Grundannahme, dass sie Menschen und Prozesse beherrschen können. Sie engagieren sich deshalb dafür, die Kontrolle über alles, was in der Gruppe geschieht, zu erlangen. Arbeiten diese Mitglieder mit anderen zusammen, die der Auffassung sind, Beherrsch- und Machbarkeit hätten prinzipielle und praktische Grenzen; man solle daher den selbstorganisierenden Kräften mehr vertrauen, treten Konflikte auf. Gegenmacht wird mobilisiert. Diese Konfliktquelle entspingt also dem Zusammenprall individueller Anschauungen und Kontrollhandlungen.

Die *zweite Konfliktquelle* nimmt *Kontrolltechniken* ins Visier:

- Kontrolltechniken, die den Gruppennormen zuwiderlaufen, erzeugen Gegenmacht. Sie schaden dem Kontrollerfolg und der Effektivität der Gruppe. Das ist beispielsweise der Fall, wenn die Norm kooperativer Umgang vereinbart wurde und die Gruppenleitung despotisch kontrolliert.
- Negative Sanktionen als Kontrolltechnik wirken allgemein schnell und sind einfach in der Handhabung. Sie haben (in Gestalt von Kritik, Bestrafung, sozialer Diskriminierung) aber einen hohen Preis. Denn sie provozieren Widerstände und Demotivation.
- Am wirksamsten sind Kontrolltechniken, die geringe Widerstände und Störungen produzieren. Dies gelingt, wenn sich negative und positive Sanktionen in Art und Ausmaß mit den Gerechtigkeitsvorstellungen der Betroffenen decken und Sanktionen vorhersehbar und nachvollziehbar sind.

Zusammenfassung der Konfliktquellen

- Fehleinschätzung der Motive für Verhaltensweisen.
- Unverträgliche Maßstäbe bei sozialen Vergleichsprozessen, die zu divergenten Selbst- und Fremdeinschätzungen führen.
- Beantwortung von Konformitätsansinnen mit Gegenmachtbestrebungen.
- Mangelnde Berücksichtigung der Forming- und Storming-Phase in der Gruppenentwicklung.
- Unangemessene Ausübung der Führungsfunktionen.
- Ausübung sozialer Macht, sodass Gegenmachtbestrebungen provoziert werden.
- Aufeinanderprallen unterschiedlicher bis unverträglicher Grundmotivationen in Verhalten und Verhandlungsstilen.
- Mangelnde Übereinkunft bei Gruppennormen und Spielregeln.
- Mangelnde Bereitschaft zur Kooperation.
- Anwendung unverträglicher Kriterien bei Gruppenentscheidungen.
- Anwendung inadäquater Kontrolltechniken.

Wodurch eskalieren soziale Konflikte?

Die Prozesse, die bei inneren und zwischenmenschlichen Konflikten ablaufen, wirken auch im sozialen Konflikt. Das Gleiche trifft auf die Eskalationsdynamik zu. Statt einer Wiederholung möchte ich an die fundamentale Logik der Konfliktverschärfung erinnern. Grundsätzlich nimmt mindestens ein Akteur Unvereinbarkeiten oder Unverträglichkeiten in Handlungen oder Zielen wahr. Jeder soziale Konflikt berührt Sach- und Beziehungsfragen und erhält zusätzlich Nahrung aus Einstellungen, Wertüberzeugungen und Bedürfnissen. Diese Konfliktdimensionen bedingen sich wechselseitig und initiieren einen *Teufelskreis der Eskalation.*

Ob und inwiefern der Konfliktverlauf eine *Eigendynamik* entwickelt, hängt zunächst einmal davon ab, ob die Kontrahenten die Situation als *kooperativ* oder aber als *rivalistisch* oder *kompetitiv* einschätzen. Die kooperative Orientierung verfolgt die Logik des Win-Win: Die Zielerreichung korreliert positiv, das heißt, der Erfolg der einen Seite hängt von dem der anderen ab. Der Konflikt wird als gemeinsam zu lösendes Problem behandelt. Die rivalistische Orientierung gleicht ebenso wie die kompetitive einem Nullsummenspiel. Bei ihnen wird der Gewinn der einen auf Kosten der anderen Seite erzielt (Win-Lose-Prinzip). Der Konflikt wird hier als Kampfsituation inszeniert. Wird der Konflikt als kompetitiver oder rivalistischer Prozess gestaltet, tendiert er dazu, sich auszubreiten. Der Konflikt ergreift dann von uns Besitz und entzieht sich zunehmend der Steuerung. Parallel dazu nimmt die Fixierung auf Machtstrategien zu. Verständigungsversuche und Empathie nehmen ab; Misstrauen und Argwohn dagegen zu. Die feindselige Haltung schärft die Aufmerksamkeit für Gegensätze und reduziert die Antennen für die Wahrnehmung von Gemeinsamkeiten und möglichen Kompromissen.

Im letzten Abschnitt haben wir erörtert, dass insbesondere kompetitive oder rivalistische sowie individualistische Verhaltensausrichtungen Gegensätzlichkeiten verstärken und eine kooperative Behandlung kollektiver Konflikte erschweren beziehungsweise unmöglich machen. Dominieren sie, ist die Wahrscheinlichkeit groß, dass die Eskalation in die dritte Phase wächst. In einer solchen Konstellation wirken folgende Tendenzen eskalierend und beschleunigen die Entstehung der Freund-Feind-Logik in Wahrnehmen und Denken, Fühlen und Handeln:

- Eigene Ideen, Interessen und Vorschläge werden höher gewichtet und als legitimer angesehen als die der Kontrahenten.
- Die Anliegen der Kontrahenten werden minder bewertet oder ihre Berechtigung verworfen.

- Der Triumph über den Gegner wird zum eigenständigen Ziel. Kompromissbereitschaft wird in der eigenen Gruppe als Verrat und in der Gegner-Gruppe als Schwäche gedeutet.
- Fortschritte werden eher blockiert als protegiert, sobald sie Abstriche von eigenen Zielen erahnen lassen.
- Interventionen Dritter sind nur dann willkommen, wenn sie uneingeschränkt die eigene Sicht unterstützen.

Verstärken sich die Prozesse der Polarisierung, steigen Anspannung, Handlungsdruck und Zugzwang. Dies entlädt sich schließlich darin, dass die Schwelle zur nächsten Eskalationsstufe überschritten wird. Es folgen Taten statt Worte, Imageschädigungen, Gesichtsverluste und Drohgebärden. An dieser Eskalationsstufe 6 angelangt, bringt jeder weitere Schritt eine Annäherung an die Zerstörung, der alle zum Opfer fallen.

Wie können wir soziale Konflikte konstruktiv nutzen?

Wir haben viel Vorarbeit geleistet, um die persönliche Konfliktfähigkeit zu steigern. Im Kapitel »Innere Konflikte« führten wir uns vor Augen, welche Handlungsoptionen uns die

- Grundhaltung zum Konflikt,
- die Typologie innerer Konflikte,
- die Tiefenpsychologien,
- die Verhaltenspsychologie und
- die Entscheidungs- und kognitive Psychologie

an die Hand geben. Zudem vergegenwärtigten wir uns, welche Techniken oder mentale Tricks die Suche nach einem konstruktiven Umgang mit dem Konflikthaften erleichtert.

Im Kapitel »Zwischenmenschliche Konflikte« betrachteten wir

- fünf fundamentale Strategien,
- unterschiedliche Konfliktarten und ihren jeweils spezifischen Handlungsfokus und ließen einige methodische Anregungen Revue passieren, die helfen, eine tragfähige Einigung zu finden.

Auf dieses Wissen und die besprochenen Strategien sollten Sie im sozialen Konflikt zurückgreifen. Da Konflikte in Gruppen schnell unübersichtlich werden, möchte ich Ihnen zusätzlich eine (von F. Glasl entworfene) pragmatische Systematik der Konfliktbehandlung vorstellen. Dabei handelt es sich um ein *Raster zur Diagnose und Konfliktbehandlung*. Es besteht aus den folgenden vier Fragekategorien:

- **Konflikt-Inhalte:** Um was geht es?
- **Konflikt-Verlauf:** Wie beschreiben die Parteien den aktuellen Stand und die Geschichte des Konflikts?
- **Konflikt-Parteien:** Wer streitet? In welcher Beziehung stehen die Kontrahenten zueinander?
- **Grundeinstellung zum Konflikt:** Wie begegnen die Parteien dem Konflikt grundsätzlich? Zu welchen Verhaltensweisen sind sie bereit, um den weiteren Verlauf des Konflikts mitzugestalten? Wie definieren sie das Ende des Konflikts? Was sind dafür zu tun bereit?

Im Folgenden erfahren Sie die Hauptfragen pro Fragekategorie, die damit verbundenen Ziele sowie Anregungen, wie Sie methodisch vorgehen können.

Raster zur Diagnose und Konfliktbehandlung

Konflikt-Inhalte

Hauptfrage: Um was geht es?

- Welche Inhalte, Konfliktpunkte formulieren die Akteure?
- Wo gibt es Gemeinsamkeiten, wo Überschneidungen? Wo lassen sich Trennendes, Gegensätzliches, Unvereinbares, und wo Berührungs- oder Anknüpfungspunkte erkennen?
- Welche Akzente sehen die Akteure in den Konflikten? Welche Konfliktarten sehen sie vertreten?
- Auf welche Aspekte werden Gewichtungen und Prioritäten gelegt?

Ziele: Herstellen grundsätzlicher Akzeptanz und Bereitschaft zu Kooperation.

- Wechselseitiges Kennenlernen und Verstehen der Konfliktinhalte.
- Empathie herstellen: Akzeptieren der Konfliktinhalte und der Subjektivität der Konfliktpunkte; Distanz gewinnen in Bezug auf die eigene Fixierung; Einnehmen der Perspektive der Kontrahenten, Bereitschaft zum Sichtwechsel.
- Einigung auf das, was als Konfliktpunkt definiert und behandelt werden soll und in welcher inhaltlichen Gewichtung und Rangfolge.

Methode: Aufnehmen (Inventarisieren) der Konfliktinhalte.

1. Entwerfen einer Konfliktlandschaft: Jeder Betroffene beziehungsweise jedes Bündnis (Subgruppe, Fraktion) notiert auf Kärtchen, was aus der eigenen Sicht Konfliktpunkte sind und steckt sie an die Pinnwand.
2. Jede Partei erklärt, inwiefern für sie etwas ein Konfliktpunkt ist sowie welcher Konfliktart er zugeschrieben wird. Ausschließlich Verständnisfragen werden erörtert.
3. Jede Partei fasst die von den Kontrahenten formulierten Konfliktpunkte zusammen.
4. Jede Partei nennt beziehungsweise notiert die Konfliktpunkte der anderen, mit denen sie übereinstimmt und nicht übereinstimmt.
5. Clusterbildung und Formulierung einer Konkretisierungstreppe: Gemeinsam werden die einzelnen Kärtchen mit ihren Punkten nach Problemfeldern und Oberthemen gruppiert und anschließend konkretisiert. Die leitenden Fragen dabei lauten: Was bedeutet das konkret? Worin zeigt sich … genau? Was muss konkret getan werden, damit …?
6. Die Parteien einigen sich auf Gewichtungen und Prioritäten in der Bearbeitung, indem sie beispielsweise Punkte vergeben: Jede Person hat eine gewisse Anzahl Klebepunkte, die sie auf die Konfliktcluster nach ihrem Belieben verteilt. Wenn es für sie beispielsweise nur einen Punkt gibt, der den Konflikt ihres Erachtens ausmacht, dann kann sie diesem Punkt sämtliche Klebepunkte geben. Oder: Die Gewichtung wird in einer offenen Diskussion erarbeitet und das Fazit visuell festgehalten.

Konflikt-Verlauf

Hauptfrage: Wie beschreiben die Parteien den aktuellen Stand und die Geschichte des Konflikts?

- Wie sehen die Parteien den aktuellen Stand des Konflikts?
- Welche Eskalationsstufe ist nach den Meinungen der Kontrahenten erreicht?
- Worin sehen sie die Ursachen beziehungsweise Anlässe für den Konflikt?
- Welche Ereignisse und Verhaltensweisen bewerten sie als kritisch, entscheidend, maßgeblich für den Konfliktverlauf?
- Worin sehen sie Wendepunkte, die eskalierend gewirkt haben?

Ziel: Vertiefen des wechselseitigen Verständnisses (Verstehens).

- Erfahren, wie der Status quo von den Kontrahenten erlebt wird.
- Verstehen der subjektiven Sicht, was den Konflikt veranlasst und intensiviert hat.

- Möglichkeit erarbeiten, durch bewusstes Wahrnehmen der eigenen und fremden Perspektive, sich gegen eskalierend wirkende Mechanismen zu immunisieren oder ihre Macht zumindest zu verringern.
- Gewahr werden, dass die Parteien den weiteren Verlauf und die Konfliktlösung gezielt beeinflussen können.

Methode: Aufnehmen der einzelnen Perpektiven und Wertungen.

1. Jede Partei notiert auf Kärtchen sowohl ihre Sicht des Status quo als auch ihre subjektive Geschichte des Konflikts mit den bedeutsamen Ereignissen.
2. Bei der Präsentation werden die Stichworte erläutert. Dabei gilt: Gefühle auszusprechen ist erlaubt, ja geboten! Wieder sind ausschließlich Verständnisfragen gestattet.
3. Als Folgerungen aus dem Austausch der Wahrnehmungen, Empfindungen und Bewertungen vereinbaren die Kontrahenten Spielregeln, die ab sofort im Umgang miteinander gelten.

Konflikt-Parteien

Hauptfrage: Wer streitet und in welcher Beziehung stehen die Kontrahenten zueinander?

- Wer sind die Parteien (Einzelne gegen Einzelne, Einzelne gegen Fraktionen, Fraktionen gegeneinander)?
- Wer sind die direkten Beteiligten, die Schlüssel- oder Kernpersonen beziehungsweise -gruppen?
- Wer ist betroffen oder indirekt beteiligt (Einflusspersonen, -gruppen)?
- Welche Beziehung haben die Parteien zueinander: formell/informell? In welchen Abhängigkeitsbeziehungen stehen sie?
- Welche Forderungen formulieren die Parteien aufgrund der Beziehungen und Abhängigkeitsverhältnisse? Wie werden die Forderungen begründet? Welche Forderungen werden anerkannt, welche nicht?

Ziel: Erringen eines vertieften Einblicks in die Qualität und Bedingungen der Beziehungskonstellation.

- Identifizieren von Hauptakteuren, indirekt beeinflussenden und beeinflussten (betroffenen) Personen/Gruppen.
- Herausarbeiten der wahrgenommenen Beziehungsdeterminanten, die den Konfliktverlauf mitbestimmen.
- Einblick in und Verstehen von Forderungen und deren Begründung.
- Offenlegen, welche Forderungen auf positive beziehungsweise negative Resonanz stoßen.

Methode: Inventarisieren der Sichtweisen der Beziehung und Forderungen.

1. Jede Partei notiert auf Kärtchen, wen sie für Hauptakteure, für maßgeblich beeinflussende Akteure und für Betroffene hält.
2. Die Parteien notieren – wieder voneinander getrennt – in Stichworten, wie sie die Abhängigkeitsbeziehungen sehen.
3. Die Parteien stellen einander die Sichtweisen vor und diskutieren diese.
4. Die Parteien notieren – wieder jede für sich –, welche Forderungen sie an die Kontrahenten stellen und wie sie sie legitimieren.
5. Die Kontrahenten stellen einander die Stichworte vor (wie oben).
6. Sie notieren oder markieren, welche Forderungen sie akzeptieren, welche nicht und warum – ohne vorher miteinander darüber zu diskutieren.
7. Sie diskutieren die Annahme beziehungsweise Ablehnung.
8. Gemeinsam überprüfen die Kontrahenten, inwiefern die Antworten auf Frage 1: Um was geht es?, noch Gültigkeit besitzen (Feedbackschlaufe).

Die Fragen 1. bis 5. können auch in einer offener Diskussion bearbeitet werden. Abgesehen davon, dass dies anstrengender ist und den Nachteil hat, dass Informationen verloren gehen, muss hier besonders strikt darauf geachtet werden, dass man einander ausreden lässt, jede Person zu Wort bittet, zuhört und Verständnisfragen klärt. Die mündliche Version verlangt allen Beteiligten enorme Disziplin ab!

Grundeinstellung zum Konflikt

Hauptfragen: Wie begegnen die Parteien dem Konflikt grundsätzlich? Zu welchen Verhaltensweisen sind sie bereit, um den weiteren Verlauf des Konflikts mitzugestalten? Wie definieren Sie das Ende des Konflikts? Was sind sie dafür zu tun bereit?

- Wie beurteilen die Parteien die Gesamtsituation: Halten sie die Konfrontation für unvermeidlich und den Konsens für unmöglich? Für unvermeidbar, aber fruchtbar und Konsens für möglich? Oder für vermeidbar, aber den Konsens für unmöglich? Oder für vermeidbar und Konsens für möglich?
- Worin sehen die Parteien die Ursachen für den Konflikt?
- Welchen Nutzen und welche Vorteile verbuchen die Parteien vom bisherigen Verlauf des Konflikts?
- Welche Vorteile und welchen Nutzen erhoffen sie sich von der Auseinandersetzung?
- Wie beurteilen sie den dafür nötigen Einsatz?
- Welche strategischen Überlegungen leiten ihr weiteres Verhalten?
- Welche Vorschläge haben die Parteien, den Konfliktverlauf effektiver zu steuern?
- Was haben sie bis dato unternommen? Was haben sie noch nicht versucht? Was wäre einen Versuch wert?

- Zu welchen Konzessionen sind sie bereit? Welche Maximal-, welche Minimalziele formulieren sie?
- Wie beschreiben die Parteien, wann: unter welchen Bedingungen sie den Konflikt als beendet betrachten?

Ziele: Abklären von Zielrichtung, Vorgehen und Vorstellungen der Lösung/Beendigung des Konflikts.

- Kennenlernen der prinzipiellen Einstellung zum Konflikt und damit die Möglichkeit, Verhalten und Sichtweisen nachzuvollziehen und sich darauf bewusst einzustellen, um Missverständnisse eindämmen zu können.
- Bewusstmachen und Kennenlernen der Funktionen, die der Konflikt für die Beteiligten hat.
- Austausch über Hoffnungen und Erwartungen an den weiteren Verlauf.
- Offenlegen der Handlungsbereitschaften und Offen legen der Maximal- und Minimalziele sowie der Vorstellungen über die Beendigung des Konflikts.
- Wiederholte Chance, die Ziele zu überprüfen.

Methode: Einleiten konstruktiver Maßnahmen zur Beendigung des Konflikts.

1. Diskussion über die Grundeinstellungen zum Konflikt: Warum er ausgebrochen ist und welche Chancen aus welchen Gründen bestehen, dass er ein tragfähiges Ende findet oder nicht. Über Möglichkeiten sinnieren, warum eine kooperative Strategie ein gutes Ende herbeiführen könnte und welche Vorteile die Parteien davon hätten.
2. Jede Partei notiert auf Kärtchen, welchen Nutzen der Konflikt bisher für sie hatte; inwiefern sie diesen Nutzen, diese Vorteile brauchen; auf welchen anderen Wegen sie sich vorstellen können, diese Vorteile ebenfalls zu erzielen; welche Hoffnungen und Erwartungen sie mit der weiteren Entwicklung verbinden; welche Initiativen sie starten werden oder würden, um den weiteren Verlauf konstruktiv zu beeinflussen; welche Vorschläge sie haben, um den weiteren Gang des Konflikts effektiver zu gestalten; anhand welcher Kriterien oder Bedingungen sie den Konflikt für beendet betrachten.
3. Die Parteien stellen ihre Ideen vor; wieder sind zunächst nur Verständnisfragen erlaubt.
4. Gemeinsam erarbeiten die Parteien: worin sie übereinstimmen; worin sie nicht übereinstimmen, aber Kompromissmöglichkeiten sehen, worin sie nicht übereinstimmen und keine Einigungsmöglichkeiten sehen.
5. Die Parteien konzentrieren ihre Aufmerksamkeit darauf, worin sie übereinstimmen, sowie darauf, worin sie nicht übereinstimmen, aber Kompromissmöglichkeiten sehen. Dann einigen sie sich auf Schwerpunkte für das weitere Vorgehen sowie auf Lösungsmöglichkeiten. Die Parteien vereinbaren konkrete Maßnahmen und legen fest, wann und wie deren Einhaltung kontrolliert wird.

6. Die aufgelisteten Konfliktinhalte, die diejenigen Punkte betreffen, zu denen die Parteien keine Einigungsmöglichkeiten sehen, bleiben als unerledigt bestehen. Die Parteien vereinbaren, sie nach einem vereinbarten Zeitraum gemeinsam zu bearbeiten.

Sie haben sicherlich bemerkt, dass sich Fragen überschneiden oder auf Ähnliches hinweisen. Das ist durchaus beabsichtigt. Das Raster mit seinen Fragen hat Anregungscharakter: Die Fragen geben Aspekte und Richtungen vor, die zu beachten sind, wenn Sie in einem Konflikt intervenieren wollen. Die Fragen haben insofern auch eine Orientierungsfunktion: Sie dirigieren die Aufmerksamkeit auf bedeutsame Gesichtspunkte. Im konkreten Einzelfall müssen die Beteiligten jeweils neu entscheiden, welche Fragen sie in der Analyse, Diagnose und Behandlung des Konflikts weiterbringen. Nutzen Sie die Fragen also bitte als Anregungen, nicht als Rezeptur.

Allgemeine Empfehlungen zur Nutzung des Rasters

Zunächst: Ein gravierender Konflikt ist nicht innerhalb eines Meetings lösbar. Jeder (intensive) Konflikt setzt Emotionen frei. Heftige Gefühle brauchen Raum: Zeit und Geduld und Verständnis und Toleranz, um sich der konstruktiven Seite des Fühlens, Denkens und Wollens wieder zu öffnen.

Zeit, Geduld, Verständnis und Toleranz sind es auch, die den Nährboden für Vertrauen und Zutrauen säen. *Vertrauen* in die Empathiebereitschaft der Kontrahenten und *Zutrauen* zu deren Fähigkeit, die je fremde (gegnerische) Perspektive zumindest einmal in einer Art Rollentausch auszuprobieren. Gefühle benötigen in unserer betrieblichen Alltagswelt zudem Ihren Mut: Mut dazu, die Kontrahenten nachvollziehen zu lassen, inwiefern der Konflikt Sie belastet, enttäuscht, traurig, wütend, hilflos oder kämpferisch macht. Daraus entsteht eine *Chance für ein verbessertes Verständnis*. Horchen Sie daher in sich selbst hinein und geben Sie auch den anderen diese Möglichkeit.

Sodann: Bei einem tief greifenden Konflikt beachten Sie bitte, dass die Intervalle, in denen sich die Konfliktparteien treffen, nicht zu lange auseinander liegen. Die Parteien sollten sich trotz vorhandener Arbeitsüberlastung einmal wöchentlich für einige Stunden ungestört zusammensetzen können. Bedenken Sie, dass unbehandelte Konflikte in der Latenz wirken und der Preis der Verdrängung, Verleugnung oder des So-tun-als-ob-nichts-wäre hoch ist.

Innerhalb des Unternehmens wählen Sie am besten einen Raum mit Moderationsinstrumenten. Wollen Sie konzentriert an einem Konflikt arbeiten, ist es klug, sich für ein Wochenende oder auch zwei außerhalb der Firma zu treffen. (Selbst wenn der Konflikt an diesen Auszeiten nicht gelöst werden kann: Eine Initialzündung ist erfolgt. Sie erleichtert den weiteren Fortgang auf jeden Fall.) Gehen Sie in ein Hotel. Sorgen Sie dafür, dass es über die nötigen Moderationsmedien verfügt. Ist das nicht der Fall, kümmern Sie sich um die notwendigsten Medien.

Schließlich: Obwohl der Aufwand groß und müßig erscheint:

- Halten Sie zumindest die wichtigsten Schritte und Stichworte schriftlich auf Moderationskarten fest und nehmen Sie sie zu jedem Meeting mit.
- Strukturieren Sie gegebenenfalls mit Farben der Karten, beispielsweise für jeden Fragekomplex eine Farbe.
- Arbeiten Sie mit den unterschiedlichen Kartengrößen und/oder Kartenformen. Wählen Sie für Fazitformulierungen oder Übereinkünfte beispielsweise eine große oder runde oder wolkenförmige Moderationskarte.
- Fertigen Sie ein Mind-Map an, das zumindest die Fortschritte und die geplanten Maßnahmen festhält.

Diese schriftliche Fixierungen und Visualisierung erfüllen zum einen die erwähnten praktischen Funktionen. Zu ihnen gehört zudem der moderationsbezogene Vorteil, dass Visualisierung die Gesprächsführung (gerade dann, wenn es keinen definierten Moderator gibt) erleichtert. Ferner demonstrieren sie: Jeder wird ernst genommen. Und als Letztes sei erwähnt, dass anhand der Visualisierungen die Fortschritte jederzeit einsehbar, nachvollziehbar und überprüfbar sind. Das bewahrt davor, bei jedem Meeting wieder bei Adam und Eva zu beginnen und darüber zu debattieren, wieso das Paradies zur Hölle mutiert ist.

Zum anderen führen Visualisierungen der individuellen und kollektiven Bemühungen und der Aufarbeitung der Geschichte der Konfliktbehandlung psychologische Geschenke im Gepäck. Sie symbolisieren die Gemeinsamkeit in der Anstrengung. Sie zeigen Kooperation, Fortschritte und Teilerfolge – und das macht stolz. Und wenn einige der Kontrahenten ihren Humor nicht ganz verloren haben, entlockt die eine oder andere lustige Zeichnung (Bilder statt Worte!) dem Betrachter in der Erinnerung der damaligen Situation gar ein Lächeln. Und dann fühlt man sich sogar noch recht wohl!

Nina L. Dulabaum

Mediation: Die Grundlagen

Aus: Mediation: Das ABC

Die »vier A's«: Allparteilichkeit, Akzeptanz, Anerkennung und Affirmation

Zuerst befassen wir uns mit den Voraussetzungen, die notwendig sind, um in Konflikten vermitteln und die Kunst der Mediation überhaupt praktizieren zu können. Wie bei allen Künsten benötigen Mediatoren bestimmte Fertigkeiten, um erfolgreich zu sein. Da Mediation eine interaktive Kunst der Konfliktregelung ist, erfordert sie soziales Geschick, zwischenmenschliche und emotionale Intelligenz.

Entscheidend in der Mediation ist die innere Haltung – nicht ein aufwendiges Lernen von »Rezepten«. Auf Englisch spricht man von »Empowerment«: auf Deutsch von »Kraft geben«, »Befähigung« oder »Ermutigung«. Im Gegensatz zum herkömmlichen Sinne der Konfliktaustragung als Kampf gibt es zum Schluss keine Gewinner und Verlierer oder Sieger und Besiegte, sondern es »gewinnen« alle Beteiligten.

Das Hauptziel der Mediation ist, Leute zu bekräftigen und zu befähigen, ihre eigenen Konflikte zu bearbeiten. Sogar wenn keine konkrete Lösung in Sicht ist, bietet eine Mediation die Gelegenheit, Kränkungen, Missstände und Meinungsunterschiede zu äußern und während dieses Prozesses selbst einen Konflikt zu entschärfen und einen Einstieg der Bearbeitung zu gewährleisten. Von daher ist es nicht nur wichtig, sich mit den einzelnen »Schritten« des Mediationsprozesses vertraut zu machen, sondern auch die notwendigen Grundlagen und das Fundament zu schaffen, auf dem eine Mediation wachsen und gedeihen kann.

Ein Mediator beschäftigt sich mit der unterschiedlich wahrgenommenen Realität, mit drängenden Befindlichkeiten und Beschwerden der Kontrahenten: Diese dritte Person hilft zwei oder mehreren Streitenden, ihren Konflikt selbst zu lösen, anstatt zu bewerten, zu beurteilen oder als Kontrollinstanz zu entscheiden, was richtig oder falsch ist.

Allerdings ist dies zu Beginn nicht leicht, da es die meisten Menschen anders kennen. Denken Sie beispielsweise an Ihre Schulzeit: Gab es einen Lehrer oder eine Lehrerin, der oder die Ihnen im Streitfall richtig zugehört hat? Aus verschiedenen Gründen springen Lehrkräfte öfters in die Rolle des Kontrolleurs oder Schiedsrichters und erteilen ein Urteil. Zum Beispiel:

Zwei Jungs balgen sich auf dem Schulhof. Einer schreit, »Hör auf, du tust mir weh.« Der zuständige Lehrer nimmt beide auseinander und tadelt sie. Er kann nicht herausfinden, wer Schuld hat, und schimpft: »Wie ungezogen von euch, Jungs. Benehmt euch in der Zukunft oder …« Der Schlusssatz beinhaltet eine Drohung, die die Jungen einschüchtern und zum zukünftigen Benehmen verhelfen soll.

Lassen Sie uns diese Szene einmal anders sehen:

Der Lehrer kommt und fordert beide auf, das Schlagen zu unterlassen. Er fragt, ob der eine oder der andere verletzt ist. Wenn ja – muss er für erste Hilfe sorgen. Ansonsten bittet er beide zu einem Gespräch, nachdem sie sich beruhigt haben. Der Lehrer erklärt: »Ich will mit euch darüber reden, was los ist – in der großen Pause für zehn Minuten.«
Wenn sie sich später treffen, fragt der Lehrer, ob sie ein paar Grundregeln für das Gespräch vereinbaren können und ob beide bereit sind, über den Vorfall zu sprechen und zu klären, was zwischen den beiden vorliegt. Beide sind bereit und der Lehrer legt los: Erst einmal fragt er jeden, was passiert ist. Nach jeder Aussage fasst er die Hauptbotschaft zusammen, spiegelt mit seinen eigenen Worten zurück an den »Sender«, um bestätigt oder korrigiert zu bekommen, wie er denjenigen verstanden hat …

Mit dieser einfachen Prozedur bringt der Lehrer ans Licht, was beide Streithähne erlebten und wahrnahmen. Er erbringt auch den positiven Beweis, dass er wirklich zuhört und gleichzeitig beide annimmt und akzeptiert.

Die Voraussetzung, um als Mediator fungieren zu können, ist, zu lernen, andere Menschen in ihrer Art und Weise zu akzeptieren und anzuerkennen. Wir müssen weder die gleichen Meinungen teilen, noch ihr Verhalten gutheißen. Dies mag banal klingen, aber es ist eine sehr komplexe Angelegenheit, wenn es wirklich darum geht, in verschärften Auseinandersetzungen so zu handeln.

Im alltäglichen Leben kommen des Öfteren »Dreier-Konstellationen« in Konfliktfällen vor. Auch in der Konfliktforschung erleben wir immer wieder verschiedene »Dreiecke«. Das Schwierige ist, dass die Rolle einer dritten Person oft ungeklärt bleibt. Komplizierter wird es dann, wenn der Dritte einem der Streitenden Rückhalt gibt, oder sich zu einem hingezogen fühlt oder wenn er einem unter Umständen etwas schuldet. Menschen können so in Konflikte verwickelt werden, dass sie nicht mehr einschätzen können, wer überhaupt vertrauenswürdig ist. Eine Mauer von Feindseligkeiten kann von böswilligen und argwöhnischen Gegnern vorschnell aufgebaut werden, bevor überhaupt jemand die Zeit findet, zur Vernunft zu kommen und nachzufragen: Was ist eigentlich los?! Die sensationellen Schießereien von Gangstern und Mafiosi mögen raffiniert und abenteuerlich auf dem Bildschirm wirken, im realen Leben verkörpern sie wahres menschliches Versagen, Albträume und Desaster. David Augsburger beschreibt, wie leicht sich Konflikte zwangsläufig durch eine Dreier-Konstellation vervielfältigen und verquicken. Mit hoher Geschwindigkeit werden neue »Komplizen« hineingezogen (Augsburger 1992, Seite 148):

»Der Freund meines Freundes ist mein Freund.
Der Feind meines Freundes ist mein Feind.
Der Freund meines Feindes ist mein Feind.
Der Feind meines Feindes ist mein Freund.«

Der Übergang zwischen den ersten und zweiten sowie zweiten und dritten Zeilen passiert oft all zu rasch. Wenn aufgedeckt wird, dass der Feind meines Feindes mein Freund ist, werden manche grüblerisch oder nachdenklich.

Ich bitte Sie, an das letzte Mal zu denken, als Sie selbst in einen Konflikt mit einer anderen Person verstrickt waren. Versuchen Sie sich an eine Situation zu erinnern, wo Sie einen Konflikt wegen etwas Konkretem wie zum Beispiel Meinungsunterschiede hatten. Wie ging es Ihnen dabei? – Welche Gedanken, Gefühle und Körperreaktionen haben Sie erlebt?

Übung

Denken Sie an einen Konflikt, der Sie in der letzten Zeit beschäftigte. Notieren Sie sich die Situation.

Versuchen Sie sich jetzt Folgendes vorzustellen: Eine Person kommt Ihnen entgegen und sagt Ihnen, dass sie Ihnen helfen möchte, diesen Konflikt zu bearbeiten und eine Lösung zu finden.

Was brauchen Sie von dieser Person, um sich auf ihr Angebot einzulassen?

Was muss diese Person tun – sagen – beweisen usw.?

Denken Sie daran, wie Konflikte starke Gefühle wie Angst, Zorn und Enttäuschung erzeugen. Es ist nicht einfach, Leuten zu begegnen, die heftige, negative und nervenaufreibende Empfindungen gegeneinander äußern und dazu auf ihren unterschiedlichen Meinungen beharren.

Häufig kommen andere Leute zum »Richten«, »Beurteilen« oder »zum Partei ergreifen«. Jeder von uns hat höchstwahrscheinlich in der Schule erlebt, wie eine Lehrerin als die große »Kontrollinstanz« ins Klassenzimmer hineinrauscht, eine Auseinandersetzung unterbricht und die Beteiligten auffordert, aufzuhören und »sich zu benehmen«. Was passiert aber, wenn sich diese Person erst zurückhält, und – zurück zu Ihrem Beispiel – Ihnen einfach die Gelegenheit bietet, in aller Ruhe zu erzählen und Ihre Perspektive zu schildern? So fängt eine Mediation an – mit zwei Konfliktparteien.

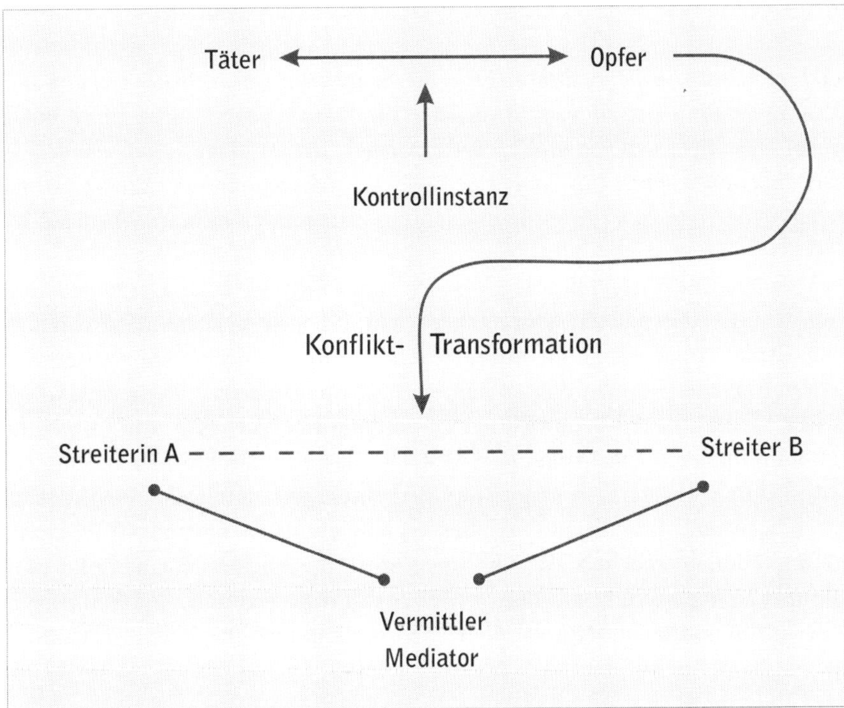

Ein Mediator schafft eine Atmosphäre innerhalb eines geschützten Rahmens und einer geschützten Umgebung, wobei die Konfliktparteien ihre Sichtweisen abwechselnd mitteilen können. Die fehlgelaufene Interaktion oder der aktuelle Streitstand wird aus beiden individuellen Perspektiven genährt, in der Hoffnung, das Problem oder den Konflikt zu bearbeiten. Um dies zu erreichen, gibt es die »vier A's«: **A**llparteilichkeit, **A**kzeptanz, **A**nerkennung und **A**ffirmation.

In der Psychologie, Pädagogik, Kommunikationswissenschaft und Soziologie gibt es zahlreiche Theorien von Experten zu diesem Thema.

Für diejenigen, die mehr über theoretische Grundlagen lesen möchten, siehe Nina L. Dulabaum: A Pedagogy for Cross-Cultural Conflict Transformation in Germany: The Development, Implementation and Assessment of Violence Prevention Training Seminars. 1996, Kapitel zwei und drei.

Beispielsweise schrieb der Psychologe Carl Rogers in den 1970er-Jahren über die »Atmosphäre des Akzeptierens« als Grundlage für effektive »klientzentrierte Gesprächsführung«. Paulo Freires »Pädagogik der Unterdrückten« von 1970 befasst sich mit der grundsätzlichen Akzeptanz von Menschen und dem Anknüpfen an ihre Lebenssituation, -wissen und -realitäten. Ruth Cohns Themenzentrierte Interaktion (TZI) betont das Annehmen von Menschen, »wo sie sind«. Nach der TZI muss bei sozialen Begegnungen oder Seminaren das, was Menschen momentan sehr bewegt, im Vordergrund stehen und respektiert werden – sogar wenn dies eher wie eine »Störung« erscheint. Thomas Gordon betont die helfende Grundhaltung von Akzeptanz:

> *»Akzeptanz ist wie die fruchtbare Erde, die einem winzigen Saatkorn erlaubt, sich zu der schönen Blume zu entwickeln, zu der es die Anlagen besitzt. Akzeptanz ermöglicht einem Menschen, sein Potential zu verwirklichen. (...) Akzeptanz muss beim Gegenüber ankommen, muss empfunden werden. Das bedeutet, man muss seine Akzeptanz demonstrieren, sie aktiv vermitteln und offen mitteilen.«* (Gordon 1994, Seite 239)

Unser Handeln und Verhalten spiegelt unser Menschenbild wider. Das bedeutet, dass das, was wir im Allgemeinen über andere Menschen gelernt haben und behaupten, meinen, denken oder vermuten, automatisch beeinflusst, wie wir mit unseren Mitmenschen umgehen. Ob wir das wollen oder nicht, und ob uns dies bewusst ist oder nicht – es passiert. Paul Watzlawick hat schon darauf hingewiesen: wir können nicht nicht kommunizieren (nachzulesen in: Watzlawick/Beavin/Jackson 1990, Seite 53).

Schon durch unsere Körpersprache übermitteln wir sehr viel Kommunikation. Experten schätzen, dass die nonverbalen Signale zwischen 60 und 80 Prozent der Kommunikation ausmachen. Was wir sagen, spielt natürlich auch eine Rolle, es wird aber immer in Verbindung mit dem »Wie« der Formulierung wahrgenommen. Aus dem Reichtum von fachübergreifenden Theorien habe ich die »vier A's« als die einführenden Bausteine für die Praxis herausgearbeitet.

Die »vier A's«

Allparteilichkeit bedeutet: Ich als Mediator habe das Ziel, beide Konfliktparteien zu unterstützen, und »neutral« zu bleiben. Ich beziehe für keine Seite eine herausgehobene Position und spiele nicht den Schiedsrichter, sondern ich ergreife Partei für beide. Dies ist manchmal sehr schwierig, aber absolut notwendig. In dem Moment, wo die eine oder die andere Person spürt, dass ich mich als Vermittler nur für die andere Person stark mache, ist der ehrliche Austausch vorbei.

Akzeptanz, der zweite Schritt, bedeutet die Fähigkeit, eine andere Person anzunehmen – mit ihren Schwächen und Stärken. Eventuell bin ich nicht mit allem einverstanden, trotzdem kann ich diese Person »als Mensch« annehmen und unterstützen.

Anerkennung zeigen lautet der dritte Schritt: Ich nehme diese Person nicht nur an, ich zeige ihr auch, dass ich sie würdige, respektiere und achte. Wie oben schon erwähnt, kommunizieren wir sehr viel durch das Nonverbale. Daher ist auch darauf besonders zu achten.

Vielleicht ist dies schwer vorstellbar? – Wie wichtig es ist, habe ich selbst bei verschiedenen Projekten erlebt. Um zum Beipspiel zwei Jugendliche – einen jungen Skinhead und einen jungen Ausländer – letztendlich konfrontieren zu können (beispielsweise mit ihren gegenseitigen Gewaltvorstellungen und -androhungen), musste ich sie erst einmal als Mitmenschen akzeptieren und anerkennen. Ich musste ihnen zeigen, dass ich sie respektiere, ihre Würde achte und sie ernst nehme, obwohl ich mit ihren Mitteln der bisherigen Konfliktbewältigung (wie Gewaltandrohungen) nicht einverstanden war.

Affirmation: Last but not least brauchen Menschen Affirmation (positive Bestätigung). Dazu ist es notwendig, dass der Mediator in der Lage ist, andere Menschen zu bestätigen, sie ihre Meinungen äußern zu lassen und die folgende Botschaft zu übermitteln, die Thomas Harris vor über 35 Jahren geschrieben hat: »Ich bin o.k. – Du bist o.k.« (1973).

Zusammenfassung

Die ersten Voraussetzungen für alle Mediatoren bei der Vermittlung in Konflikten sind die Fähigkeiten und Fertigkeiten gegenüber den Kontrahenten:

- Allparteilich zu bleiben und sie zu
- Akzeptieren und anzunehmen,
- Anzuerkennen und ernst zu nehmen sowie zu
- Affirmieren und zu bestätigen.

Was bedeutet dies konkret in der Mediation?

1. **Allparteilichkeit**
   Was ich tue: Ich ergreife Partei für beide Seiten! Ich versuche eine neutrale Haltung aufrechtzuerhalten, und ermutige alle während der ganzen Mediation, ihre Meinungen und Empfindungen zu äußern. Ich betone Fairness und achte darauf, dass ich beiden die gleiche Zeit zum Erzählen einräume. Wenn eine Person schwächer ist, suche ich Wege, um diese Person zu stärken und ein Gleichgewicht herzustellen. Deswegen liegt der Akzent auf »allparteilich«, da ich manchmal »Partei ergreifen muss«, wenn ich aktiv versuche, ein Gleichgewicht beizubehalten. Dies tue ich für alle Parteien!
   Was ich vermeide: Ich ergreife nicht ausschließlich für die eine oder die andere Seite Partei. Und ich moralisiere nicht. Beispielsweise sind Sätze zu unterlassen

(verzichten Sie wirklich darauf!) wie: »Das hätten Sie nicht machen sollen;« »Sie sollten sich schämen!« »Das ist unmöglich von Ihnen …!« »Ist Ihnen das wenigstens peinlich?« oder »Sie wissen, dass alle Anderen über Sie lachen, wenn Sie so etwas anstellen!«

2. **Akzeptanz**
   Was ich tue: Ich nehme beide beziehungsweise alle Konfliktparteien an. Ich zeige, dass ich sie grundsätzlich als Menschen akzeptiere und unterstütze – beispielsweise durch Blickkontakt, Kopfnicken, andere Formen der Körpersprache und durch meine Wortwahl – positiv und verständnisvoll. Wenn ich nachfrage, stelle ich offene Fragen ohne abzuwerten. Zum Beispiel: »Moment mal, könntet ihr mir bitte sagen, was los ist? – Langsam, einer nach dem anderen!«
   Was ich vermeide: Ich beurteile nicht und ich erteile keine Schuldzuweisungen oder Vorwürfe. Ich treffe keine persönlichen Abwertungen. Zum Beispiel: »Sie können offensichtlich nicht mehr denken!« »Sind Sie so dumm geworden?« oder »Sie schaffen nichts alleine – Sie verursachen nur Probleme.«
3. **Anerkennung**
   Was ich tue: Ich spreche beide Streitparteien mit Würde und Respekt an. Ich biete beiden die Möglichkeit, ihre Sichtweise abwechselnd zu schildern. Ich zeige, dass ich beide ernst nehme. Beispielsweise betone ich, dass ich es für sehr wichtig halte, beide Meinungen zu hören, und gebe beiden nonverbale Unterstützung durch Laute wie »mmm« oder »ah-ha«.
   Was ich vermeide: Ähnlich wie bei der Akzeptanz vermeide ich abwertende Aussagen. Beispielsweise »alte Kamellen« – Formulierungen, die auf vergangenes Versagen hinweisen und »katastrophieren« oder die Tatsache verschlimmern. Zum Beispiel: »Sie haben/sind schon früher …;« »Von klein auf waren Sie …;« »Bereits neulich habe ich Ihnen gesagt …;« oder »Können Sie nicht einmal etwas richtig machen?«
4. **Affirmation**
   Was ich tue: Ich gehe sehr achtsam mit den Personen um. Ich zeige durch meine Körpersprache, dass ich beide bestätige. Nach jeder Aussage fasse ich das Gesagte zusammen und frage eventuell nach, ob ich dies richtig gespiegelt habe oder ob es noch etwas zu ergänzen gibt. Beispielsweise fördere und animiere ich beide, zu erzählen, indem ich nicht nur aufmerksam, sondern auch »einfühlsam und aktiv« zuhöre: »Habe ich richtig verstanden, dass es Ihnen dabei um … ging?« oder »Ich sag es mal mit meinen Worten … Stimmt das?« oder »Aus Ihrer Stimme entnehme ich, dass …«
   Es gibt zahlreiche Techniken beim »Aktiven Zuhören«: Beachten und Bestätigen, Ermutigen, Klarstellen, Wiederholen oder »Echoantworten«, Spiegeln, Zusammenfassen usw. Zum »fortgeschrittenen Zuhören« gehören weitere Techniken wie zum Beispiel das Spiegeln von Gefühlen: »Ich höre, dass Sie sehr verletzt sind und möchte Ihnen helfen, an einer Lösung des Konflikts zu arbeiten …;« beziehungsweise eine Art der paradoxen Intervention, wobei wir beispielsweise das Gegenteil von den unterschwelligen Gefühlen zum Ausdruck bringen, um Widerspruch zu

reizen: »Geht es Ihnen gut, wenn Sie beleidigt und verletzt werden?« (ohne Ironie!). – Achtung: Die paradoxe Intervention muss vorsichtig angewendet werden! Darüber hinaus bin ich als Mediator ein Vorbild für die Anwendung von »Ich-Botschaften« oder »Ich-Aussagen«. Ich rede von mir selbst und fordere jede Partei heraus, für sich selbst zu sprechen.
Was ich vermeide: Ich unterlasse Beschuldigungen, Verhöre und Fragestellungen wie: »Was haben Sie sich dabei gedacht?!« Ich biete keine Ratschläge: »Machen Sie doch einfach ...;« »Lassen Sie es!« oder »Da müssen Sie doch nur ...« Außerdem spiele ich die Empfindung meines Gegenübers nicht herunter beziehungsweise leugne sie. Zum Beispiel: »Lachen Sie doch drüber ...« oder »Als mir etwas Ähnliches passiert ist, habe ich einfach dies oder jenes ... gemacht.«

Um die »*vier A's*« zu »meistern«, müssen wir die sogenannten (in der Literatur häufig beschriebenen) »Abblocker«, »Straßensperren« oder die »Sprache der Nichtannahme« vermeiden und sie uns abgewöhnen. Das heißt, wir sollten versuchen, Befehle, Anweisungen, Drohungen, Predigten, Beschimpfungen, Kritik, Diagnosen, Analysen, Interpretationen, Infragestellungen, Bagatellisieren, Moralisieren und Ablenkungen zu unterlassen. Diese Kommunikationsformen beziehen sich nämlich auf eine inhaltliche Ebene und transportieren allerdings meist heftige und destruktive Botschaften auf der Beziehungsebene. Zum Beispiel: »Sie sind gering im Vergleich zu mir«, »Ich nehme Sie nicht ernst«, »Sie sind unfähig, alleine Ihre Probleme oder Konflikte zu lösen«, »Sie sind dumm, schlecht oder ohnmächtig«, »Sie sind schuldig« oder »Ich finde Ihre Sachen banal und unwichtig«. Solche mitschwingenden, aber verdeckten Rückmeldungen sind wie Gift für einen konstruktiven Dialog.

Wenn wir ständig auf die Uhr schauen, gähnen, nicht aufmerksam sind, merkt unser Gegenüber gleichfalls, dass wir nicht bei der Sache sind. Ein anderer Fehler ist, wenn wir »mystifizieren« und sehr viel mehr »zwischen den Zeilen« hören, als eigentlich vorhanden ist. Dies wird auch als »psychologisieren« bezeichnet, wobei wir viele Fragen stellen, die nicht direkt etwas mit dem Gesagten zu tun haben, beziehungsweise unserem Gegenüber »in den Mund reden«, oder erraten, was unser Gegenüber eigentlich tiefsinnigerweise »meint«. Wichtig ist jedoch, die Gefühle, Sachverhalte und menschlichen Bedürfnisse zu spiegeln, nicht zu übertreiben und mehr daraus zu machen.

Das Zuhören ist eine Grundlage bei der Erfüllung der »Vier A's«. Schon die Kunst, »aufmerksam zuzuhören« muss erlernt und geübt werden. Im Mediationstraining gibt es eine Fülle von Übungen, die darauf zielen, Menschen zu befähigen, Superzuhörer zu werden. Leider sind sich die meisten von uns nicht bewusst, wie wichtig das Zuhören als handwerkliches Können in der Konfliktvermittlung und Mediation sein kann, geschweige denn, dass wir selber erlebten, wie jemand richtig zuhörte, ohne gleich die eigene Meinung einfließen zu lassen.

Es gibt sehr unterschiedliche Ausgangslagen bei Menschen, wenn es darum geht, einfühlsam und empathisch zuzuhören und ebenso zu handeln. Unsere erste wichtige Urerfahrung liegt in der Kindheit. Stern, ehemals Psychiater an der Cornell Medical

School nennt den Vorgang, wie Babys erfahren, dass ihre Emotionen mit Empathie aufgenommen, akzeptiert und erwidert werden: »Abstimmung«. Es ist mehr als eine nüchterne Nachahmung, sondern eine grundlegende Lektion der Gefühlsschulung für kleine Wesen. Babys, die positive Verstärkung, Zuwendung und liebevolle Abstimmung erleben, lernen automatisch viele emotionale Kompetenzen. Eine Fehlabstimmung wirkt zwischen Eltern und Kind zutiefst verstörend. Eine Untersuchung des Psychologen Robert Prentky unter Kriminellen aus Philadephia weist darauf hin: Die grausamsten und gewalttätigsten Verbrecher wurden in ihrer Kindheit emotional vernachlässigt und beispielsweise von Pflegestelle zu Pflegestelle hin- und hergeschoben.

Mediatoren werden also mit einem großen Spektrum von vorhandenen Streitfähigkeiten konfrontiert. Mit den »vier A's« stellen wir eine konstruktive Art und ein Vokabular zur Verständigung vor.

Checkliste für die Umsetzung der »vier A's«

Fragen Sie sich stets:

- Welche Körperhaltung nehme ich ein?
- Mit welcher Tonlage rede ich?
- Habe ich Augenkontakt zu meinem Gegenüber?

Achten Sie darauf, wie Sie Ihr Gegenüber beim Erzählen unterstützen. Demonstrieren beziehungsweise signalisieren Sie Ihre Akzeptanz und Anerkennung durch Ihre Körpersprache und nonverbale Zeichen. Dies geschieht durch Tonlage der Stimme, Gesichtsausdruck, Gestik, Augenkontakt, Körperhaltung, unterstützende Äußerungen wie »mmm« oder »ah-ha«. (Solche Äußerungen sind unterschiedlich je nach Kultur, Region, Alter und Umgangssprache.)

Fragen Sie sich also:

- Rede ich in einer Art und Weise, dass mein Gegenüber mich versteht? (Tempo)
- Benutze ich Worte, die er oder sie anwendet?

Achten Sie darauf, wie Sie das Gesagte ausdrücken. Wählen Sie Ihre Worte möglichst wertfrei auf dem Niveau Ihres Gegenüber.

Überlegen Sie sich:

- Habe ich die Gefühle auch geachtet, zusammengefasst, und wenn möglich, nachgefragt, ob ich alles richtig verstanden habe? Zum Beispiel: »Ich habe verstanden, dass es Ihnen nicht gut ging und dass Sie sich verletzt und enttäuscht fühlen. Stimmt das?«
- Ohne zu übertreiben oder zu dramatisieren, zeige ich meinem Gegenüber, dass ich mich bemühe, seine Emotionen zu verstehen, sogar wenn er Schwierigkeiten hat, sie selbst auszusprechen.

Achten Sie auf Ihre emotionale Intensität und Ihr Einfühlungsvermögen. Versuchen Sie, nicht nur das Verbale, sondern auch das Nonverbale zu spiegeln. (Bei Kursen für Fortgeschrittene wird das Zusammenfassen oder Spiegeln von versteckten Gefühlen sehr intensiv geübt.)

- Stelle ich immer wieder offene Fragen zur Klärung, wenn unangenehme Vorwürfe oder Unterstellungen geäußert werden? Zum Beispiel: »Sie haben gerade gesagt, dass Sie nicht mehr mit ihm arbeiten, wenn er sich weiter so verhält.« (In diesem Fall erst die Gefühle spiegeln und dann nachfragen.) »Ich entnehme dem, dass er Sie sehr verletzt hat, stimmt das?« ... »Könnten Sie mir bitte sagen, wie es Ihnen geht und worum es für Sie jetzt momentan geht?«

Achten Sie auf die erzählten Fakten, Gefühle und Auslegungen oder Deutungen – die wesentlichen Punkte beispielsweise bei Vermutungen oder Unterstellungen. Leute wollen verstanden und ernst genommen werden. Achtung: Sie müssen allerdings nicht alles spiegeln, vor allem keine Gemeinheiten. Am besten ist, solchen Äußerungen durch offene neutral formulierte Fragen zur Klärung zu verhelfen.

Bedenken Sie:

- Setze ich das Spiegeln ständig fort und bemühe ich mich stets, mich in die Lage des anderen hineinzufühlen und kurze, offene Fragen zu stellen?

Achten Sie bei Rückfragen darauf, dass Sie an den ursprünglichen Aussagen mit Einfühlungsvermögen anzuknüpfen versuchen. Zum Beispiel: »Dies hört sich sehr verletzend an, könnten Sie bitte schildern, wie es Ihnen dabei ergangen ist?« Und beachten Sie: Am Anfang eher offene und einfache – nicht geschlossene Fragen – stellen. Beispielsweise »Könnten Sie bitte noch mehr dazu sagen, was der Kommentar bei Ihnen ausgelöst hat?« statt »Waren Sie verletzt oder sauer?«

Achten Sie darauf, wenn jemand etwas wiederholt: Dies ist ein Zeichen dafür, dass die Person sich noch nicht ganz verstanden fühlt.

Denken Sie daran:

- Wiederholen ist ein Signal für mich, diesen Inhalt behutsam und deutlich zusammenzufassen.
- Ich muss mich bemühen, fair zu sein und die gleiche Zeit und gleiche Bedingungen für beide Gesprächspartner einzuräumen, wenn ich zwischen zwei Streitenden vermittle.

Achten Sie in einer Mediation oder in einem Streitgespräch mit zwei Menschen darauf, dass Sie beiden Personen das gleiche Maß an Aufmerksamkeit und Bestätigungen schenken, sonst fühlt sich eine Partei vernachlässigt.

Bewahrung der zwischenmenschlichen Beziehungen

Zwei Leute auf der Arbeit stellen gerade fest, dass sie einen Konflikt haben.

Person A teilt mit:	»*Das kann doch nicht Ihr Ernst sein!*«
Person B erwidert:	»*Natürlich!*«
Person A meint:	»*Ist aber nicht o.k. Wie sollte das überhaupt funktionieren?*«
Person B antwortet:	»*Überlassen Sie dies mir!*«
Person A stellt fest:	»*Nein. Damit will ich nichts zu tun haben. Wenn es so ist, dann haben Sie nichts bei mir zu suchen.*«

Die Tür knallt zu.

Worum geht es? Das wissen wir nicht. Aber eins ist gleich klar: Beide streiten sich, weil ihnen etwas wichtig ist. Konflikte entstehen zwischen Menschen, die etwas voneinander wollen. Deshalb deutet ein Streit oder ein Konflikt zwischen zwei Leuten daraufhin, dass die zwei Menschen auf jeden Fall eine Verbindung oder Beziehung zueinander haben (sonst würden sie sich nicht streiten). Normalerweise bringen wir uns nur ein und sind hoch motiviert, unsere Meinungen zu äußern beziehungsweise etwas zu klären und richtigzustellen, wenn uns entweder eine Person oder eine Sache sehr interessiert und uns betrifft.

Demzufolge ist es bei einer Mediation wichtig, die zwischenmenschlichen Beziehungen zu erhalten, um zwei Leute zu unterstützen, ihren Konflikt »miteinander« statt »gegeneinander« anzugehen. Wir müssen dabei das gesamte Geschehen entschärfen oder deeskalieren. Es gibt natürlich auch Fälle, in denen Konflikte sichtbar gemacht werden müssen. In solch einem Fall verschärfen wir, bevor wir etwas lösen können: Wenn eine ungeheure Spannung deutlich zwischen zwei Mitarbeitern zu spüren ist, und dies ihre Arbeit beeinträchtigt, beide aber Stillschweigen bewahren. Es gibt auch Fälle, in denen Leute verfeindet bleiben (wollen) und trotzdem ihren Konflikt austragen und Lösungen suchen (zum Beispiel bei Scheidungen).

Ich beziehe mich jetzt aber auf allgemeine Situationen, in denen es zwei Streitende und üblicherweise zwei unterschiedliche Sichtweisen gibt, wobei wir dann den beiden Seiten helfen, diese zu erklären. In diesem Zusammenhang ist die Bedeutung der zwischenmenschlichen Beziehung nicht zu unterschätzen: Die Bewahrung einer Haltung des Respektes und der Toleranz füreinander ist eine Hauptvoraussetzung für eine erfolgreiche Mediation.

Es gibt ein berühmtes Klischee: Liebe kann schnell in Hass umschlagen. Dies ist wirklich nicht weit hergeholt. Wenn zwei Menschen sich lieben und gerne haben, und der eine oder andere verletzt oder enttäuscht wird, kann sich diese Liebe unter verschärften Umständen in Hassempfindungen verwandeln. Genauso kann es im alltäglichen Leben mit Kollegen und Freunden ablaufen: Eine Person hat großes Vertrauen zu jemandem, wird plötzlich von einer Aussage oder Verhaltensweise negativerweise überrascht und fühlt sich verletzt. Die Verletzung steigert sich eventuell in ein Wutgefühl und Ärger. Die Wutspirale wächst und wächst, wie bei einem aufziehenden Tornado schaukeln sich die Gefühle höher und höher und werden intensiver und »heißer«.

Es kann auch sein, dass diese ursprünglichen Empfindungen aus der Sicht der Betroffenen zusätzlich durch weitere Provokationen bestätigt werden. Dies führt dazu, dass man »rot« sieht, und sich innerlich noch mehr und mehr ärgert. Je nachdem, wie hoch die Schwelle zum Wutausbruch liegt, und wie schnell der individuelle Stimmungswandel erfolgt, werden einige Leute voreilig ausgesprochen sauer und andere reagieren eher irritiert. Auf jeden Fall gibt es einen Beziehungsbruch und zumindest einen Grad der Entfremdung. Wenn beide Betroffenen versuchen, über »die Sache« zu reden, kommen sie leider nicht auf einen gemeinsamen Nenner, da beide »die Sache« ganz anders erlebt, wahrgenommen und verstanden haben.

Bleiben wir bei diesem allgemeinen Beispiel. Eine Konfliktbearbeitung setzt eine Art Zusammenarbeit voraus: Beide müssen einverstanden sein, dass ein Mediator hinzukommt, um diesen Konflikt zu vermitteln. Das heißt, gleich von Beginn eines Mediationsprozesses an bauen wir als Mediatoren eine Basis zur Kooperation zwischen den Kontrahenten auf, um sowohl konstruktive Kommunikation in Gang zu bringen als auch letztendlich eine Vereinbarung zwischen beiden zu ermöglichen. Wie schon im vorangehenden Kapitel beschrieben worden ist, dienen die »vier A's« als Richtlinien für einen gelungenen Einstieg und eine Anleitung in eine konstruktive Kommunikation. In der Tat bedeutet es häufig viel Arbeit, da die Streitenden in erster Linie auf ihrem Recht beharren wollen und überhaupt nicht im Sinn haben, sich anzustrengen, um einander zuzuhören, gemeinsam eine Aufgabe zu bewältigen und ein Ziel anzustreben.

Schon vor über 20 Jahren haben die Kommunikationsexperten Watzlawick, Beavin und Jackson von den zwei Ebenen der Kommunikation geschrieben. Bei der Vermittlung in Konflikten sind diese zwei Ebenen von großer Bedeutung:

1. Die »Sach-« oder »inhaltliche Ebene« und
2. die »Beziehungsebene«.

Beide Ebenen sind wichtig, um zwischenmenschliche Beziehungen zu bewahren und zu fördern. Sie wirken wechselseitig aufeinander. Ein Beispiel zur Verdeutlichung:

> Wenn ein Kollegenkreis gespalten ist und einige Mitarbeiter Standpunkt »X« vertreten im Gegensatz zu dem Rest, der »Y« inhaltlich befürwortet, wird gegenseitig oft polarisiert und sanktioniert. Wer nicht die gleiche Meinung teilt, wird automatisch auf der Beziehungsebene missachtet.

Umgekehrt wird die Kommunikation, wenn reale Verletzungen oder auch Vermutungen und Unterstellungen vorhanden sind, einschließlich aller Sachverhalte von diesen »Vorinformationen« beziehungsweise »Vorerlebnissen« beeinflusst. Einfacher gesagt: Eine schöne Erfahrung sowie emotionaler Schmerz haben eine starke Wirkung auf unsere Kommunikation mit anderen.

Denken Sie beispielsweise an einen Ihrer besten Freunde: Wenn Sie sich verabreden, erwarten Sie Spaß oder Enttäuschung? Jetzt denken Sie bitte an eine Situation, in der Sie persönlich sehr verletzt wurden. Können Sie sich vorstellen, dass dieses Erlebnis Ihre Wahrnehmung danach geprägt hat?

Die Wahrnehmung einer verletzten Person kann so sehr »gefärbt« sein, dass sie nicht mehr in der Lage ist, unbefangen auf einer inhaltlichen Ebene zu diskutieren oder »sachlich« zu agieren.

Watzlawicks Geschichte über den Mann mit dem Hammer bringt dies auf einen Punkt:

> *»Ein Mann will ein Bild aufhängen. Den Nagel hat er, nicht aber den Hammer. Der Nachbar hat einen. Also beschließt unser Mann, hinüberzugehen und ihn* (den Hammer; Anmerkung der Autorin) *auszuborgen. Doch da kommt ihm ein Zweifel: Was, wenn der Nachbar mir den Hammer nicht leihen will? Gestern schon grüßte er mich nur so flüchtig. Vielleicht war er in Eile. Aber vielleicht war die Eile nur vorgeschützt, und er hat etwas gegen mich. Und was? Ich habe ihm nichts angetan; der bildet sich da etwas ein. Wenn jemand von mir ein Werkzeug borgen wollte, ich gäbe es ihm sofort. Und warum er nicht? Wie kann man einem Mitmenschen einen so einfachen Gefallen abschlagen? Leute wie dieser Kerl vergiften einem das Leben. Und dann bildet er sich noch ein, ich sei auf ihn angewiesen. Bloß weil er einen Hammer hat. Jetzt reicht's mir wirklich. – Und so stürmt er hinüber, läutet, der Nachbar öffnet, doch noch bevor er* (der Nachbar; Anmerkung der Autorin) *›Guten Tag‹ sagen kann, schreit ihn unser Mann an: ›Behalten Sie sich Ihren Hammer, Sie Rüpel!‹«* (Aus: Watzlawick 1983, Seite 35f.)

Der Mann hat sich die Realität so hingebogen, und ist so intensiv in seine negativen Spekulationen und Vermutungen eingestiegen, dass er »explodierte«, bevor sein Nachbar überhaupt ein einziges Wort sagen konnte. Seine Verzerrung der Realität fängt in der Beziehungsebene an und weitet sich in die Sachebene aus. Wenn wir ganz ehrlich sind: Wie oft lassen wir unser eigenes Verhalten von solchen zusammengesponnenen destruktiven Andeutungen oder Verdächtigungen diktieren? Und wie oft steigern wir uns in solche negativen Gedankenspiralen hinein?

Friedemann Schulz von Thun (1981) hat die Sendung von Botschaften weiter aufgeteilt und in vier »Frequenzen« erfasst.

Die zwei oder vier Ebenen der Kommunikation zu betrachten ist aber nicht das entscheidende in der Mediation. Wesentlich ist das Bewusstsein dafür zu schärfen, welch verschiedenartige Botschaften eine Kommunikation beinhalten kann, gekoppelt mit den vielzähligen Wahrnehmungs- und Interpretationsmöglichkeiten des Empfängers.

Wie schon im vorangehenden Kapitel vorgestellt, übertragen die »vier A's« auf der Beziehungsebene folgende Botschaften:

Inhalts- oder Sachebene	**Beziehungsebene (Beispiele)**
Allparteilichkeit 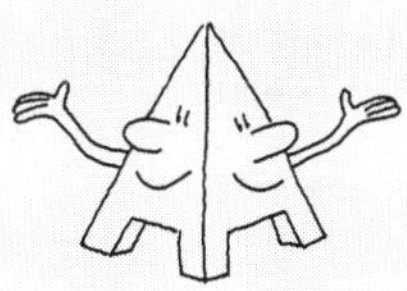	Sie sind o.k.! Ich unterstütze Sie und werde Sie bestärken. Ich höre Ihrer Seite genau zu.
Akzeptanz 	Ich akzeptiere Sie und bin nicht gegen Sie. Egal, was Ihr Gegenüber sagt, respektiere ich Sie und zeige Ihnen Verständnis.
Anerkennung 	Was Sie zu sagen haben, interessiert mich und ist sehr wichtig. Sie haben das Recht, Ihre Meinung zu äußern und auch zu verteidigen. Sie sind vertrauenswürdig.
Affirmation 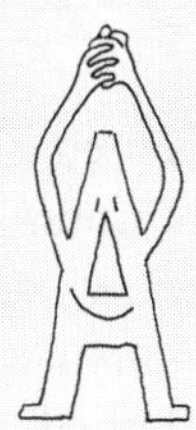	Ich schenke Ihnen immer wieder Aufmerksamkeit und bin nach wie vor an Ihrer Sache interessiert. Ihre Gefühle sind in Ordnung und nicht »verboten«. – Es geht jetzt darum, wie Sie mit ihnen umgehen und wie Sie sich verhalten. Sie haben eine Wahl und ich traue Ihnen eine gute Entscheidung zu! Wenn Sie meinen, dass Sie einen Fehler gemacht haben, lernen Sie etwas daraus! Alle Menschen machen Fehler!

Im Gegensatz dazu gibt es die sogenannte »Sprache der Nichtannahme«. Kommunikationssperren oder Abblocker auf beiden Ebenen der Kommunikation habe ich in der folgenden Übersicht zusammengestellt.

Inhalts- oder Sachebene	Beziehungsebene (Beispiele)
Befehle und Anweisungen	Sie sind gering (ich nicht). Ich respektiere Ihre Sichtweise nicht und will meine Zeit nicht vergeuden. Ich bin viel fähiger als Sie.
Drohung	Ihre Gefühl nehme ich nicht wahr. Sie sollten mir gehorchen. Ich bin Ihnen nicht wohlgesonnen. Es ist mir egal, ob ich Sie verletze.
Predigen, Moralisieren	Sie sind unfähig … Ich muss Ihnen das »Richtige« beibringen. Offensichtlich brauchen Sie Hilfe.
Beurteilen und Beschuldigen	Sie sind schlecht; ich akzeptiere Sie nicht. Sie sind alleine Schuld … Ich erlebe nur Ihre Inkompetenzen.
Unterbrechen	Was ich zu sagen habe, ist viel wichtiger. Ich habe keine Zeit für geringfügiges unnötiges Gelaber.
Beschimpfen, lächerlich machen	Sie sind das Problem und Sie sind dumm. Schämen Sie sich!
Interpretieren, Analysieren	Sie sind einfältig und hilflos. Ich traue Ihnen keine Selbsterkenntnis zu.
Infrage stellen, Verhören	Sie sind sehr fehlerhaft. Sie können überhaupt nicht selbstständig denken. Nur eine Einschüchterung kann jemandem wie Ihnen helfen!
Rückzug, Ablenken, Themawechsel	Ihr Problem ist nicht bedeutend oder es kümmert mich nicht … Es gibt viel wichtigere Sachen als Sie.

Auf einer abgehobenen theoretisch philosophischen Ebene gibt es eine Dauerkontroverse über die Frage der sogenannten Objektivität in Kommunikationsprozessen. Manche Experten behaupten, dass es möglich ist, sich »objektiv« zu verhalten und zu sein. Das heißt, dass wir alle die »reine Wahrheit« sehen können, wenn wir sachlich bleiben. Diese Vertreter befinden sich langsam in einer Minderheit, da mittlerweile erkannt wird, dass der Mensch als lebendiges Wesen immer mit Leib und Seele agiert – mit Gefühlen und Gedanken.

Unser »Personal Prozessor«

Etwas passiert:	*Ereignis*	→	Ein Konflikt entsteht: Es gibt einen Streit auf der Arbeit.
		→	Wir nehmen das Ereignis wahr und deuten es dementsprechend.

Bei jeder betroffenen Person gibt es eine Kette von internen Reaktionen:

Rationale, kognitive Reaktionen:	Zum Beispiel »Ich verstehe dies nicht.« »Warum sagte er das?« »Das ist kompletter Unsinn.« »Sie hat leider keine Ahnung.« »Das ist sachlich nicht richtig!«
Physiologische Reaktionen:	Beispielsweise Blutdrucksteigerung, Herzrasen, Schwindel, Übelkeit
Emotionale Reaktionen:	Unbehagen, Unsicherheit, Enttäuschung, Frust
Resultat:	Handlung (verbal/nonverbal), zum Beispiel Konfrontation oder Flucht

Anhand des Schemas, das einen internen Verarbeitungsprozess aufzeigt, wird deutlich, dass alle Menschen ähnliche Stadien durchlaufen nachdem sie ein Ereignis wahrnehmen – ein Problem oder einen Konflikt deuten, interpretieren und dann darauf reagieren. In diesem Sinne gibt es keine »schlechten« oder »guten« Gefühle – sie sind ein Ausdruck dafur, wie Menschen erleben und deuten. Was wir im Namen der Gefühle machen – das ist entscheidend. Da Menschen allerdings unterschiedlich sind, kommen wir zu unterschiedlichen Handlungen und Ergebnissen. So sind Konflikte vorprogrammiert und normal.

Es ist ungeheuer wichtig, diese inneren »Empfangsvorgänge« auseinanderzuhalten, damit uns klar ist, worauf unsere Reaktionen auf unsere Wahrnehmungen und Deutungen basieren. Das heißt, es ist wichtig, sich dieser Kette von unseren eigenen »Personal Prozessor« bewusst zu werden: Wie wir etwas aufnehmen und deuten, und wie wir unsere rationalen, physiologischen und emotionalen Reaktionen beisteuern.

Diese vernetzten Reaktionen, die dann in einer Art Handlung münden, erleben wir normalerweise blitzschnell. Deshalb begreifen viele von uns nicht, dass wir selbst dabei aktiv sind und einen starken Anteil an diesem Prozess haben: Wer entscheidet, ob unsere Wahrnehmung korrekt ist? Wer entscheidet, ob unser Denken beziehungsweise unsere Handlung wirklich angemessen ist? »Jeder von uns lebt im Gefängnis seines eigenen Gehirns« behauptete der US-amerikanische Neurophysiologe Vernon B. Mountcastle 1975 in einem berühmten Vortrag.

Davon abgesehen, wie unsere »individuelle Vernetzung« im Gehirn funktioniert: In Streit- und Konfliktfällen gibt es häufig eine Polarisierung zwischen den Konflikt-

Kleiner Exkurs in die Gehirnforschung

Was das Individuum ausmacht, ist die Einmaligkeit der bestimmten anatomischen Gehirnkonstruktion mit dem individuellen Register von gesammelten Erfahrungen und angeeignetem Wissen. Diese einmalige neurologische Zusammensetzung jedes Individuums beeinflusst jedoch die Art der rationalen Reaktion und die Heftigkeit der physiologischen und emotionalen Reaktionen. Wie wir gelernt haben, Dinge wahrzunehmen und zu deuten, beeinflusst unsere physiologischen und emotionalen Reaktionen, die wiederum mit unseren rationalen Reaktionen rückgekoppelt sind. Diese Wechselwirkung zwischen unserer Erziehung und Vererbung – »Nurture and Nature« – ist beständig. Was angeboren und was angelernt wird, wird fortlaufend erforscht und debattiert.

Kurz: Unsere gesamte Kommunikation wird von einem individuellen internen Wahrnehmungs- und Deutungsschema geprägt, welches zum Teil auf die einzigartigen physiologischen Vernetzungen innerhalb der individuellen Gehirnstruktur zurückzuführen ist. Die neue Gehirnforschung hat bewiesen, dass sich je nach Reizen und Umwelteinflüssen innerhalb der ersten drei Jahre nach der Geburt bestimmte Vernetzungen im Gehirn jedes Babys entwickeln, die die späteren Wahrnehmungen und das Ausdrücken von Gefühlen und Kognitionen – unsere »Gedanken« – zugrundelegen. Die ersten vier Jahre der Kindheit sind unser »Fenster der Gelegenheit«, in dem rund zwei Drittel des endgültigen Volumens unseres Gehirns wachsen und dabei die anatomischen Grundbausteine für den Erwerb unserer emotionalen Grundkenntnisse gelegt werden. Es kommt auf die komplexe wechselseitige Beeinflussung zwischen unserer Abstammung (Erbanlagen) wie auch unserer Umwelt (Erziehung, Prägung, Bildung) an: Beispielsweise gibt es verschiedene Möglichkeiten, wenn ein Kind schüchtern veranlagt auf die Welt kommt, wie es sich weiter entwickeln kann – je nachdem, was das Kind erlebt und vorgelebt bekommt. Ob es die Schüchternheit überwindet oder eher ängstlicher wird, hängt sehr stark davon ab, wie und was es lernt. Ähnlich ist es, wie Leute mit einer emotionalen Entgleisung umgehen: ob sie lernen, starke Emotionen wie Zorn zu zügeln und zu handhaben oder sich ihnen völlig hingeben.

parteien. In ihrer »Ganzheit« denken, erleben und fühlen alle »die Wahrheit« – natürlich ihre Wahrheit. Kurz: wenn zwei sich streiten, meinen beide, dass sie richtig »liegen«. Deshalb fördern wir gleich von Anfang an die zwischenmenschlichen Beziehungen, und räumen Platz sowohl für die »Ratio« als auch für »Gefühle« ein. Wie schon beschrieben wurde, haben Mediatoren die Aufgabe, beide Parteien dabei zu unterstützen, sich auszudrücken und den Konflikt- oder Streitgegenstand zu identifizieren, mitzuteilen und zu bearbeiten. Die Emotionen und die Vernunft müssen immer wieder ins Gleichgewicht gebracht werden.

Wie die beiden Parteien unterstützt werden sollten, ist auch unter Mediatoren umstritten: Manche »Schule der Mediation« versteht diesen Prozess hauptsächlich als eine »Problemlösung«. Sie argumentieren, dass die Parteien keine Beziehung zueinander haben müssen. Dies wird erwidert mit der Grundhaltung von anderen »Philosophien« der Mediation, dass Menschen in die Lage versetzt werden müssen, gegebenenfalls mit einem »Feind« oder »Fremden« zusammenzuarbeiten. Dies setzt wiederum voraus, dass die Betroffenen dafür Unterstützung, Ermutigung und Richtlinien bekommen. Zwangsläufig entsteht dadurch eine Beziehung, wenn auch nur flüchtig.

Nach meiner Erfahrung geht es nicht um »Händchen halten und Gefühlsduselei«, »reine Beziehungspflege« oder »Friede, Freude, Eierkuchen«, sondern um die ernsthafte Angelegenheit, Menschen in einer Art und Weise zusammenzubringen, dass ihnen zugehört wird, und sie einander zuhören werden. Sicherlich ist es unser Endziel, ein Problem zu lösen, aber dabei setzen wir uns in vielen Fällen nicht nur mit einem »Problem« auseinander, sondern auch mit menschlichen Befindlichkeiten, aufgewühlten Emotionen, unterschiedlichen Wahrnehmungsmustern und Werte-Systemen. Niemand außer Spock im »Raumschiff Enterprise« reagiert immer logisch.

Ich selbst vertrete die Schule der »Konflikttransformation«, in der der Mediationsprozess nicht nur ausschließlich als Problem- und Konfliktlösungsmethode bestimmt wird, sondern – in die Zukunft gerichtet – auch als Weg zur Klärung, Versöhnung beziehungsweise Wiedergutmachung und als Chance für zukünftige Kooperation begriffen wird.

Um Ihnen dies anschaulich zu machen, werden in diesem Kapitel drei Hauptstrategien zur Bewahrung zwischenmenschlicher Beziehungen und drei damit zusammenhängende Dreiecksmodelle vorgestellt:

- Die Bewahrung der Gesichter.
- Die Bewahrung der Interessen und zwischenmenschlichen Bedürfnisse anstelle von Positionen.
- Die Bewahrung der Konfliktbearbeitung.

Diese drei Dreiecke bieten praktische Leitlinien, wie Beziehungen bewahrt werden können, um mit den »vier A's« erfolgreich eine Mediation anzugehen.

1. Die Bewahrung der Gesichter

In Streit- oder Konfliktsituationen ist normalerweise jede Partei bemüht, der anderen nachzuweisen, dass sie selbst im Recht ist oder Recht hat. A streitet sich mit B: A und B teilen ein gemeinsames Ziel – beide wollen ihr Recht beweisen! A will endlich mal hören, dass B sagt: »O.k., Sie haben Recht« und umgekehrt. In manchen Situationen mag es wirklich etwas »Richtiges« und etwas »Falsches« geben – eventuell hat A wirklich Recht in diesem Fall. Wenn aber A darauf beharrt, dass B dies zugibt, wird B sich verdrängt fühlen und sich wahrscheinlich verweigern, freiwillig zu erklären, dass A Recht hat.

In den meisten Fällen ist jedoch »das Richtige« nicht so deutlich und es gibt viele verschiedene Grautöne. Um einen Konflikt zu bearbeiten und zu vermitteln ist es in beiden Fällen wichtig, dass wir versuchen, die Kontrahenten von ihrer Recht-haben-wollen-Haltung abzubringen. Durch die »vier A's« und die Bewahrung der Gesichter können Mediatoren vorerst beide konstruktiv in den Prozess einbinden. Die Bewahrung der Gesichter hat drei Hauptprinzipien:

- **Gegenseitiger Respekt und Toleranz**
  Von Anfang an bringt der Mediator als Vorbild allen Parteien Respekt und Toleranz entgegen. Und er verlangt es später ebenso von diesen. Außerdem werden »Menschen« und ihre »Probleme« getrennt voneinander behandelt. Menschen haben Konflikte und Probleme. Dies ist ganz natürlich. – Aber Menschen sind nicht mit ihren Problemen oder Konflikten gleichzusetzen.
- **Gemeinsames »Mitteilungsrecht«**
  Vorab werden die Rechte aller Parteien betont, sich in der Mediation auszusprechen und ihre Gefühle, Befindlichkeiten, Wahrnehmungen und Gedanken in einer konstruktiven Art und Weise mitzuteilen. Mediation fordert die Menschenrechte – für alle!
- **»Satyagraha«**
  Gandhis Ansatz – bekannt durch das Wort »Satyagraha« – bedeutet in etwa »die Kraft der Wahrheiten zu erfassen, zu begreifen«. Im Sinne Gandhis heißt das die Suche nach den Wahrheiten aller Streitenden. Mit anderen Worten: In der Mediation ist vorab zu betonen, dass es nicht um das »Richtige« oder »Falsche« geht, sondern darum, von allen Seiten (meist unterschiedliche) »Wahrheiten« und Sichtweisen transparent zu machen. Und so eine Annäherung der erweiterten und eventuell tieferliegenden »Wahrheit« für die Streitenden zu ermöglichen. Unter Streitenden kann die Angst vor der »anderen« Wahrheit überwältigend sein: Jeder befürchtet, dass ihm Schaden zugefügt wird. Es geht um eine Wahrheitsfindung mit der Annahme, dass »Wahrheit« nur relativ sein kann, je nachdem, aus welcher Perspektive ein Mensch etwas sieht und erlebt. Dadurch kann man in vielen Konfliktfällen und Situationen eine gemeinsame Ebene erarbeiten: Alle relativen Wahrheiten werden festgehalten, die Gemeinsamkeiten und Unterschiede untersucht. Wesentlich ist in diesem Sinne eine positive und konstruktive Haltung des Mediators.

Für diejenigen, die bereits länger in diesem Bereich praktizieren, kann Mediation auch die Verbreitung von »positiven Unterstellungen« einschließen. Das bedeutet: als Mediator versuche ich davon auszugehen, dass beide Konfliktparteien konstruktiv mitwirken wollen, nachdem das Verfahren erklärt und die Grundregeln vereinbart wurden. Sogar wenn dieser Weg steinig ist und ich in Schwierigkeiten gerate, bleibe ich bei dieser Überzeugung, bis ich einen Grund habe, dies in Frage zu stellen. Diese Einstellung der positiven Unterstellung kann von hoher Bedeutung in der »Konflikttransformation« sein.*

---

* Wer den Film »Der kleine Lord« gesehen hat, kann sich sicher an den kleinen – manchmal anscheinend naiven – Jungen erinnern. Mit seinem Optimismus und seiner konstruktiven Ausstrahlung hat er seinen angeblich herzlosen Onkel protegiert, und ihm geholfen, seine eigene Einfühlsamkeit und Lebensfreude zu entdecken und zu offenbaren.

Zusammenfassung

Als Mediatoren wollen wir den Streitenden Vertrauen schenken und beide schützen, sodass sie sich nicht blamieren, blamiert fühlen oder blamiert werden. Ich stelle weder die Geschichte von Partei A noch die der Partei B in Frage. Als Mediator nehme ich beide Parteien ernst und bleibe allparteilich. Ich akzeptiere, erkenne an und affirmiere beide Personen soweit dies möglich ist. Ich bemühe mich, keine verdächtigen Botschaften zu senden: Zum Beispiel vermeide ich, mich so zu verhalten, als ob mir etwas komisch, aberwitzig, unglaubwürdig oder unangemessen vorkommt. Wenn sich jemand auffällig verhält, ist es meine Aufgabe als Mediator, dies in einer offenen Frage zu artikulieren: »Ich habe den Eindruck, dass es Ihnen im Moment nicht gut geht. Können Sie mir beschreiben, wie es Ihnen gerade geht?«

Dieses Dreieck hilft uns, die drei Prinzipien in Erinnerung zu behalten:

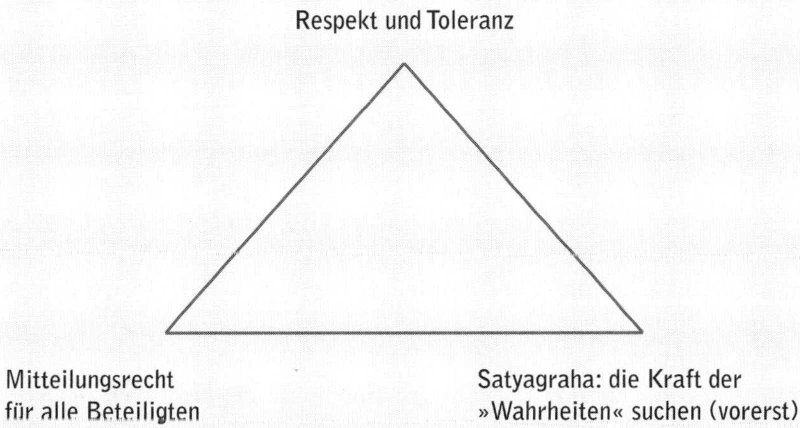

Nehmen wir das Beispiel eines Ehestreites:

Zwei Partner vertreten unterschiedliche Standpunkte. Beide verteidigen ihre Haltung, und dieser ursprüngliche Streit ufert in eine grundsätzliche »In-Frage-Stellung« ihrer Beziehung aus. Beide fühlen sich hilflos und wissen nicht genau, was sie sagen sollen, da beide zugleich verletzt und noch wütend sind.
Sie entscheiden sich, einen Mediator einzuschalten, um einer weiteren Eskalation vorzubeugen. Nach diesem Dreieck bemüht sich der Mediator, beiden Respekt und Toleranz entgegenzubringen. Die allparteiliche Haltung des Mediators wird durch die Betonung des Mitteilungsrechts für beide verstärkt und durch die neutrale Haltung, alle Wahrheiten zum Ausdruck zu bringen.

In der Arbeitswelt gelten der gleiche Ablauf und die gleichen »Grundgesetze« für eine Mediation.

2. Die Bewahrung der Interessen und zwischenmenschlichen Bedürfnisse anstelle von Positionen

In der Literatur zur Konfliktlösung wird sehr viel über den Unterschied zwischen »Positionen« und »Interessen« oder »Bedürfnissen« geschrieben. Das Schema »Gewinner-Gewinner« statt »Sieger-Verlierer« wird befürwortet.

Nicht:	1:0	☺	☺
Nicht:	0:1	☺	☺
Nicht:	0:0	☺	☺
Sondern:	1:1	☺	☺

Die Interessen der Konfliktparteien stehen im Mittelpunkt und nicht ihre Positionen. Vor allem wird immer wieder betont, dass effektive Konfliktbearbeitung beschleunigt wird, wenn wir Menschen auffordern und unterstützen, ihre eigenen Bedürfnisse zu erkennen und zu formulieren, um sich auf ihre Interessen besinnen und konzentrieren zu können. Die Orientierung findet statt an den Grundbedürfnissen der Menschen: Existenzbasis, Sicherheit, wirtschaftliches Auskommen, Zugehörigkeitsgefühl, Anerkennung, Selbstbestimmung. Dies ist viel hilfreicher als der Gegensatz, wenn die Streitparteien ihren Konflikt über Positionen austragen würden, nach dem Motto: »Ich bin am mächtigsten und habe gesagt, dass du dies so machen solltest – jetzt mach es sofort oder geh!«

Bei meiner Arbeit komme ich oft in Situationen, aus der heraus ich anderen Menschen meine »Position« aufsetzen könnte. Ich könnte sie zwingen oder ihnen befehlen – was sie tun »sollen« oder »müssen«. Allerdings erreiche ich hierdurch langfristig, dass die Menschen sich selbst nicht zutrauen, ihre Meinungen zu äußern, geschweige denn ihre Konflikte zu bearbeiten. Oder sie hören auf, ehrlich mit mir zu reden. Ich werde niemals eine Übereinkunft hinsichtlich ihrer Interessen und Bedürfnisse erzielen, wenn ich ihnen als der »Oberboss« alles diktiere. Das heißt, sie sagen dann nie im Klartext, was sie meinen, brauchen, wollen beziehungsweise suchen. Deshalb bin ich als Mediatorin überzeugt, dass es wichtig ist, gemeinsame Interessen zu erkunden, und anderen Menschen zu helfen, herauszufinden, was sie brauchen, wollen und können.

Weiter in Anlehnung an Gandhis »Satyagraha«: Es ist wichtig, sich auf die »individuellen Prinzipien« oder tieferliegenden Interessen und Bedürfnisse statt auf die Positionen der Kontrahenten zu konzentrieren. Es geht dann nicht nur darum, beide Parteien sprechen zu lassen, sondern besonders auf verschiedene Inhalte zu achten. Gandhi behauptete, dass jeder Auseinandersetzung oder jedem Konflikt eine andere tieferliegende Ebene zu Grunde liegt. Dabei prallen zwar mindestens zwei Sichtweisen aufeinander, aber beide entsprechen einem Teil der allgemeinen und größeren Wahrheit. Deswegen ist es sehr wichtig, die Sichtweise von allen Konfliktparteien zu respektieren und ihre »Wahrheit« auf der »Prinzipien-Ebene« aufzudecken und transparent zu machen, um dann später auf einer gemeinsamen Ebene eine Lösung zu suchen.

Das zweite Dreieck ist dreidimensional: ein vereinfachtes Modell zur Ursachenanalyse eines Konflikts. Es hilft uns beim Sortieren und dabei, »das Wesentliche« innerhalb einer Mediation zu identifizieren. Wenn zum Beispiel einiges angesprochen wird, aber das Gespräch nicht vorankommt, dann wissen wir, dass wir noch nicht alles »auf dem Tisch« haben.

Es gibt »zwei Etagen« bei diesem Dreieck:

- Die oberirdische Etage – die Oberfläche, wo etwas sichtbar und erlebbar wird. Hier gibt es aktuelle Probleme und offenkundige Einwände, die zugänglich sind.
- Die unterirdische Etage – die eher versteckte Umgebung, wo sich die tieferliegenden, unsichtbaren Faktoren, Hintergrundprobleme, verborgene Ursachen beziehungsweise Emotionen befinden.

In der Mediation fangen wir an der Oberfläche an und wissen, dass es eventuell notwendig wird, einiges aus der tieferliegenden Ebene ans Licht zu holen. Eine übliche Metapher für Konflikte ist ein »Eisberg«, bei dem nur ein Bruchteil an der Wasseroberfläche sichtbar ist. Im Gegensatz zu vielen Therapieformen setzen Mediatoren den Schwerpunkt auf das »Hier und Jetzt«. Wir haben nicht die Aufgabe, schwere Lasten der Vergangenheit aufzuarbeiten, sondern das, was jetzt aktuell wichtig ist, heranzuholen.

Es gibt drei Hauptursachen von Konflikten (s. auch die Abbildung auf S. 128):

- Konkrete, rein materielle Interessen beziehungsweise begrenzte Ressourcen wie Geld oder Zeit.
- Unterschiedliche Glaubens- oder Lebenseinstellungen, Wertesysteme oder grundsätzliche Weltanschauungen.
- Persönliche Interessen oder unerfüllte Grundbedürfnisse, beispielsweise Sicherheit, Zugehörigkeitsgefühl und Akzeptanz, Macht und Anerkennung.

Dieses Dreieck umfasst die drei Kategorien von Konfliktursachen und dient als Leitlinie, wenn wir uns mittendrin in einer Konfliktvermittlung fragen: »Moment mal – worum geht es eigentlich?!«

In Konflikten, bei denen es um begrenzte Ressourcen und konkrete Dinge geht, ist es wichtig, die Parteien zu unterstützen, sich über eine Kontrolle und Verteilung von Ressourcen auszutauschen, die beiden Parteien entgegenkommen und konstruktives sowie faires Verhalten zu fördern. Ein Ausgleich der Macht und Einflussnahme muss hergestellt werden. Wenn wir Konflikte vermitteln, die auf unterschiedlichen Wertesystemen beruhen, müssen wir dafür sorgen, dass die Beteiligten sich nicht angegriffen, sondern aufgehoben fühlen. Sie müssen möglichst gemeinsame beziehungsweise

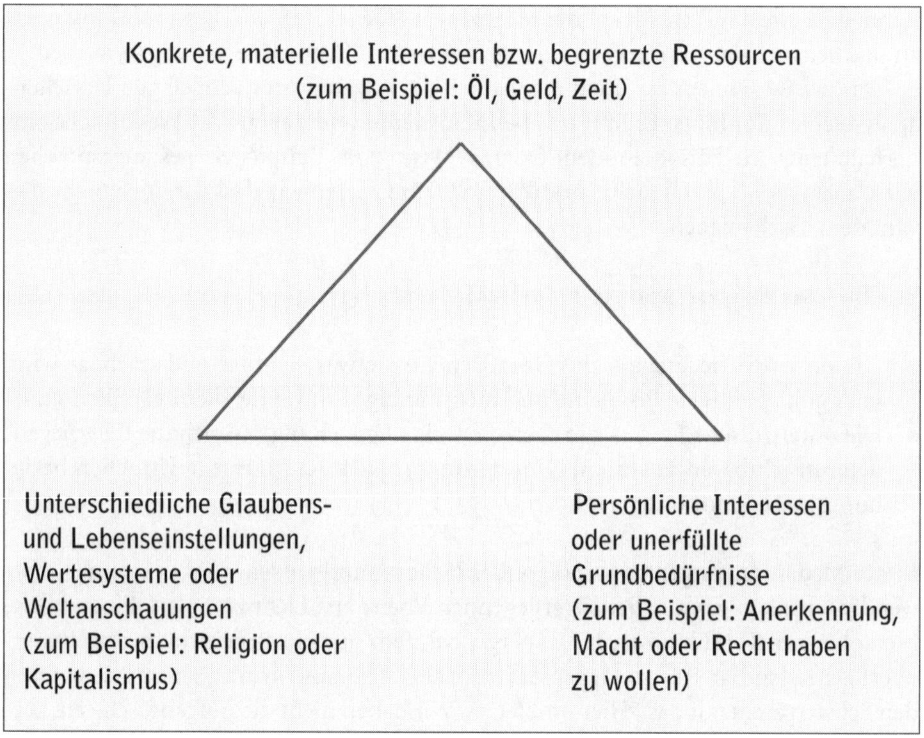

übergeordnete Ziele entdecken können. In einem Konfliktfall, in dem persönliche Interessen im Vordergrund stehen, ist es empfehlenswert, sich auf die Bedürfnisse zu konzentrieren, statt auf die Positionen der Parteien. Weiterhin versuchen wir als Mediatoren, den Prozess zu steuern, um Gemeinsamkeiten zu erarbeiten, umfassendere Alternativen und Optionen zu entwickeln, die den Bedürfnissen beider Parteien deutlich entsprechen. Ansonsten können die Beteiligten eher mit ihrer jeweiligen Position spielen und versuchen, sich gegenseitig einzuschüchtern, je nachdem wie viel Macht sie zu haben meinen.

3. Die Bewahrung der Konfliktbearbeitung

Wie schon erwähnt befürworte ich eine Definition von Mediation, die dem Prozess der Konfliktbearbeitung Nachdruck verleiht und nicht bloß eine Technik für schnelle Lösungen ist. Als Mediator bringe ich einen Prozess der Konfliktbearbeitung zwischen Kontrahenten in Gang und begleite den Prozess. Ich will natürlich alles tun, dass dieser Prozess nicht überhastet beendet, künstlich bereinigt oder mittendrin zerstört wird.

Damit gelangen wir zu einem dritten Dreieck: Es gibt ein klassisches Beispiel in der Mediationsliteratur, das verdeutlicht den Unterschied zwischen einer konstruktiven Konfliktbearbeitung und einem bloßen Kompromiss.

Zwei Schwestern streiten sich über eine Orange, die sie beide haben wollen. Was nun?! – Schließlich kommen sie überein, die Frucht zu halbieren. Eine nimmt nun ihre Hälfte, isst das Fruchtfleisch und wirft die Schale weg. Die andere wirft stattdessen das Innere weg und benutzt die Schale, weil sie damit einen Kuchen backen will. Hätten sie sich eher darüber ausgetauscht, welche Ziele sie verfolgen und was sie eigentlich mit der Orange vorhaben, wäre es möglich gewesen, anders aufzuteilen: Eine wäre total zufrieden mit dem Fruchtfleisch und die andere hätte sich über die ganze Schale gefreut.

In diesem Sinne ist es wichtig, den Prozess der Konfliktbearbeitung zu bewahren, statt einen Konflikt zu vermeiden oder voreilig einen Kompromiss zu schließen. Nur bei Konflikten, die uns nicht von großer Bedeutung sind, können wir uns wirklich mit einem Kompromiss zufrieden geben.

Wichtig bei der Bewahrung des Prozesses der Konfliktbearbeitung ist, die persönlichen Empfindungen sowie die inhaltlichen oder eher »sachlichen« Zielsetzungen und die daraus resultierenden Anforderungen aufzuzeigen, um eine Lösung für jetzt und für die Zukunft vereinbaren zu können. Wenn die Schwestern anfangen, über ihre Kränkungen durch bestimmte Ereignisse aus der Vergangenheit zu erzählen, dann ist es unsere Aufgabe als Mediatoren, das Lebendige aus ihrer Vergangenheit in der Gegenwart zu formulieren. Wir helfen ihnen dabei, ihre damit zusammenhängenden Emotionen und Gedanken äußern zu können. Wir drängeln die Leute nicht, ihre Vergangenheit zu vergessen, sondern gewähren ihnen Beistand, wichtige Überbleibsel zu erkennen, aufzuarbeiten und weiter zu schauen.

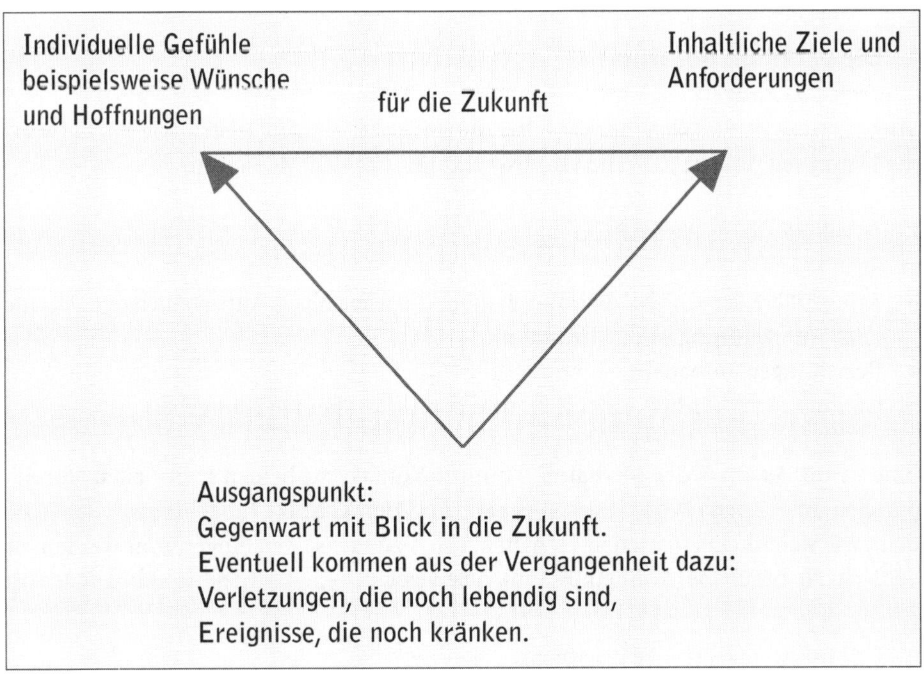

Dr. Duly's Sieben-Schritte-Modell: 1 – 2 – DD – Z – I – F – F

Diese sieben Zeichen symbolisieren die allerwichtigsten Schritte in der Mediation und sie sind leicht in der Praxis zu merken. Im Folgenden werden diese Schritte erklärt und am Ende des Kapitels auf zwei Seiten zusammengefasst. Auf Seite 147 finden Sie zudem ein Musterbeispiel für die Abfolge einer Mediationsgesprächsführung.

Dr. Duly's Sieben-Schritte-Modell

1	Die wichtige Vorarbeit
2	Herstellen einer konstruktiven Kommunikation im geschützten Rahmen
DD	Definieren und diskutieren – Die Phase des Mitteilens
Z	Zusammenfassen – Nachfragen und klären
I	Ideengewitter – Lösungen suchen und sammeln
F	Fertig? Einverstanden – Ausprobieren!
F	Fortsetzung oder Follow-up-Treffen vereinbaren

1 Die wichtige Vorarbeit

Vorbereitung ist die Nummer eins! Bei diesem ersten Schritt leisten wir die notwendige Vorarbeit und erfüllen die Voraussetzungen für eine Mediation.

Zum Anfang gibt es das »**ABC**«:

- **A**tmosphäre für eine Mediation schaffen: die »vier A's« – Allparteilichkeit, Akzeptanz, Anerkennung und Affirmation;
- **B**eziehungen aufbauen;
- **C**ourage zur Mitarbeit vermitteln und den Kontrahenten Mut geben.

Eine dritte Person – der Mediator – nimmt Kontakt zu beiden (oder allen) Streitparteien auf.* Zuerst wird Stress abgebaut und der Konflikt »abgebremst«. Je nachdem, wie sich die Zerstrittenen verhalten, muss zunächst Zeit eingeräumt werden, in der sich alle beruhigen können. Es gibt viele verschiedene Formen des Abbauens von

---

* Ein Mediator überprüft die Falleignung.

Stress: Spazieren gehen, Schreien, Singen, ruhig Sitzen, Malen, Sport treiben usw. Wenn der Adrenalinspiegel im Körper auf Hochtour ist, hat es wenig Sinn, einen Gesprächskreis mit Druck zu initiieren.

Jede Konfliktpartei wird gebeten, für sich zu überlegen: Was stört mich? Wie fühle ich mich? Warum ist »es« mir wichtig? Was wäre besser für mich? Was vermute ich? Was will ich jetzt?

Der Mediator schafft eine konstruktive Atmosphäre, erklärt das Mediationsverfahren, beschreibt die Grundregeln und fragt jede Person, ob sie bereit ist, an einer Mediation teilzunehmen.

2 Herstellen einer konstruktiven Kommunikation im geschützten Rahmen

- **Zum Einstieg des gemeinsamen Gesprächs wird das Mediationsverfahren kurz erklärt und skizziert.** Beispielsweise so:
  »Mediation ist eine Art der Konfliktvermittlung, bei der Menschen zusammengebracht werden, um ihre Sichtweisen und Empfindungen – Meinungen, Gefühle und Gedanken – mitzuteilen, auszutauschen und dadurch ihren Konflikt zu bearbeiten. Sie werden gleich beide die Möglichkeiten haben, den Vorfall oder das Problem aus Ihrer Sicht zu erzählen. Ich werde dann Ihre beiden Meinungen immer wieder kurz zusammenfassen, um Klarheit zu schaffen, worum es Ihrer Meinung nach geht. Ich werde mich bemühen, dass Sie genügend Zeit haben, sich gegenseitig mitzuteilen. Diese Art von Konfliktbearbeitung kann bedeuten, dass am Ende eine konkrete Lösung oder Teillösung von Ihnen eingebracht und vereinbart werden kann. Möglicherweise gibt es aber keine Lösung, sondern einen Verstandigungsprozess, entsprechend der Tatsache, dass sie jetzt hier am Tisch zusammensitzen.«
- **In der Einleitung wird auch die Rolle des Mediators erklärt.**
  Der Mediator handelt überparteilich und unterstützt beide Parteien: das heißt, ein Mediator entscheidet nicht, wer Recht oder Unrecht hat. Der Mediator verurteilt das vergangene Verhalten der Konfliktparteien nicht, sondern sucht gemeinsam mit ihnen nach konstruktiven Lösungen für die Zukunft.
  Der Mediator strukturiert das Gespräch. Beispielsweise sagt er: »Danke für Ihre Bereitschaft … Lassen Sie uns anfangen … Es ist sehr wichtig, dass Sie Zeit und Ruhe haben, um Ihre Sichtweisen zu schildern.« Und so weiter. – Der Mediator ist dafür zuständig, das Gespräch ausgewogen voranzutreiben.
  Nach der Vereinbarung der Grundregeln, zu Beginn der Mediation bittet der Mediator alle Konfliktparteien, nur ihn anzusprechen und vorerst nicht direkt miteinander zu reden. Erst später – nachdem alle den Konflikt definiert und geschildert haben, das Gesagte von dem Mediator zusammengefasst wurde – ist es im Laufe der weiteren Mediation auch möglich, dass sie direkt miteinander reden beziehungsweise »verhandeln«.

- **Die Mediationsregeln** – die grundlegende Voraussetzung für eine erfolgreiche Mediation – **werden vorgestellt und anschließend mit allen Streitparteien vereinbart.**
  Die Beteiligten werden gefragt, ob sie noch eine weitere Regel zur Vereinbarung für sinnvoll oder notwendig erachten. Sie werden auch gefragt, ob sie Nachfragen oder Erwartungen haben, die sie jetzt loswerden möchten.

Mediationsregeln	
Respekt und Toleranz	Die Konfliktparteien erklären sich bereit, einander Respekt und Toleranz entgegenzubringen. Das heißt, in erster Linie, dass sie sich ausreden lassen und die Würde der anderen Menschen achten.
Freiwilligkeit	Die Konfliktparteien erklären sich bereit, an der Mediation teilzunehmen und zusammenzuarbeiten.
Kooperationsbereitschaft und Eigenverantwortlichkeit	Alle verpflichten sich, aktiv mitzuwirken und sich an die Grundregeln zu halten!
Vertraulichkeit (Vertrauensschutz) und Verschwiegenheit	Das, was gesagt wird, bleibt unter uns und wird nicht weitererzählt. (Wenn nötig, darauf hinweisen, dass der Mediator kein Zeugnisverweigerungsrecht hat.)
Offenheit und Ehrlichkeit	Alle sind bereit, zu versuchen, ihre Gefühle und Meinungen offen und ehrlich auszudrücken.
Zuhören	Alle erklären sich bereit, sich gegenseitig zuzuhören. Das bedeutet: wenn eine Person »dran« ist, wird sie nicht durch eine andere Person unterbrochen.
Fairness, keine Beleidigungen oder Handgreiflichkeiten	Das Problem oder den Konflikt angreifen, nicht die Menschen. Beschimpfungen und andere Formen verbaler oder körperlicher Gewalt werden nicht toleriert.
Zeitmanagement	Alle sind bereit, eine gewisse Zeit für das erste und eventuell nachfolgende Gespräche einzuräumen. Alle wissen, wie viel Zeit zur Verfügung steht und eingeplant werden muss.

DD Definieren und diskutieren – Die Phase des Mitteilens

Der Konflikt oder das Problem wird nun definiert und diskutiert. *»DD – Definieren und diskutieren«* fängt mit dem »Sich-Mitteilen« an:

- **Der Mediator vermittelt, strukturiert und leitet das Gespräch.** Der bisherige Stand des Konflikts oder Problems wird geschildert.
- **Danach werden die Betroffenen gebeten, ihre Sichtweise darzulegen.** Die Konfliktparteien sprechen abwechselnd zu dem Mediator: Eine Person redet mit »Ich-

Botschaften«, alle anderen hören aufmerksam zu und der Mediator fasst das Gesagte kurz zusammen. Das heißt, jede Partei erklärt aus ihrer Sicht, was vorgefallen ist und welche Gefühle das bei ihr ausgelöst hat. Zum Beispiel: »Was ist passiert? Wie ging beziehungsweise geht es dir dabei?« An dieser Stelle sprechen die Konfliktparteien den Mediator an, um nicht gleich miteinander reden zu müssen. Die Parteien hören einander aufmerksam zu, ohne sich gegenseitig zu unterbrechen. Der Mediator unterstützt beide Parteien, Ich-Botschaften oder Ich-Aussagen zu formulieren und dabei, das Problem oder den Konflikt genauer zu definieren und zu erläutern.

Eine komplette Ich-Botschaft hat vier Teile:

1. Ich fühle mich ...
2. wenn er/sie/du/Sie/jemand/ ...
3. weil ...
4. und ich möchte, brauche oder will ....

- **Die Kunst des Fragenstellens.** Es gibt sehr viele Methoden und Strategien, um nachzufragen und Menschen zu helfen, ihre Hemmschwelle zu überwinden und zum Reden zu bewegen. Die Hauptsache ist, dass der Mediator »offene« Fragen anwendet: Fragen, die nicht mit »Ja« oder »Nein« beantwortet werden. Als Grundsatz gilt auch: Kurze »Wie«- statt »Warum«-Fragen stellen. Offene Fragen regen die Erzählenden an, ihre Sichtweisen darzustellen und treiben sie nicht in die Enge. Außerdem braucht jede Streitpartei die gleiche Zeit und die gleiche Chance, ihre Meinungen und Befindlichkeiten zu äußern. »Fairness« ist wichtig!
- **Die Zielsetzung dieser Konflikterhellung beinhaltet:**
  - Die Sichtweisen und Motive von jeder Person transparent zu machen und deren Anliegen konkreter zum Ausdruck zu bringen,
  - die Bedürfnisse und Interessen zu identifizieren und
  - wenn es nötig ist, eine Klärung von verborgenen Gefühlen, Hintergründen, Unterstellungen, Verdächtigungen, unterschiedlichen Wertesystemen und Auswirkungen des Verhaltens des Einzelnen auf alle.
  - Wenn es Bedarf gibt – eine zusätzliche Diskussion zur Wahrnehmung und Überprüfung der Beurteilung, da menschliches Verhalten vieldeutig ist.
  - Die Konfliktparteien werden gebeten, die andere Sichtweise mit ihren eigenen Worten zusammenzufassen.

Persönliche Selbstbekräftigung der Beteiligten und das Fördern des eigenverantwortlichen Agierens entpuppen sich immer wieder als die wesentlichen Elemente für eine konstruktive Konfliktbearbeitung.

Entscheidend zum Abschluss dieser Phase ist der Perspektivenwechsel: Ob sich die Betroffenen in die Lage des anderen hineinversetzen können. Die Konfliktparteien werden gebeten, die andere Sichtweise mit eigenen Worten zusammenzufassen.

Z Zusammenfassen – Nachfragen und klären

- **Der Mediator fasst alle Sichtweisen zusammen und versucht, eine für alle Parteien befriedigende Definition des Problems zu formulieren.** Er kann auch unter bestimmten Umständen die »Einigkeit in der Uneinigkeit« (vgl. Hagedorn 1994, Seite 32) – die gemeinsamen Interessen und Ziele »unter den Eisbergen« benennen.
  Dabei kann das weitere Verständnis füreinander angebahnt werden. Wenn die Streitenden nur das wahrnehmen, was sie trennt und kränkt, ist dies umso notwendiger. Eine Formulierung einer Synthese wäre: »Sie haben sich beide sehr aufgeregt und waren beide entsetzt darüber, was der andere gesagt/gemacht/getan hat.«
- **Der Mediationsprozess ist oft kreisförmig, nicht linear.** Das bedeutet: Wir können nicht wie mit einer »Checkliste« die wesentlichen Punkte schnell abhaken. Menschen begreifen, arbeiten und verarbeiten mit unterschiedlicher Geschwindigkeit. Daher wird es in der Praxis immer wieder passieren, dass kurz vor, während oder nach der Zusammenfassung weitere Probleme, Aspekte des Konflikts oder Befindlichkeiten auf den Tisch gebracht werden.
  Wenn zum Beispiel etwas sehr gravierend für einen Betroffenen ist, wiederholt er dies, bis klar ist, dass es angekommen ist. Der Mediator nimmt das neue Mitgeteilte beim Spiegeln auf und fasst alles zusammen. Dies ist normal und kann in vielen Fällen eintreten. Danach ist es üblich, bei allen Beteiligten nachzufragen, ob sie noch Ergänzungen haben oder ob noch etwas fehlt, um dann wieder an den vierten Schritt – Zusammenfassen – anzuknüpfen.
- **Die Aufgabe des Mediators ist, den Streitenden zu helfen, ihr Problem oder ihren Konflikt selbst zu bearbeiten – ohne deren Verantwortung dafür zu übernehmen!** Mediatoren haben die Herausforderung, sowohl Verantwortung abzugeben als auch Verantwortung anzunehmen. Sie gewährleisten einen fairen Austausch und unterstützen konstruktive Kommunikation und einen kooperativen Umgang. Das Gespräch wird von den Beteiligten inhaltlich gefüllt. Das heißt, Mediatoren halten viele Elemente in Gleichgewicht. Eine Metapher für diesen Balanceakt ist der Verkehrspolizist in der Mitte der Kreuzung, der als »Ampel« für verschiedene Richtungen und vier Straßenrichtungen funktionieren muss. Er dreht sich, und mit seinen Handzeichen dirigiert er, welche Autos Vorfahrt bekommen – gleichzeitig signalisiert er den anderen, dass sie bitteschön halten müssen. Durch fließende Zeichen, Körperdrehungen und Kontakt zu allen Seiten wird der Verkehr geregelt.
  Wie schon erwähnt, sind auch die bereits vorgestellten Dreiecke sehr nützlich als Anleitungen.
- **Als Mediatoren orientieren wir uns am Prozess – nicht am Ergebnis.** Kurz: es ist uns wichtig, dass die Autos und Fahrräder abwechselnd in jede Richtung weiterfahren können und es nicht zu einem Stillstand kommt. Wohin sie alle fahren, wissen wir jedoch nicht.

I Ideengewitter – Lösungen suchen und sammeln

- **In diesem Schritt werden alternative Lösungen gesucht und Ideen gesammelt.** Das bedeutet, wir stellen die Fragen: Was können wir tun? Was halten wir für eine mögliche Lösung beziehungsweise Teillösung?
- **Dies ist die Sammelphase konstruktiver Alternativen.** Die Konfliktparteien überlegen sich mögliche Lösungen für ihren Streit. Ihre Vorschläge werden vom Mediator unzensiert – ohne Kommentar, Sanktion und ohne Wertung – gesammelt und zusammengefasst. Dadurch setzt »Brainstorming« neue Kräfte und Ideen frei.
- **Kritik findet jetzt nicht statt.** Sogenannte Killerphrasen wie »das geht nicht«, »Quatsch«, »Das hat noch nie funktioniert!« sind verboten. Mit der Unterstützung des Mediators werden ganz zum Schluss die Vor- und Nachteile der einzelnen verschiedenen Lösungsvorschläge erwogen. Wenn niemand anfangen will beziehungsweise niemand eine Idee hat, ist es hilfreich, zunächst die Grundregeln ins Gedächtnis zu holen: Kooperation und Mitwirken wurden verabredet! Hilfsmittel können die Streitparteien auch dabei unterstützen, ihre Ideen zu konkretisieren.

Unerfahrene Mediatoren haben die Neigung, besonders in dieser Phase Ideen gleich selbst vorzuschlagen, um das Gespräch voranzutreiben. Es kommt einem so vor, als ob die Streitparteien Hilfe gebrauchen könnten, oder wegen des knappen Zeitraums wird ein ungeheurer Leistungsdruck erzeugt, und man will den Abschluss des Gesprächs beschleunigen. Dabei übernimmt der Mediator die Hauptverantwortung selbst und entlastet die Beteiligten. Dies ist allerdings nicht der Sinn der Sache und kann dazu führen, dass die Betroffenen sich nicht mit der Lösung identifizieren können!

Kurz: Es ist an dieser Stelle wichtig, dass die Beteiligten selbst Lösungsansätze vorschlagen – nicht der Mediator. Er ist dafür zuständig, ein freies Gedankenspiel zu fördern beziehungsweise einen Gedankenfluss anzuregen und darauf zu achten, dass alle Betroffenen frei »weiterspinnen« können und sich nicht gegenseitig mundtot machen oder die Ideen gleich entwerten oder verwerfen. Es kommt auf die Teamarbeit an!

Demzufolge muss genügend Zeit vorhanden sein oder gefunden werden, um die Streitenden zu unterstützen, selber Lösungsvorschläge zu benennen und sie dann später kritisch zu überprüfen und – in der nächsten Phase – zu vereinbaren. Diese Art der Konfliktbearbeitung und Konsensfindung wird umso wichtiger und haltbarer, weil sie von den Streitenden selbst kommt – es ist »ihre eigene Lösung« und stammt nicht von einem Außenseiter.

F Fertig? Einverstanden? – Ausprobieren!

- In diesem Stadium wird Übereinkunft und Einverständnis erreicht. – Es folgt also die Frage: **Was tun wir jetzt?!**
- **Die Verwirklichung verschiedener Vorschläge wird jetzt von den Konfliktparteien abgewogen.** Eine engere Auswahl der Lösungsansätze wird von den Beteiligten getroffen und überprüft. Zum Schluss einigen sich die Konfliktparteien auf eine konkrete Lösung, Teillösung beziehungsweise auf eine eher prozessorientierte Vereinbarung. Dies wird möglichst schriftlich zusammengefasst, zum Beispiel in Form eines Vertrags, den jeder unterzeichnet. Wenn es notwendig erscheint, kann auch ein Mediator den Kontrahenten helfen, ihre Lösung umzusetzen. Er fragt unter anderem: »Wer tut was, wie und bis wann und wo?« Am besten ist es, wenn klare Festlegungen getroffen werden, die von dem Mediator gespiegelt werden und auf jeden Fall eindeutig von allen verstanden und abgesegnet werden. Der Mediator bedankt sich für die konstruktive Zusammenarbeit und gratuliert zum Erfolg und Abschluss des ersten Gesprächs.
- **Am Ende einer Mediation gibt es unterschiedliche Traditionen und Formen,** die zum Teil auch Rituale einschließen: zum Beispiel verschiedene Versöhnungsgesten wie die Hand geben, sich umarmen, gemeinsam Essen gehen oder ein Abschlussfest zusammen feiern.

Wenn Konflikte bearbeitet werden, bekommen diejenigen, die sich angestrengt und selbst Vorschläge eingebracht haben, das Gefühl, ihr Leben im Griff zu haben. Da ein Mediator eine Bevormundung oder Bewertung ausschaltet, erleben sie, dass ihre Meinung zählt. Dies erweitert ihr Selbstbewusstsein und ihre Kompetenzen – auf einmal sind sie nicht mehr ohnmächtig oder Opfer des Geschehens, sondern aktive Gestalter ihres Lebens. Ein konstruktiver Kreislauf entsteht durch Selbstbestätigungen, Erfolgserlebnisse und die Erkenntnis, dass eine Person doch etwas bewirken kann. Nach dem Motto: »We can make a difference!«

F Fortsetzung oder Follow-up-Treffen vereinbaren

- In diesem siebten Schritt findet eine Überprüfung, gegebenenfalls Korrektur oder Ergänzung der getroffenen Entscheidung statt.
- Wichtig ist später – nach der ersten Umsetzungsphase – zu erfragen, ob die ursprüngliche Übereinkunft von beiden Konfliktparteien eingehalten wurde. Bei Nachfolgetreffen wird geklärt, ob die Lösung oder Vereinbarung das gewünschte Ergebnis für beide Konfliktparteien brachte. Kurz gesagt: Die Probezeit wird überprüft. Wenn die Antwort »Ja« lautet, ist Lob angesagt! Wenn »Nein« – wird der Prozess der Konfliktbearbeitung fortgesetzt und gegebenenfalls nochmals von vorne begonnen oder es wird beim dritten Schritt »Definieren und diskutieren« angesetzt.

Dr. Duly's Sieben-Schritte-Modell 1 – 2 – DD – Z – I – F – F

1 Die wichtige Vorarbeit

Das »**ABC**« – Atmosphäre, Beziehungen, Courage

- **A**tmosphäre für eine Mediation schaffen: die »vier A's« – Allparteilichkeit, Akzeptanz, Anerkennung und Affirmation;
- **B**eziehungen aufbauen;
- **C**ourage zur Mitarbeit vermitteln und die Kontrahenten ermutigen, vorerst Stress abzubauen und nachzudenken: »Was ist mir momentan wichtig?«.

2 Herstellen einer konstruktiven Kommunikation im geschützten Rahmen

Zunächst die Rolle des Mediators erklären:

- Der Mediator handelt allparteilich, hilft beiden Parteien. Das heißt: Er entscheidet nicht, wer Recht oder Unrecht hat.
- Der Mediator verurteilt nicht das vergangene Verhalten der Konfliktparteien, sondern sucht gemeinsam mit ihnen nach konstruktiven Lösungen für die Zukunft.
- Der Mediator strukturiert das Gespräch, ermutigt und gibt den Takt an.

Die Grundregeln vereinbaren:

Respekt und Toleranz
Die Konfliktparteien erklären sich bereit, Respekt und Toleranz entgegenzubringen.

Freiwilligkeit und Kooperationsbereitschaft
Die Konfliktparteien erklären sich bereit, an der Mediation teilzunehmen und zusammenzuarbeiten. Jeder verpflichtet sich, aktiv mitzuwirken.

Vertraulichkeit
Das, was gesagt wird, wird nicht weitererzählt.

Offenheit und Ehrlichkeit
Alle Beteiligten sind bereit, Gefühle und Meinungen offen und ehrlich auszudrücken.

Zuhören
Alle erklären sich bereit, sich gegenseitig zuzuhören. Keiner wird unterbrochen!

Fairness, keine Beleidigungen oder Handgreiflichkeiten
Es gilt: Das Problem oder den Konflikt angreifen, nicht die Menschen. Beschimpfungen und andere Formen der verbalen oder körperlichen Gewalt werden nicht toleriert.

Zeitmanagement
Alle sind bereit, für die Mediationssitzungen eine gewisse Zeit einzuräumen. Alle wissen, wie viel Zeit wir haben und einplanen sollen.

DD Definieren und diskutieren – Die Phase des Mitteilens
Jede Partei erklärt aus ihrer Sicht, was vorgefallen ist und welche Gefühle das bei ihr ausgelöst hat. (Was ist passiert? Wie ging beziehungsweise geht es dir dabei?) An dieser Stelle können die Konfliktparteien den Mediator ansprechen, um nicht gleich miteinander reden zu müssen. Die Parteien sprechen abwechselnd und hören einander aufmerksam zu. Der Mediator fasst das Gesagte jeweils kurz zusammen. Bei dem Perspektivenwechsel können später auch je nach Fall die Konfliktparteien gebeten werden, die Meinung ihres Gegenübers zusammenzufassen.

Z Zusammenfassen – Nachfragen und klären
Der Mediator fasst abschließend die Sichtweisen zusammen und versucht, eine für beide Parteien befriedigende Definition des Problems zu formulieren.

I Ideengewitter – Lösungen suchen und sammeln
Die Konfliktparteien überlegen sich mögliche Lösungen. Der Mediator strukturiert das Gespräch weiter und spiegelt alle Beteiligten. Ein Mediator mischt sich nicht ein und bietet selbst keine Lösungen an.

F Fertig? Einverstanden? – Ausprobieren!
Jetzt einigen sich die Konfliktparteien auf eine konkrete Lösung, Teillösung beziehungsweise auf eine eher prozessorientierte Vereinbarung. Dies wird möglichst schriftlich zusammengefasst (zum Beispiel als Vertrag). Der Mediator bedankt sich für die konstruktive Zusammenarbeit und gratuliert zur Lösung.

F Fortsetzung oder Follow-up-Treffen vereinbaren
Wichtig ist noch, später nachzufragen, ob die Lösung eingehalten wurde beziehungsweise ob sie das gewünschte Ergebnis für die Konfliktparteien brachte. Wenn die Antwort »Ja« lautet, ist Lob angesagt! Wenn »Nein« – wird der Konfliktlösungsprozess fortgesetzt und bei dem ersten oder dritten Schritt angesetzt.

Grundannahmen des Mediationsverfahrens, geduldige Grenzsetzung und Grenzen der Mediation

Grundannahmen des Mediationsverfahrens

Folgende Grundannahmen lassen sich festhalten:

- Die zentrale These in der Mediation lautet: Konfliktaustragung kann äußerst gesund sein und eine wertvolle Chance zur Klärung bieten. Ausschlaggebend ist, wie wir dies tun!
- In China gibt es zwei Symbole für den Begriff »Konflikt«: »eine mögliche positive Veränderung« und »eine mögliche Gefahr«. Fazit: Wir können entscheiden, ob wir die Chance und Gelegenheit zur Klärung nutzen oder ob wir uns der möglichen Gefahr aussetzen, in der nicht gebannte wilde Emotionen und Missverständnisse eine Mauer errichten.
- Konstruktive Konfliktbearbeitung ist ein Prozess, nicht ein Produkt.
- Die Einbeziehung einer dritten Partei kann die Konfliktaustragung positiv beeinflussen, da sie eine unabhängige, nicht-verstrickte, neutrale oder überparteiliche Sicht mitbringt und Ausschau nach kreativen Ideen und alternativen Wegen halten kann.
- Die Förderung von zahlreichen Fähigkeiten und Fertigkeiten der Beteiligten innerhalb eines Mediationsgesprächs ermächtigt Menschen, zukünftig Probleme und Konflikte erfolgreich zu konfrontieren und zu bearbeiten.

Das Mediationsverfahren ist auf den verschiedensten Anwendungsgebieten ein basisdemokratischer Vorgang, bei dem Gleichberechtigung, direkte Kooperation und Eigenverantwortung hervorgehoben werden.

Geduldige Grenzsetzung

»Die Fliege auf dem Gesicht Ihres Nachbarn entfernen Sie besser nicht mit einem großen Beil!« – Dies ist ein chinesisches Sprichwort, das genau wiedergibt, worauf es in der Mediation ankommt. In genau diesem Sinne bringt ein Mediator viel Geduld auf. Er sucht angemessene Formulierungen und verkörpert in dieser Position eine gesunde Grenzsetzung und erläutert die Grundregeln. So verhilft er allen durch geschickte Steuerung zu klaren Aussagen und zur Entscheidungsfindung.

Wie schon geschildert, ist eine Grenzsetzung und Umrahmung der Mediationsabläufe durch eine Vereinbarung von Regeln als Einstieg gleich zum Anfang notwendig.

Ein Mediator kann immer wieder in die Lage kommen, die Betroffenen auf die vereinbarten Regeln hinzuweisen und das Gespräch wieder in konstruktive Bahnen zu lenken. Diese Grenzsetzung bewahrt den geschützten Raum und darf nicht in Vergessenheit geraten.

Ferner liegt es auch an der Geschicklichkeit eines Mediators, dem Reichtum seiner Erfahrung und seines Wissens, sich Klarheit über seine eigenen Grenzen und Möglichkeiten zu verschaffen, und diese gegebenenfalls transparent zu machen. Das heißt, die Grenzen der Mediation als Intervention und die Grenzen des Mediators als Vermittler müssen in einer konstruktiven Art und Weise bekannt gegeben werden. Dies geschieht vor allem in Fällen eigener Befangenheit oder Antipathie, beziehungsweise bei rechtlichen Unklarheiten oder psychischen Störungen der Beteiligten. Manchmal führt dies allerdings dazu, dass eine Mediation als unzulänglich, nicht ausreichend oder nur als ein Bruchteil des notwendigen Handelns und der erforderlichen Interventionen empfunden wird.

Grenzen der Mediation

Sogar bei einem ursprünglich geeigneten Fall ist bei gleichzeitigem oder dauerhaftem Eintreten der folgenden Konstellationen eine Mediation *nicht sinnvoll*:

- Es existiert ein immenses Machtgefälle: Die Machtverhältnisse sind extrem asymetrisch und unausgeglichen. Ein Konfliktpartner sitzt an dem Hebel der Macht und lässt den anderen völlig in Ohnmacht dahinvegetieren.
- Das Gleichgewicht der Macht ist weder für die Partei, die unterdrückt, noch für die unterdrückte Partei erstrebenswert.

- Es bestehen gravierende Unterschiede bei den Wertorientierungen.
- Die Beteiligten haben ein geringes Interesse an ihrer zukünftigen Beziehung und suchen hauptsächlich einen Schiedsrichter.
- Eine oder mehrere involvierte Personen sind zu gestresst und schwer belastet für rationale Diskussionen. Oder sie scheinen eine Therapie oder intensivere Betreuung zu benötigen.
- Ein Konflikt ist für einen Betroffenen belanglos und unwesentlich. Die Motivation zur Klärung fehlt.
- Eine oder mehrere Parteien ziehen ihre persönlichen Grenzen, und erklären sich nicht bereit, weiter mitzumachen.
- Die Mediation dient nur als ein schwacher Ersatz für ein ordnungsgemäßes juristisches Handeln.
- Die Zeit ist äußerst knapp und nicht ausreichend.
- Eine politische Minderheit beginnt gegen ihre Unterdrückung zu demonstrieren und eine Revolution oder eine Befreiungskampagne zu organisieren. (Es geht dabei um eine Gruppe von Menschen, die einen Konflikt eskalieren lassen muss, um überhaupt erst einmal darauf aufmerksam zu machen.)

Das Reden und eine konstruktive Gesprächsführung sind nicht immer das Allheilmittel zum Erfolg, zur Verständigung oder zur Konfliktbearbeitung. Tatsächlich ist auf die bestehende Gefahr hinzuweisen, echte gewaltsame Feindschaften durch Redezwang auszulösen.

Nach meiner Auffassung ist die Mediation eher als Prozess der Konflikttransformation zu definieren, nicht als eine bloße »Problemlösungs-Methodik« oder trockene Technik. Die Philosophie der Mediation beinhaltet nicht, auf Biegen und Brechen Harmonie aufrechtzuerhalten beziehungsweise wiederherzustellen, oder einen voreiligen Kompromiss zu unterbreiten.

Ferner wird es schwierig, konstruktive Prozesse in Gang zu bringen, wenn ein Vermittlungsgespräch als Manipulation von einer Partei benutzt wird, den Kontrahenten hinterhältig eins auszuwischen. So habe ich am Ende einer langjährigen Beziehung erkannt und erklärt: Es benötigt zwei Menschen, um eine Beziehung aufzubauen, aber nur einen, sie vollkommen zu zerstören.

Eine Mediation kann dann so ausgehen, dass das Ergebnis keine »echte Lösung« ist: »they agree to disagree« – sie stimmen überein, dass sie nicht übereinstimmen. Dann können beim »Ideengewitter« Vorschläge dazu gesammelt werden: Wie sie sich in ihrer Beziehung mit ihren zwei sehr unterschiedlichen Einstellungen arrangieren könnten? Welchen Beitrag jeder leisten könnte, dass diese grundlegende Unvereinbarkeit ihrer Meinungen gegenseitig respektiert wird?

Wenn eine Machthierarchie stark ausgeprägt ist, eine Partei ständig unterdrückt wird, und sich herausstellt, dass eine Partei zu einer Mediation gezwungen wird und kein Eigeninteresse zeigt, ist es sehr fraglich, ob eine Mediation überhaupt etwas Konstruktives bewirken kann.

Techniken der Gesprächsführung und Transaktionsanalyse

Techniken der Gesprächsführung

Es gibt allgemein so bezeichnete »Killerphrasen« der Kommunikation, die einfach alles vernichten. Alle vorgeschlagenen Veränderungen oder Ideen werden als untauglich abgestempelt, bestritten und dementiert. »Das geht absolut nicht!« oder »Dagegen gibt es allerhand Gründe« sind zwei bekannte Beispiele dafür. Bei harten Fällen, wenn Gesprächspartner hauptsächlich über »Killerphrasen« kommunizieren, ist ein Mediator herausgefordert, einige Techniken der Gesprächsführung anzuwenden. Vor allem muss er die Inhalte immer wieder neutral spiegeln. Wenn die eine oder die andere Partei mauert und überhaupt kein Entgegenkommen zeigt, muss die grundsätzliche Frage gestellt werden: »Sind Sie noch bereit, hier konstruktiv mitzuwirken – wie wir dies am Anfang beschlossen haben?« Wenn nicht, ist eine sofortige Unterbrechung mit einer Vereinbarung für einen späteren Termin zu empfehlen.

Bereits erläutert habe ich die Anwendung von: Metaphern, Analogien, Verdinglichungen, kreativer, nonverbaler Herangehensweisen und Perspektivenwechsel. Daneben gibt es eine Fülle von Techniken der Gesprächsführung, die die Tragweite der geschulten, gewaltfreien Rhetorik, der Kommunikation und des Takts beweisen. Es gibt verschiedene Begriffe und Strategien für Übersetzungsvorgänge innerhalb der Mediation, die dazu beitragen, sowohl eine andere Sichtweise oder Orientierung zur Klärung ins Gespräch zu bringen als auch das Wesentliche von negativen emotional-geladenen Formulierungen herauszufiltern.

Sie sind sogenannte »Türöffner«: wichtig zur Auflockerung, Verständigung, Informationssammlung, Deeskalation und Förderung des Konfliktbearbeitungsprozesses. Durch Übungen und Praxis gewinnen Mediatoren das notwendige Wissen und schulen ihre Intuition, um im entscheidenden Moment eine angemessene und effektive Technik einzusetzen und ihr eigenes Verhalten gleichfalls zu steuern.

In Kombination oder getrennt vom Spiegeln, aktiven Zuhören oder von der Synthese können wir weitere Strategien verwenden.

Weitere Techniken der Gesprächsführung

- **Körpersprache einsetzen.** Durch die Körpersprache kann man »Zugewandheit«, Sympathie und Affirmation signalisieren. Man kann »Anker« oder Schlüsselzeichen für die Diskussion vereinbaren. Ich benutze zum Beispiel oft das »Timeout«-Handzeichen in einer Mediation mit Schülern, um einer Partei zu signalisieren: »Bitte aufhören zu reden!«, damit ich dann umgehend ihre Sichtweise spiegeln kann. Wenn Leute zu lange reden, ist es äußerst schwierig, das Gesamte vollständig zu behalten und wiederzugeben. Außerdem ist es empfehlenswert, dass die Redezeit für die Einzelnen nicht zu lang ist, um Gleichgewicht und Schwung in dem Gespräch zu halten.

- **Echo-Antworten verwenden.** Nur ein Wort oder eine Phrase kann man beispielsweise im folgenden Fall einsetzen: Klient: »Und ich merkte, dass ich fehl am Platz war und fand das Verfahren sehr unfair.« Mediator: »Hmmm – unfair?« Er sprich dies mit fragender Mimik, Tonlage und Körpersprache, um den Klient einzuladen, weiter zu erläutern und genauer zu beschreiben, was er unfair fand. Dies ist besonders wichtig, wenn es um Unklarheiten geht. So lenkt der Mediator die Aufmerksamkeit unaufdringlich auf Punkte zur weiteren Klärung – ohne offensichtliche Unterbrechungen oder Nachfragen.
- **Zusammenfassungen einbringen.** Ausführlichere Zusammenfassungen des Gesagten beider Streitparteien werden eingefügt, um das Gespräch zu straffen und sich auf einige Punkte oder Schlüsselsätze der Betroffenen zu konzentrieren.
- **»Reframing« oder Umformulierungen anwenden.** »Reframing« stellt eine Aussage oder einen Erfahrungsbericht in einen neuen Kontext. Die »Einrahmung« des Problems oder Konflikts wird gewechselt und dadurch entstehen neue Zusammenhänge und Perspektiven der Wirklichkeit, wie beispielsweise im Neun-Punkte-Spiel: aus dem Quadrat zu springen und das Umland mit einzuschließen. Dies ist ein mächtiges Instrument zur Klärung und hat zur Folge, dass allgemeine Gegenüberstellungen, negative Meldungen, negative Du-Botschaften umgewandelt werden. Durch eine geschickte Umformulierung können wir etwas Destruktives in ein konstruktives Licht stellen.

Durch sorgfältig umformulierte, offene Fragen können wir: die Forderungen hinter der Wut identifizieren; die Wünsche hinter einer Beleidigung andeuten; die Bedürfnisse und Verletzungen hinter einer Enttäuschung beziehungsweise einem Zornausbruch in einer offenen Frage formulieren; Beschuldigungen in Forderungen umwandeln.

Darüber hinaus kann »Reframing« eine andere Perspektive, Sichtweise oder einen anderen Zusammenhang durch eine Fragestellung beleuchten. Nachdem zum Beispiel eine Person einige Male gespiegelt wurde und später behauptet: »Leute in dieser Firma können sich einfach nicht benehmen«, antwortet der Mediator. »Es kann durchaus sein, dass es Unterschiede von Firma zu Firma gibt. Sie beobachten und spüren dies offensichtlich hautnah. Können Sie bitte genauer sagen, was Sie meinen? Wie haben sich die Menschen in Ihrer ehemaligen Firma verhalten?«

Weiter können wir wie beim Perspektivenwechsel auch den »Rahmen« austauschen und die Selbstverständlichkeiten, die einer Bemerkung zu Grunde liegen, in Frage stellen. Die Grenzen dieser verbalen Umformulierung sind eher fließend zur nächsten Technik des konstruktiven Umdeutens.

- **Inhalte konstruktiv umdeuten.** »Die Sprache zu reinigen« beinhaltet, negative Heftigkeit und Gemeinheiten herauszufiltern, um den Dialog zu fördern. Das Englische »to laundry statements« bedeutet, die konstruktiven Inhalte aus dem ursprünglich abschätzig formulierten Material herauszusieben. Dies ist im Grunde genommen ein weiterer Aspekt der Umformulierungskunst. Ein Mediator muss kein Psychologe sein, um herauszuhören, was die Menschen eigentlich bewegt. Er braucht Geduld, Zeit und Einsicht dafür, um gewisse Dinge auszuwählen und herauszulassen: Versteckte Angebote, Versöhnungsabsichten, dementierende Gemeinsamkeiten werden hervorgehoben. Böse Absichten oder Mutmaßungen werden nicht so herausgehoben gespiegelt oder zusammengefasst. Wahrnehmungsstörungen, vorgefertigte Urteile, Vorurteile und stellvertretendes, rachsüchtiges Reden über andere werden identifiziert und entweder einfach weggelassen oder in einer neutralen Art und Weise zur weiteren Klärung thematisiert. Ferner können Mediatoren zugespitzte Hässlichkeiten, Schmähungen, Aversionen, Verwerflichkeiten und Generalisierungen nicht nur beim Spiegeln ausklammern, sondern die Grundgefühle durch offene Fragestellungen erkunden.

A und B sprechen schnell und reden gleichzeitig aufeinander ein – der Konflikt eskaliert.
A: »*Du bist so richtig gemein und ekelig, wenn es darum geht, die neuen Räume aufzuteilen.*«
B: »*Du nutzt mich gnadenlos aus – du Fießling!*«
Mediator: »*Entschuldigen Sie. Bitte denken Sie an die Vereinbarung zu Beginn der Mediation: Unter anderem haben wir uns darauf verständigt, dass Sie Beleidigungen unterlassen. Habe ich jetzt richtig verstanden, dass Sie – B – das Gefühl haben, dass Ihnen Unrecht getan wird? A – meinen Sie, dass die Art und Weise, wie die Räume aufgeteilt werden, nicht gerecht ist?*«

Ein grundlegendes Wohlwollen soll in der Gesamtwirkung des konstruktiven Umdeutens überwiegen. Selbstverständlich sollte immer wieder auf die Grundregeln hingewiesen werden. Wenn eine emotional geladene Sprache im Gespräch überwiegt, wissen wir auf jeden Fall, dass es versteckte Empfindungen von großer Bedeutung gibt, die vorsichtig in den Vordergrund geholt werden müssen. Würden wir dies nicht tun, wäre keine Klärung auf einer Sachebene möglich. Also: Tauchen Sie unter das Eisgebirge!

- **Unglaube und Zweifel zurückhalten.** Unsere Zweifel am Wahrheitsgehalt und an der Stichhaltigkeit einer Aussage sollten wir vorerst zurückhalten und abwarten. Als Mediatoren schenken wir den Konfliktparteien dadurch eine enorme Dosis an Aufmerksamkeit, Respekt, Toleranz usw. Es kann Wunder wirken, wenn Menschen zunächst angenommen werden und ihnen so zugehört wird, dass sie ihr Bestes geben und ehrlich sind. (Mediatoren dürfen sich dabei aber nicht ausnutzen oder verletzen lassen!)

- **Nachfragen.** Wenn es in manchen Fällen um die Umdeutung oder einen Perspektivenwechsel geht, können versteckte Impulse kreativ in Form einer Nachfrage formuliert werden. Das beinhaltet nicht, dass Mediatoren Lösungsvorschläge präsentieren sollen, sondern Vorschläge zur Verständigung in das Geschehen einfließen lassen können. Nach dem Motto: »Könnte man dies auch so … verstehen?«
- **Hypothesen aufstellen.** Vor allem im fortgeschrittenen Stadium der Mediation ist es oft sinnvoll Hypothesen aufzustellen. Beispielsweise kann geäußert werden:
- »Was würde passieren, wenn …?«
- »Wenn …, können Sie sich vorstellen, dass Sie einen Weg fänden?«
- **»Doppeln« oder »Eindoppeln«.** Wenn eine Streitpartei sprachlich unterlegen ist beziehungsweise anscheinend Hilfe braucht, um ihre Sichtweise zu formulieren, gibt es eine Interventionsform, die wir als Mediatoren wählen können: Wir oder eine eingeweihte Person reden beziehungsweise redet kurzzeitig für diese Person. Diese Art der Intervention heißt »Doppeln«. Christoph Thomann und Friedemann Schulz von Thun erläutern in ihrem Buch »Klärungshilfe« (1994, S. 110f.):

»*1. Der Klärungshelfer* (Anmerkung der Autorin: In diesem Fall der Mediator) *holt sich die Erlaubnis des Klienten zum Doppeln: ›Darf ich neben Sie kommen und etwas für Sie zu Ihrem Partner sagen, und Sie sagen anschließend ob das stimmt?‹ Zuweilen fragt er ihn ebenso, ob er seinen Partner in Du-Form und mit seinem Vornamen ansprechen dürfe, so wie er es selbst zu tun pflegt …*
2. Der Klärungshelfer spricht für einen Klienten. Er verlässt dazu seinen Stuhl, hockt oder kniet sich schräg neben oder hinter den Klienten, sodass seine Kopfhöhe tiefer ist als die des Klienten. Aus dieser Position heraus sagt er mit Blick auf den Partner, dessen Vornamen er zur expliziten Adressierung seiner Aussage nennt, etwas für den gedoppelten Klienten …
3. Der Klärungshelfer fragt den Klienten, ob er zutreffend für ihn gesprochen habe: ›Stimmt das so für Sie?‹ Wenn es nicht ganz stimmt, ergänzt, korrigiert oder formuliert der Klient neu. Wenn es richtig war, bittet der Klärungshelfer den Klienten unter Umständen, das Gesagte mit eigenen Worten selber seinem Partner zu sagen.
Hinzu kommt, daß es in einem systemischen Rahmen stattfindet, das heißt,
- *keine Opfer- und Täterfixierungen, sondern Feststellung der Wechselwirkungen;*
- *keine Schuldzuweisungen, sondern Mitbeteiligung.*
- *Der Doppler betont zudem den Blick in eine mögliche positive Zukunft, statt den Blick zurück im Zorn.*
- *Statt der angedrohten Konsequenzen (›Dich werde ich nie mehr …‹), betont er das Gefühl, das er dahinter vermutet oder zu erkennen glaubt (›Ich bin so tief enttäuscht, dass ich jetzt sogar überzeugt bin, ich könnte in aller Zukunft nie mehr … wobei mir natürlich klar ist, dass ich nicht wirklich weiß, wie es in drei Wochen um mich steht.‹)*«

Wir brauchen Übung, um zu lernen, zwischen den Zeilen zu lesen, die Körpersprache zu deuten und aus dem Ton herauszuhören sowie monokausale und festschreibende

Aussagen zu relativieren. Diese Intervention ist in der Mediation mit Sorgfalt einzusetzen, da wir ständig um ein Gleichgewicht der Macht zwischen den Streitenden ringen und unsere Allparteilichkeit bewahren müssen. Auf keinen Fall wollen wir bezwecken, dass sich einer der Beteiligten zurücklehnt etwa nach dem Motto »Mach mal«.

Nach der Zustimmung der gedoppelten Sequenzen: »Ja, das stimmt für mich!« wird der Gedoppelte gebeten, den Inhalt direkt dem Anderen gegenüber zu wiederholen. Der Mediator kehrt zurück in die Rolle als Vermittler. Er fasst entweder das Gesagte kurz und knapp zusammen oder bezieht die andere Person mit ein, indem er fragt, ob sie dies kurz spiegeln würde. Diese Erweiterung ermöglicht ein weiteres Ziel in einem Mediationsverfahren: den Perspektivenwechsel.

Bei allen Anwendungen der oben genannten Techniken ist es wichtig, die Überzeugungskunst und -kraft für eine effektive Konfliktbearbeitung zu erhöhen – anstatt Druck auszuüben.

Auf der nächsten Seite finden Sie ein Muster für eine Mediationsgesprächsführung.

Transaktionsanalyse

Berühmt geworden ist die Transaktionsanalyse (TA) durch Eric Bernes Bestseller: »Spiele der Erwachsenen«. Die Transaktionsanalyse kategorisiert den Ausgangspunkt des menschlichen Verhaltens durch drei Ich-Zustände der Persönlichkeit:

Gesprächsführung: Ein Muster für eine Mediation

1. Vorbereitung vorab, unter anderem Stress abbauen, konstruktive Atmosphäre schaffen; eventuell Vorgespräche mit beiden Konfliktparteien; Erklärung des Mediationsverfahrens und Vereinbarung der Grundregeln.

2a. Was ist passiert?
A: _________ (zusammenfassen) B: _________ (zusammenfassen)

2b. Das Problem oder der Konflikt, das/der zwischen Ihnen steht, habe ich so verstanden … Stimmt das?
A: _________ (zusammenfassen) B: _________ (zusammenfassen)

3a. Wie ging es Ihnen dabei?
A: _________ (zusammenfassen) B: _________ (zusammenfassen)

3b. Synthese: Es ging Ihnen beiden nicht gut, weil … Stimmt das?
A: _________ (zusammenfassen) B: _________ (zusammenfassen)

3c. Welches Ziel hatten Sie?
A: _________ (zusammenfassen) B: _________ (zusammenfassen)

3d. Kann jede/r bitte wiederholen, was die/der andere eigentlich wollte?
A: _________ (zusammenfassen) B: _________ (zusammenfassen)

3e. Was wünschen Sie sich? Was müsste Ihrer Meinung nach passieren?
A: _________ (zusammenfassen) B: _________ (zusammenfassen)

3f. Kann jede/r bitte den Wunsch der/anderen des anderen wiederholen?
Wir wissen jetzt, was beide von Ihnen wollen und was für notwendig gehalten wird.

4a. Welche mögliche Lösungen gibt es nach Ihrer Meinung? Bitte erstmal ohne Bewertung.
A: _________ (zusammenfassen) B: _________ (zusammenfassen)

4b. Was kann getan werden? Wozu wären Sie bereit? Was hätte jede/r gern?
A: _________ (zusammenfassen) B: _________ (zusammenfassen)

4c. Kann jede/r bitte wiederholen, was die/der andere meint?
Die Lösungen/Regelungen, die Sie für möglich halten, habe ich so verstanden …

5a. Was könnte nun vereinbart werden? Welche Lösung/Regelung beziehungsweise Teillösung können Sie jetzt vereinbaren?
A: _________ (zusammenfassen) B: _________ (zusammenfassen)

5b. Können Sie beide mit so einer Entscheidung leben? Gibt es Bedenken? Wann haben Sie beide Zeit, sich in zwei (vier, …) Wochen zu treffen?
A: _________ (zusammenfassen) B: _________ (zusammenfassen)

6a. Wollen Sie noch etwas sagen?
A: _________ (zusammenfassen) B: _________ (zusammenfassen)

6b. Sonst lassen Sie uns einen Vertrag abschließen.

7. Vielen Dank für Ihre Zusammenarbeit und bis zum nächsten Mal am _________!

Die Aufteilung der Transaktionsanalyse ähnelt Freuds Aufteilung der Strukturen der Persönlichkeit: Über-Ich, Ich und Es. Der *Eltern-Ich-Zustand* (Über-Ich) ist durch unser moralisches und »Muss«-»Soll«-Denken gekennzeichnet. Wir haben einiges von unseren Eltern, äußeren Vorbildern und anderen Autoritätsfiguren übernommen und verinnerlicht, ob wir dies zugeben wollen oder nicht.

Der *Erwachsenen-Ich-Zustand* symbolisiert den Zustand der Gegenwart: Wir sortieren und überprüfen Tatsachen, treffen Entscheidungen. Wir bemühen uns, so objektiv zu sein wie möglich und wir sind weder moralischen Zwängen noch unseren Trieben verhaftet.

Der *Kindheits-Ich-Zustand* umfasst die natürlichen Impulse, die ein Kind hat. Außerdem enthält er die Aufzeichnungen und Grundanschauungen aus früheren Jahren und Erfahrungen mit der Umwelt.

Handeln wir nach dem Muster unserer Eltern, befinden wir uns im *Eltern-Ich-Zustand.* Wenn wir uns dagegen mit unserer gegenwärtigen Realität nüchtern auseinander setzen und beispielsweise rational analysieren und Wahrscheinlichkeiten abschätzen, sind wir im *Erwachsenen-Ich-Zustand.* Wenn wir handeln und fühlen wie in unserer Kindheit, so leben wir in unserem *Kindheits-Ich-Zustand.*

In der Mediation, wenn man der Theorie der Transaktionanalyse folgt, ist es am Anfang wichtig, hellhörig und wachsamer in Transaktionen mit anderen zu werden, und zu merken, aus welchem Zustand wir kommunizieren und agieren.

Die »TA« bietet ein zusätzliches Instrument zur Wahrnehmung und ein Schema dafür, aus welchem »Ich-Zustand« ein Mediator am effektivsten agiert. Das höchste Ziel ist die Erringung der Autonomie, also zu lernen, Verantwortung zu übernehmen, und nicht mehr Sklaven unseres Eltern-Ichs zu sein, somit Zwanghaftigkeiten oder Neigungen beziehungsweise kindische Triebe und Impulse abzulegen. Kurz, wir müssen uns bewusst machen, welcher Teil von uns »den Ton« angibt und durch unseren Erwachsenen-Ich-Zustand die Angemessenheit und Wahrhaftigkeit beurteilen.

Wir sind nicht zersplittert, sondern lernen die eher moralischen und eher spielerischen Zustände aus unserer Kindheit und Vergangenheit durch das Erwachsenen-Ich zu koordinieren und zu vereinigen. Keine Frage: Anstrebenswert für Mediatoren ist es, authentisch zu bleiben und aus dem Erwachsenen-Ich-Zustand heraus zu reden und handeln.

Zuhören, Zusammenarbeit und Zukunftsorientierung

Zuhören

Zuhören ist grundlegend. Zuhören ist der rote Faden der Mediation: Konfliktbearbeitung kann nur durch wechselseitiges Zuhören funktionieren. Das Wort »Zuhören« hat eine große Familie und schließt auch das Spiegeln mit ein. Oft wird Spiegeln sogar mit dem aktiven aufmerksamen Zuhören gleichgesetzt.

»Zuhören-Familie«:
Aktives Zuhören, Aufmerksames Zuhören, Einfühlsames Zuhören, Empathisches Zuhören, Ermutigendes Zuhören, Herausforderndes Zuhören, Drastifizierendes Zuhören, Konfrontierendes Zuhören.

Die ersten zwei Begriffe stellen die in der Literatur am häufigsten genannten Formen dar. Die anderen Begriffe sind teils Unterarten des aktiven Zuhörens, teilweise überschneiden sie sich, teils fügen sie noch etwas Spezifisches zum Zuhören hinzu.

»Zuhören« klingt so selbstverständlich, banal und alltäglich. Das ist irreführend: Zuhören fällt den meisten Menschen sehr schwer und muss geübt, geübt, geübt werden. In einer Mediation unterbricht aktives Zuhören die zänkische Ping-Pong-Struktur eines Streites. Die Konfliktparteien werden aufgefordert, sich kurz zu besinnen: Sie konzentrieren sich auf das Gehörte – zusammengefasst vom Mediator – anstatt gleich wieder loszulegen und zurückzuschießen. Hemmungslosen Schimpftiraden wird die Luft genommen, wenn eine Pause zur Wiedergabe des vorher Gesprochenen eingehalten wird.

Zusammenarbeit und Zukunftsorientierung

Effektive Zusammenarbeit setzt Kooperation voraus – dies ist zwischen den Streitenden am Anfang einer Mediation oft nicht gegeben. Nicht einmal im Traum können sich die befangenen Konfliktbeteiligten einen kooperativen Umgang vorstellen. Dies ist ganz normal, denn die Parteien sind aufgebracht und aufgewühlt. Zusammenarbeit ist aber die Voraussetzung für eine Mediation. Diese Regel wird zu Beginn des Gesprächs genannt, vereinbart und festgeschrieben, vom Mediator immer wieder hervorgehoben, angestrebt, unterstützt und erarbeitet. Zusammenarbeit legt das Fundament für eine mögliche Lösung oder Versöhnung.

Zum Abschluss eines ersten Mediationsgesprächs liegt die Betonung auf zukünftiger Zusammenarbeit: »demnächst ein Fortsetzungstreffen«. Eventuell wird diese Zusammenarbeit bei der Umsetzung der Übereinkunft notwendig. Konfliktbearbeitung ist – wie oben schon beschrieben – häufig ein Prozess und nicht eine einmalige Veranstaltung, in der alles gleich abgeschlossen wird. Die Zukunftsorientierung unterstreicht die Richtung einer Mediation: Aufarbeitung, Verständigung und neue Impulse für das weitere Leben. Wer in der Vergangenheit verweilen will, muss andere therapeutische Hilfe beanspruchen. Im Allgemeinen spiegelt die Mediation die Komplexität menschlicher Kommunikation und Interaktion wieder: es gibt verschiedene Dimensionen, Aspekte und Ebenen. Genauso wie wir Freundschaften nicht innerhalb von einer Stunde schließen, können wir nicht erwarten, Probleme und Konflikte blitzschnell zu beseitigen. Mediation bietet ein Werkzeug und eine Leitlinie: Strategien, um Schritt für Schritt zwischenmenschliche Probleme oder Konflikte zu bearbeiten. Wie schon beschrieben, ist die Mediation ein Verfahren, die das Lebendige aus dem »Dort und Damals« holt, in dem »Hier und Jetzt« bearbeitet und auf eine Übereinkunft für »Da und Später« zielt.

Gerhard Altmann, Heinrich Fiebiger, Rolf Müller

Mediation in der betrieblichen Praxis

Aus: Mediation: Konfliktmanagement für moderne Unternehmen

Zwei Falldarstellungen

Im Folgenden schildern wir detailliert zwei Fälle von Mediation in Unternehmen. Dabei wird noch einmal deutlich, dass wir es bei der Mediation nicht mit einem abgeschlossenen, allgemein akzeptierten Verfahren zu tun haben. Die deutsche Praxis der Mediation existiert erst seit einigen Jahren. Ausgiebige Falldarstellungen gibt es – wenn überhaupt – im Bereich der Familien- und der Umwelt-Mediation. Im Wirtschaftsbereich existieren bisher nur wenige Falldarstellungen. Wir liefern daher viele Tipps und Anregungen für die betriebliche Mediation, es kann aber keine bis ins letzte durchkomponierte Verfahren bringen. Denn vieles befindet sich noch im Anfangsstadium, außerdem gibt es in jeder Mediation spezifische »Befindlichkeiten«. Wir hoffen damit fruchtbare Diskussionen und Erörterungen zur Praxis auszulösen.

Unsere Falldarstellungen fußen auf Erprobungen der bisher besprochenen Verfahren in deutschen Unternehmen. Fasst man Neues ins Auge, so bedarf es der Kooperationspartner, die einen solchen Schritt mitgehen wollen. Wir haben diese bei Kunden gefunden, die mutige und innovative Personal- und Organisationsentwickler beschäftigen, oder auch bei aufgeschlossenen Beratungs- und Trainingsunternehmen.

Die folgenden Fälle beziehen sich auf:

- Auseinandersetzungen zwischen Geschäftsleitung und Betriebsrat sowie
- auf Fraktionskämpfe innerhalb eines Beratungsunternehmens.

Wir demonstrieren so Verhaltensweisen der Mediation in der Praxis und bitten die Leser mitzuarbeiten und mitzudenken. Vor allem im zweiten Fall können Sie aktiv mitarbeiten, wenn Sie die Übungen durchführen. Der Mediator hält sich in den folgenden Fällen nicht ausschließlich an eine vorgegebene Schablone. Er gestaltet seine Mediation jeweils sehr individuell. Gelegentliche Notizen erläutern die jeweiligen Aktivitäten oder zeigen, wie diese in einem stärker formalisierten Ablauf (zum Beispiel nach dem amerikanischen Muster) einzuordnen wären.

Falldarstellung 1: Mediation zwischen Geschäftsleitung und Betriebsrat

Unser erstes Beispiel schildert die Arbeit eines Mediators in einem mittelständischen Elektrounternehmen, das Messgeräte herstellt.

Die Ausgangssituation aus der Sicht des Mediators. Das Unternehmen befindet sich bereits in der zweiten Generation in Familienbesitz. Geschäftsführender Gesellschafter ist einer der Söhne des Firmengründers. Eigentlich wollte er Philosophie studieren, sah sich aber durch die Erwartungen des Vaters frühzeitig zur Betriebswirtschaft genötigt. In den vergangenen Monaten hat sich die Lage des Unternehmens dramatisch verschlechtert. Personalabbau ist beinahe unvermeidlich geworden. Gleichzeitig muss in der Produktion Gruppenarbeit eingeführt werden, die auch Änderungen der Arbeitszeiten mit sich bringt. Außerdem ist es zwingend notwendig, neue Absatzmöglichkeiten zu finden.

Die Beteiligten fühlen sich inzwischen so stark unter Druck, dass sie glauben, keine Zeit verlieren zu dürfen. Es muss schnell gehandelt und unverzüglich zu Ergebnissen vorgestoßen werden, denn es gilt, das Überleben des Unternehmens zu sichern.

Trotz aller Bemühungen wachsen gerade in dieser Zeit die Fehlzeiten in der Produktion stark an. Gleichzeitig geht die Qualität der Produkte dramatisch zurück. Reklamationen häufen sich. Die Verantwortlichen wissen in dieser Situation nicht mehr weiter und beschließen, leitende Mitarbeiter aus den Abteilungen zusammenzurufen, um die Lage zu besprechen. Das Gespräch führt zu keinem Ergebnis.

In einem anonymen Brief weist ein Mitarbeiter auf eklatante Führungsfehler hin. Es werde beispielsweise die Kreativität der Mitarbeiter von den Vorgesetzten konsequent unterdrückt. Besonders in der Entwicklungsabteilung sei es inzwischen soweit gekommen, dass der Ideenstrom der Mitarbeiter vom Leiter allmählich völlig ausgetrocknet worden sei. »Den Hund«, schreibt der anonyme Verfasser, »muss man inzwischen nicht nur zum Jagen tragen, man muss ihm dann sogar den Mund noch auf- und zumachen.« Außerdem werde Eigeninitiative behindert und somit die Selbstständigkeit der Mitarbeiter blockiert. Dieser Brief, der eines Morgens am schwarzen Brett hängt, wird nicht »rechtzeitig« entfernt und plötzlich werden auch aus anderen Abteilungen ähnliche Befindlichkeiten artikuliert.

Fazit: Der herrschende Führungsstil ist nicht innovationstauglich, Mitarbeiter werden ausgegrenzt und mundtot gemacht. Ein Mitarbeiter aus der Produktion bringt die Stimmung in einer internen Besprechung auf den Punkt: »Der Fisch stinkt am Kopf.« Kurze Zeit später wird genau dieser Mitarbeiter ins Lager versetzt, was seine bisherige Position verschlechtert. Er beschwert sich beim Betriebsrat, der seinerseits mit dem Personalleiter in Kontakt tritt. Dieser beschließt nicht nur diesen Fall zu klären, sondern eine grundlegende Lösung der Probleme zu suchen. Er bittet einen der Firma bereits bekannten Managementtrainer und Moderator, die Verhandlungen mit dem Betriebsrat zu moderieren. Dem Moderator gegenüber bezeichnet er den Betriebsrat als »störrisch, unbeweglich, verbohrt und feindselig«. Er wolle, sagt er, das

Problem schnell lösen und umgehend zum Tagesgeschäft zurückkommen. In einem persönlichen Gespräch fragt der Trainer den Personalleiter, ob dieser schon einmal etwas von Mediation gehört habe. Der Personalleiter verneint dies. Daraufhin erklärt der Managementtrainer Grundprinzipien und Methoden der Mediation. Im Anschluss an diese Ausführungen wird dem Personalleiter klar, dass er das Problem am besten mithilfe eines Mediators angehen sollte.

Bereits am folgenden Tag schlägt er dem Betriebsrat vor, einen Mediator einzuschalten. Er stößt mit seinem Ansinnen, wider Erwarten, auf offene Ohren. Frau Matz, die Betriebsratsvorsitzende ist damit einverstanden, dass Herr Blum, der Personalleiter, zu ihrem nächsten Treffen Herrn Gatzwich, einen Mediator einlädt.

Vorbereitungsphase der Mediation. Herr Gatzwich hat für diese Tätigkeit eine Ausbildung in den Vereinigten Staaten abgeschlossen. Bei verschiedenen Firmenzusammenführungen war er als Berater und später als Konfliktlöser und Mediator tätig. Er ist fünfundfünfzig Jahre alt und von Beruf eigentlich Betriebswirt. Viele Jahre war er Leiter einer Einrichtung zur Qualifizierung arbeitsloser Akademiker. Er kennt die meisten Firmen der Region aus eigener Erfahrung.

Als Herr Blum nach dem kurzen Gespräch mit Frau Matz das Besprechungszimmer verlässt, hat er das Gefühl, einen wichtigen Schritt weitergekommen zu sein. Einige Tage später treffen sich die drei zu einem ersten Gespräch.

Herr Gatzwich war vor diesem ersten Treffen nicht untätig. Nachdem Herr Blum ihn telefonisch eingeladen hatte, nahm er seinerseits Kontakt mit Frau Matz auf und ließ sich deren Einverständnis zu einer gemeinsamen Konfliktmediation geben. Frau Matz bat ihn in diesem Gespräch darum, auch Herrn Geldorfer, den örtlichen Gewerkschaftssekretär in die Beratungen einzubeziehen. Dies wiederum musste mit Herrn Blum abgeklärt werden, der daraufhin Herrn Dr. Weilweder, den Geschäftsführer des Unternehmens, einschaltete. Der Geschäftsführer zeigte sich sehr interessiert, selbst an den Gesprächen teilzunehmen. – Die Gesprächsrunde drohte also immer größer zu werden. – Herr Blum klärte nun dieses Ansinnen mit Frau Matz und Herrn Gatzwich. Schließlich kam man überein, dass es am sinnvollsten sei, die Mediation zunächst zwischen den ursprünglich gedachten Personen stattfinden zu lassen. Zu gegebenen Zeitpunkten werde man dann die Herren Geldorfer und Dr. Weilweder zu den Sitzungen einladen. Überdies sei dafür Sorge zu tragen, dass auch andere Vertreter des Betriebsrats und der Geschäftsleitung gegebenenfalls in die Verhandlungen einbezogen werden könnten, wenn dies Sinn macht. Auf das Hinzuziehen eines Rechtsanwalts wurde in gegenseitigem Einverständnis zunächst verzichtet.

Im Anschluss an diese klärenden Vereinbarungen führte Herr Gatzwich jeweils kurze Vorgespräche mit den Beteiligten, in denen er sie über Grundannahmen und Methoden der Mediation informierte. Anschließend ließ er sich das Einverständnis beider Parteien zu einer Mediation persönlich geben. Erst danach bestätigte er den bereits mündlich vereinbarten Termin schriftlich. Da man beschlossen hatte, die Mediation außerhalb des Unternehmens durchzuführen, treffen sich die Konfliktparteien und der Mediator zum vereinbarten Zeitpunkt in der Praxis des Mediators.

Erste gemeinsame Sitzung: Die Parteien stellen ihre Sichtweise dar. In dieser ersten Sitzung geht es Herrn Gatzwich insbesondere um die Klärung der Ziele beider Parteien. Die Betriebsratsvorsitzende nennt folgende Ziele: Erstens die Rückversetzung des Mitarbeiters, der gesagt hatte, der Fisch stinke am Kopf. Zweitens fordert Frau Matz den Abschluss einer Vorvereinbarung in den, von der Gruppenarbeit betroffenen Arbeitsgruppen. Bestandteil der Vorvereinbarung sollte unbedingt eine Beschäftigungsgarantie für alle Mitarbeiter sein, zusätzlich eine Lohn- und Gehaltsgarantie. Erst dann, betont sie, sei man bereit, sich möglicherweise auch auf Veränderungen der Arbeitszeit einzulassen.

Herr Blum erklärt seine prinzipielle Bereitschaft, auf die Forderungen von Frau Matz gebührende Rücksicht zu nehmen, weist aber darauf hin, er sei keinesfalls in der Lage, zum gegenwärtigen Zeitpunkt Beschäftigungs- oder Lohn- beziehungsweise Gehaltsgarantien zu unterzeichnen. Im Gegenteil, führte Herr Blum aus, müsse man gemeinsam an einem Modell zur Vermeidung betriebsbedingter Kündigungen arbeiten, ohne sich aber vorschnell darauf festzulegen, dass es nicht doch dazu kommen könne. Einig sind sich Herr Blum und Frau Matz in ihrem Interesse an einer Verbesserung der Kommunikations- und Führungskultur des Unternehmens. Einig sind sie sich ebenso in dem Bestreben, die Fehlzeiten zu reduzieren und Beiträge zur Standortsicherung zu leisten.

Der Mediator entschließt sich, Einzelgespräche durchzuführen, da das Vertrauen der Parteien zueinander noch nicht tragfähig ist.

Nachdem der Mediator die grundlegenden Positionen der Parteien erfahren hat, versucht er, die Interessen herauszuarbeiten, die hinter den Positionen wirksam waren. Frau Matz wollte sich keine Blöße geben und den Mitarbeitern gegenüber nicht als zu nachgiebig erscheinen. Überdies müsse sie einen Erfolg nachweisen, denn der versetzte Mitarbeiter sei ungerecht behandelt worden. Dies sei klar und könne auch von Herrn Blum nicht geleugnet werden.

Einzelgespräche zur Klärung der Situation. Herr Gatzwich erfährt in diesem Einzelgespräch, wie es zum Bekanntwerden der umstrittenen Äußerung gekommen war. Der Mitarbeiter hatte in einer internen Besprechung mit seinem Chef diesen Unmut geäußert. Der Chef hatte die Äußerung ganz offensichtlich auf sich selbst bezogen und sah sich deshalb umgehend veranlasst, Maßnahmen zu ergreifen. Man sei, berichtet Frau Matz, inzwischen dabei, Unterschriften zu sammeln, um der Forderung nach Rückversetzung des betroffenen Mitarbeiters weiteren Nachdruck zu verleihen. Sie könne an diesem Punkt folglich keine Kompromisse machen. Sie sehe aber durchaus die Chance, die Rückversetzung im Zuge der Umgestaltung der Arbeitsorganisation vorzunehmen. Auf einen Monat, sagte Frau Matz, komme es dabei nicht an.

Herr Blum bringt in seinem Einzelgespräch seinen Unmut über die »Blockadepolitik« des Betriebsrats zum Ausdruck. Schon seit Monaten versuche er, »mit diesen Schnarchern« ein neues Arbeitszeitmodell zu vereinbaren. Er sehe aber gegenwärtig auf der Seite des Betriebsrats keinerlei Bereitschaft, auch nur die kleinste Veränderung zuzulassen. Er sei, erklärt Herr Blum, überaus frustriert und wolle »den Kram« lieber heute als morgen einfach hinwerfen. Die Versetzung des einen Mitarbeiters, das sehe er inzwischen auch, sei eine unglückliche Maßnahme gewesen. Er sei durchaus bereit, da mit sich reden zu lassen. Aber gegenwärtig sehe er keine Möglichkeit, ohne Gesichtsverlust aus der Sache rauszukommen. »Das schlachten die doch eiskalt aus, wenn wir da jetzt nicht hart bleiben.«

Der Mediator übernimmt stellvertretend die Ideen von Frau Matz.

Herr Gatzwich schlägt Herrn Blum vor, die Rückversetzung des Mitarbeiters im Zuge der Einführung von Gruppenarbeit vorzunehmen. Er fragte, ob Herr Blum sich dies vorstellen könne. Herr Blum zeigt sich erleichtert. Er sei einverstanden mit dieser Lösung. Denn es sei gut, wenn »diese leidige Angelegenheit« dadurch aus der Welt geschafft werden könne. Der Mediator erwähnt dann, dass aber bis zur Einführung von Gruppenarbeit wohl noch einige Wochen vergehen würden. Es sei also nötig, mit Frau Matz zu vereinbaren, die Angelegenheit bis dahin ruhen zu lassen. Mit diesem Vorgehen zeigt sich Herr Blum einverstanden. Er sei durchaus interessiert daran, betont er Herrn Gatzwich gegenüber, zu konstruktiver Zusammenarbeit mit dem Betriebsrat beizutragen.

Konstruktive Zusammenarbeit, erklärt der Mediator, sei manchmal auch davon abhängig, dass die Öffentlichkeit rechtzeitig informiert werde. So könne das Wuchern von Spekulationen und Ängsten schon frühzeitig unterbunden werden. Er, sagt Herr Gatzwich, habe in diesen Fällen häufig gute Erfahrungen damit gemacht, der Belegschaft in einer gemeinsamen Erklärung wesentliche Ziele frühzeitig vorzustellen. Überdies sei er der Ansicht, dass die Kooperationsbereitschaft der Betriebsratsvorsitzenden durch eine solche gemeinsame Erklärung wesentlich gefördert werden könne. Immerhin kenne er sie seit siebzehn Jahren und wisse, wie hart sie dafür gearbeitet habe, zuerst Betriebsrätin und später Vorsitzende des Betriebsrats zu werden. Die Belegschaft erwarte von ihr Profil. Deshalb sei es günstig, Frau Matz dabei behilflich zu sein, die Erwartungen der Belegschaft zu erfüllen. Eine gemeinsame Erklärung könne deshalb von ihm, meinte Herr Gatzwich, rückhaltlos befürwortet werden.

Diese Äußerung bringt Herrn Blum auf die Palme. Er bekommt einen Wutausbruch. Er unterstellt Herrn Gatzwich, »mit der Blum« gemeinsame Sache zu machen. Er sei nicht bereit, sich von »denen« in die Tasche lügen zu lassen, lieber entlasse er sie alle zum nächstmöglichen Zeitpunkt.

Herr Gatzwich zeigt Verständnis für diese Haltung. Er versuchte das Gespräch wieder sachlicher zu gestalten, indem er ausführlich von den Widrigkeiten des Berufslebens und der Kunst der Diplomatie sprach. Schließlich beruhigt sich Herr Blum wieder.

Der Mediator schlägt nun vor, doch den Versuch zu machen, mit »den Arbeitslosen der Zukunft« heute noch sinnvolle Vereinbarungen zu treffen. Dem stimmte Herr Blum schließlich zu. Er spricht noch von seinem Sechzehnstundentag, von den Nöten der Familie und von Standortnachteilen. Am Ende erklärt er sich bereit, eine gemeinsame Erklärung zu veröffentlichen. Eine Forderung sei für ihn dabei allerdings unverzichtbar: Als ein wesentliches Ziel der gemeinsamen Bemühungen müsse unter allen Umständen auch die Neuregelung der Arbeitszeit in dieser Erklärung genannt werden.

Vereinbarung einer gemeinsamen Erklärung. In einem weiteren gemeinsamen Treffen wurde zwischen den Konfliktparteien im Rahmen der Mediation eine Erklärung entworfen. Mit dieser Erklärung sollten Geschäftsleitung und Betriebsrat ihre gemeinsame Verhandlungstätigkeit der Belegschaft kundtun. Man einigt sich darauf, die veränderte wirtschaftliche Situation in den Vordergrund zu stellen.

Der Preisverfall betrage gegenwärtig bereits mehr als 20 Prozent. Die Konkurrenz sei auf dem Vormarsch. Im schlimmsten Fall drohe die Schließung des Betriebes. Deshalb hätten sich Betriebsrat und Geschäftsleitung darauf verständigt, ab sofort zusammen nach Lösungen zu suchen. Gemeinsam mit einem externen Spezialisten werde es in Zukunft regelmäßige Treffen zwischen Betriebsrat und Geschäftsleitung geben. Allen Beteiligten sei klar, dass die Mitarbeiter sehr viel mehr könnten, als sie bisher gezeigt hätten. Deshalb wolle man Arbeitszeit und Arbeitsorganisation künftig so verändern, dass sich Kreativität, Eigeninitiative und Selbstständigkeit der Mitarbeiter noch besser als bisher entfalten könnten.

Im Zuge der gemeinsamen Verhandlungen über den Entwurf der Erklärung stimmt Herr Blum der Rückversetzung des Mitarbeiters zu, der gesagt hatte, dass der Fisch am Kopf stinke, bittet sich aber aus, dass diese Rückversetzung innerhalb noch zu schaffender neuer Gruppenarbeitsstrukturen stattzufinden habe. Frau Matz stimmt dieser Idee unter dem Vorbehalt zu, sie wolle zu diesem Vorschlag zunächst die Meinung des betroffenen Mitarbeiters hören und diese gegebenfalls mit ihren Betriebsratskollegen abstimmen. Allerdings sei sie persönlich, fügt sie hinzu, mit der von Herrn Blum vorgeschlagenen Lösung durchaus einverstanden und hoffe bestimmt, dafür auch die Zustimmung der Kollegen zu gewinnen. Blum weist nun seinerseits darauf hin, dass es ihm wahrscheinlich gelingen werde, Herrn Dr. Weilweder davon zu überzeugen und der Mediator nimmt die Vereinbarung als vorläufige Vereinbarung zu Protokoll.

Der Erstellung eines gemeinsamen Papiers: »Sicherheit und Zukunft für die Beschäftigten!« stand nun nichts mehr im Weg. Zwar mussten noch einige zusätzliche Absprachen getroffen werden, denn auch die Herren Dr. Weilweder (Geschäftsleitung) und Geldorfer (Gewerkschaft) legten gewiss Wert darauf, zu den Unterzeichnern des Papiers zu gehören, aber das könne man gemeinsam klären. Man wolle, beschloss man, sich in Zukunft als »Arbeitsgruppe« bezeichnen, um den konfliktuösen Ausgangspunkt der gemeinsamen Bemühungen gar nicht mehr ins Bewusstsein eventuell zu informierender Drittpersonen rücken zu müssen. Schließlich gehe es darum, Bedingungen für den gemeinsamen Erfolg aller zu schaffen. Das sei das Hauptziel der gemeinsamen Arbeit. Deshalb wolle man in Zukunft auch gemeinsam an die Öffentlichkeit treten, wenn es darum gehe, wichtige Informationen nach Außen zu tragen.

Nach Vertrauensaufbau und ersten gemeinsamen Erfolgen: Bearbeitung der Kernprobleme.

Erst jetzt regt Herr Gatzwich an, die bisherigen Hemmnisse konkreter anzugehen. Es gehe darum Lösungen für eine einvernehmliche Regelung des wohl nicht zu umgehenden Personalabbaus zu finden. Frau Matz und Herr Blum stellen fest, dass diese Fragen nicht ohne Herrn Dr. Weilweder und eventuell auch Herrn Geldorfer geklärt werden könnten. Sie einigen sich schnell darauf, die Herren Dr. Weilweder und Geldorfer zum nächsten Treffen einzuladen. Daraufhin empfiehlt Herr Gatzwich, eine Moderationssitzung zu Zielen und Perspektiven des Unternehmens durchzuführen. Die Ergebnisse dieser Moderationssitzung könnten dann, eventuell jeweils in Einzelgesprächen, von ihm aufgenommen und in einer weiteren Sitzung von Frau Matz und Herrn Blum gemeinsam diskutiert werden. Dies sei besonders deshalb empfehlenswert, weil sich gezeigt habe, dass nun auch Fragen nach der Kultur des Unternehmens zu klären seien.

Man einigt sich darauf, die Moderation im Unternehmen selbst durchzuführen, um gegebenenfalls andere Mitarbeiter einbeziehen zu können.

Im Vorgespräch mit den Teilnehmern an der Moderationssitzung zu Zielen und Perspektiven des Unternehmens kristallisiert sich das Bemühen aller Beteiligten heraus, ihre Zusammenarbeit zu verbessern und Regeln für zukünftiges, erfolgreiches gemeinsames Handeln zu formulieren. Deshalb wird schließlich eine Sitzung zum Thema »Regeln für unsere Zusammenarbeit« durchgeführt, die Herr Gatzwich moderiert. Außer Frau Matz und Herrn Blum nehmen an der Moderationssitzung Herr Dr. Weilweder, Herr Geldorfer, Herr Machatsch, der Produktionsleiter, Herr Übel, der Entwicklungsleiter, sowie Frau Grau, Herr Vasold und Herr Schnetz vom Betriebsrat teil.

Moderation zur Gestaltung der Unternehmenskultur. Im Verlauf der Moderation wurden zunächst die bisherigen Regeln im Unternehmen bearbeitet. Diese spiegelten in der Hauptsache die aktuellen Mechanismen des Machtgewinns und Machterhalts wider. Genannt werden unter anderem:

- Man darf keine Fehler eingestehen, sondern muss sie nach Möglichkeit anderen in die Schuhe schieben.
- Nur ungeteiltes Wissen ist Macht.
- Nur Einzelkämpfer siegen.
- Nur unnahbare Führungskräfte sind auch gute Führungskräfte.
- Leistungen anderer anzuerkennen, schwächt die eigene Position.
- Mitdenken lohnt sich nicht, wer den Chef verärgert wird kalt gestellt.
- Misstrauen sichert die eigene Position und schützt vor Überraschungen.

Herr Gatzwich moderiert im Anschluss an die Formulierung dieser bisher befolgten Regeln ein Gruppengespräch. Gegenstand des Gesprächs sind konkrete Anlässe und Erfahrungen, die zur Formulierung dieser Regeln geführt hatten. Erst danach stellt er die Frage nach anderen Verhaltensmöglichkeiten in derartigen Fällen. Durch dieses Vorgehen werden die Teilnehmer zu intensivem Gedanken- und Erfahrungsaustausch angeregt. Schnell verständigen sie sich darauf, dass die weitere Einhaltung der bisher wirksamen Regeln das Unternehmen wahrscheinlich nicht kräftiger machen würde. Stattdessen müsse man versuchen, da sind sich schließlich alle einig, an neuen Regeln zu arbeiten, mit deren Hilfe die Lage des Unternehmens verbessert werden könne.

Herr Gatzwich moderiert daraufhin eine Kartenabfrage, die zu folgenden Ideen führte:

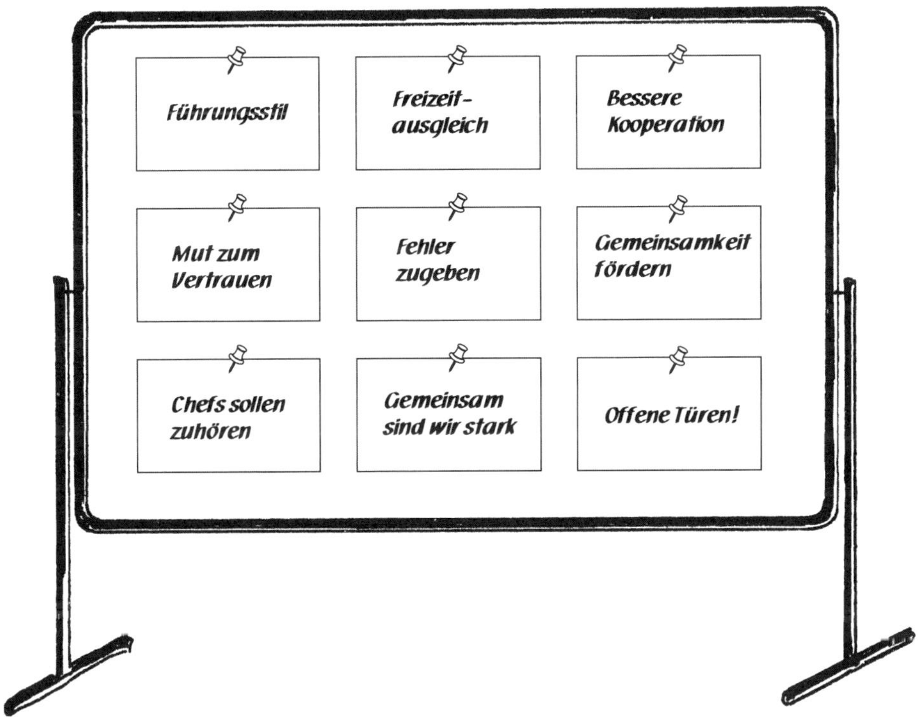

Anschließend diskutierte die Runde über mögliche neue Regeln. Als wünschenswert formulieren die Teilnehmer folgende neue Regeln:

- Es zeigt Stärke und den Willen, sich und das Unternehmen<R>weiterzuentwickel n, wenn Fehler eingestanden werden.
- Mut zum Vertrauen schafft Energie zur Zusammenarbeit.
- Unsere Chefs sind an unserer Meinung wirklich interessiert.
- Gute Chefs halten Kontakt zu ihren Mitarbeitern.
- Andere zu stärken macht uns alle stärker.

Im Verlauf der gemeinsamen Arbeit zeigt sich, dass der zunächst kalkulierte Zeitbedarf nicht ausreicht. Man beschließt, eine weitere Moderationssitzung durchzuführen. Als Vorbereitung auf das nächste Treffen sollen alle Gruppenmitglieder weitere

Vorschläge erarbeiten, mit deren Hilfe von alten zu neuen Regeln gelangt werden könne. Im abschließenden »Blitzlicht« zeigte sich die Gruppe betroffen über die, so ein Teilnehmer »gemeinschaftsschädigenden« Regeln, an die man sich bisher gehalten hatte.

Gleich zu Anfang des zweiten Treffens werden die Vorschläge der einzelnen Teilnehmer vorgestellt. Sie ergeben nichts wesentlich Neues. Im Anschluss daran einigt man sich darauf, dass es nötig sei, sich mit allen Abteilungsleitern auf die neuen Regeln zu verständigen. Darüberhinaus müsse die Einhaltung der neuen Regeln regelmäßig von allen Beteiligten überprüft werden. Hierzu sei ein Fragebogen zu entwickeln, mit dem man sich gegenseitig beurteilen könne. Dieser Fragebogen müsse dann aber von einem neutralen Sachverständigen ausgewertet werden. Die Ergebnisse müssten als Grundlage für weitere Einzel- oder Gruppengespräche herangezogen werden. Die Gruppe verständigt sich schnell auf Herrn Gatzwich als Sachverständigen. Dieser solle gemeinsam mit Frau Matz und Herrn Blum einen Fragebogen entwickeln und weitere Vorschläge zur Umsetzung der neuen Spielregeln formulieren.

Latente Spielregeln werden offengelegt, neue kulturbildende Spielregeln gefunden. Nach einer Pause beschließt die Gruppe, dass Frau Matz und Herr Blum versuchen sollten, auf der Basis dieser neuen Regeln Lösungen für den immer wahrscheinlicher werdenden Personalabbau zu finden. Herr Dr. Weilweder bringt sein Interesse zum Ausdruck, an dieser Arbeit mitzutun. Dadurch werde der Aufbruch für alle Mitarbeiter sichtbar werden, was der Sache nur allzu dienlich sein könne. Frau Matz regt an, Herrn Geldorfer in die Gespräche einzubeziehen, weil der mit Sicherheit riesige Erfahrungen damit habe, neue Regeln in die Tat umzusetzen. Herr Geldorfer zeigte sich geschmeichelt und verweist auf seinen viel zu vollen Terminkalender. Er werde sich aber bemühen, »an der Sache dranzubleiben«. Herr Dr. Weilweder fragt dann Herrn Gatzwich, ob der sich vorstellen könne, mit ihm gemeinsam die Umsetzung der neuen Regeln im Hause vorzubereiten und durchzuführen. Herr Gatzwich erwähnt daraufhin seine Neutralitätspflicht, an die er sich als Moderator auch in diesem Augenblick gebunden fühle und bittet Herrn Dr. Weilweder um ein Gespräch am Folgetag. Dies wird vereinbart.

In einer weiteren Sitzung mit Herrn Gatzwich bestätigen Frau Matz und Herr Blum die Ergebnisse der beiden Tage und verständigen sich im Anschluss daran darauf, in Zukunft offener als bisher mit den Mitarbeitern umgehen zu wollen. Personalabbau sei unvermeidlich. Dieser Personalabbau müsse aber so sanft wie möglich durchgeführt werden. Die Parteien einigen sich darauf, das Thema gemeinsam mit Herrn Gatzwich weiterzubearbeiten.

In weiteren Sitzungen einigten sich Frau Matz und Herr Blum auf Modalitäten der Durchführung des Personalabbaus. Leider waren Entlassungen nicht zu vermeiden. Herr Dr Weilweder selbst übernahm daraufhin in weiten Bereichen leitende Funktionen vor Ort. Herr Gatzwich ist seither einen Tag in der Woche im Unternehmen tätig. Er kümmert sich um die reibungsfreie Durchführung notwendiger Veränderungsprozesse.

Falldarstellung 2: Fraktionskämpfe innerhalb eines Beratungsunternehmens

Der folgende Fall einer Mediation schildert die sicher nicht ungewöhnlichen Auseinandersetzungen in einem Trainings- und Beratungsunternehmen. Es handelt sich hier – genauer gesprochen – um eine Organisationsentwicklung, in der Mediationsprozesse die wichigsten Akzente liefern.

Die Vorgeschichte. Das Trainingsunternehmen hatte am Standort, eine Stadt in Süddeutschland, und in der umliegenden Industrieregion einen durchaus respektablen Ruf. Nur: die finanzielle Situation und die Auftragslage entsprachen nicht den Wünschen und wohl auch nicht den Möglichkeiten des Trainer-Kollegiums. Ein Grund dafür war zunächst in personellen Veränderungen zu suchen. Routinierte Kräfte waren abgewandert oder hatten sich selbstständig gemacht. Dabei wurden natürlich auch Kunden abgeworben. Die neu eingestellten Trainer waren eher Newcomer, die erst einen Kundenstamm akquirieren und durch Leistung überzeugen mussten. Innerhalb eines Jahres wurden vier neue Trainer eingestellt, die die vorhandene Führungscrew mit dem Geschäftsführer und seinem Stellvertreter ergänzten.

Im Laufe dieses Jahres hatten sich erste Zwistigkeiten zwischen den einzelnen Trainern herausgebildet und der Geschäftsführer vermutete in diesen Reibereien einen wesentlichen Grund für den unbefriedigenden Erfolg und die mangelhafte Auftragssituation des Unternehmens. Er bat deshalb einen ihm bekannten Moderator und Konfliktmanager um Unterstützung.

In einer ersten Vorbesprechung schildert der Geschäftsführer die wesentlichen Symptome der internen Rivalitäten. Bei gemeinsamen Trainings und Ko-Moderationen würden bestimmte Kollegen immer vorgezogen, obwohl die sachliche Zusammenarbeit mit einem anderen Kollegen durchaus ratsam gewesen wäre. Informationen von Kunden würden bewusst zurückgehalten, um die eigene Position und den Anspruch darauf zu stärken. In den regelmäßigen Besprechungen, selbst in den gemeinsamen Mittagspausen gäbe es oft versteckte Bemerkungen, die andere attackieren oder gar kränken sollten. Die Atmosphäre im Team sei nach einem guten und produktiven Beginn nun immer gereizter geworden. Rückzug und »Stänkereien« im Geheimen seien fast an der Tagesordnung. Zudem meide ein Teil der Trainer die notwendige Akquisitionsarbeit, stürze sich nur auf die Durchführung von Trainings. Dies geschehe häufig sehr qualitätsbewusst, dennoch könne ein solches Nachlassen der Akquisitionstätigkeit von ihm als Geschäftsführer nicht geduldet werden. Die Arbeit sei ganz bewusst so organisiert, dass jeder Trainer die ganze Palette der Aktivitäten auszuführen hätte, also von der Akquisition über die Konzeption bis zur Durchführung und Nachbereitung der Seminare und Beratungen. Nur die aufwendige Schreib- und Organisationsarbeit werde von den Mitarbeitern im Sekretariat abgenommen.

Der Ärger setze sich fort hinein in die unumgänglichen Koordinations-Notwendigkeiten des Teams. Terminabsprachen werden oft nur unzulänglich eingehalten. Der von ihm, dem Geschäftsführer, als wichtig deklarierte Umlauf werde nicht gelesen, zu den Besprechungen werden oft sehr unpräzise Protokolle angefertigt. Er habe zudem den Eindruck gewonnen, dass innerhalb des Trainerteams eine Art Fraktionsbildung stattgefunden habe, die dazu führe, dass ein Teil des Trainerteams sich an Misserfolgen der anderen erfreue. Ja man ließe diese manchmal ganz bewusst ins offene Messer laufen, indem man bestimmte Vorinformationen zum Kunden und dessen Bildungsverantwortlichen nicht weitergebe. Man erfreue sich dann geradezu an schlechten Bewertungen, am Abwandern eines Kunden, an dessen Aufträgen doch allen gelegen sein müsste.

Akzeptanz für den Mediationsprozess herstellen. In dieser Situation wende er sich nun an einen externen Mediator und Konfliktmanager, der dabei helfe, die verfahrene Situation zu meistern. Er gebe ihm in allem freie Hand, nur lege er Wert darauf, dass das Konfliktmanagement von den Trainern nicht als Bevormundung oder als Ausspionieren erfahren werde, sondern als eine Strategie zur Teamentwicklung.

In einem kurzen Vorgespräch wird der Mediator dem Team vorgestellt. Das Bemühen um eine Behandlung der Teamprobleme wird allgemein begrüßt, der Mediator wird zunächst ohne Bedenken akzeptiert.

Übung

Nehmen Sie bitte an, Sie seien dieser Mediator, der vom Geschäftsführer zur Konfliktlösung ins Spiel gebracht wurde. Vergleichen Sie im Folgenden ihre Strategien mit denjenigen, die in der Realität angewendetet wurden.

Wir werden Sie nun immer wieder bitten, den jeweils nächsten Schritt zu überlegen. Die hier durchgeführte Konfliktlösung ist kein idealtypisches Vorgehen. Es kann also durchaus sein, dass Ihr Vorschlag im Einzelnen sinnvoller und angemessener sein kann.

Sie kennen durch den Bericht des Geschäftsführers die Ausgangssituation. Stellen Sie nun kurz dar, welchen ersten Schritt Sie als als angehender Mediator planen würden. Begründen sie bitte diesen Schritt.

Der Mediator in diesem konkreten Fall sieht die Darstellungen des Geschäftsführers als etwas, was sie letztlich auch sind: als subjektive Wirklichkeit, als subjektive Sicht des Unternehmensprozesses und seiner Hemmnisse. Nachdem der Teamgedanke in diesem Trainerkollegium groß geschrieben wird, versucht er, aus den differierenden Sichtweisen der Akteure ein Gesamtbild der Situation zu gewinnen.

In diesem Fall ist die Zahl der Akteure überschaubar: Er führt mit den anderen Mitgliedern des Teams Einzelinterviews durch, die durch einen Leitfaden strukturiert sind. Die Fragen sind für alle Team-Mitglieder identisch. Sie beziehen sich auf:

- Gründe für den ausbleibenden Unternehmenserfolg.
- Schwerpunkte und Neigungen in der Trainertätigkeit (Akquisition, Konzeption, Durchführung, Öffentlichkeitsarbeit).
- Vorfälle, die in der letzten Zeit besonderen Ärger auslösten.
- Beschreibung der Kooperation im Team.
- Verbesserungsvorschläge und Ziele für die Kooperation.
- Formulierung eines Wunsches: »Was wollte ich im Rahmen dieses Teams schon immer einmal tun beziehungsweise sagen?«

Die identische Struktur der Interviews soll jeden Verdacht ausräumen, die Mediation laufe unter Beobachtung des Geschäftsführers und liefere diesem verwertbare Hinweise. Zu diesem Zweck beantwortet der Geschäftsführer ebenfalls diesen Fragebogen. Der Mediator sichert allen Beteiligten zudem Vertraulichkeit zu und bittet sie anzugeben, welche Äußerungen er auf keinen Fall – oder nur nach Absprache – veröffentlichen kann.

Situationsanalyse. Nach der Auswertung der Interviews gewinnt der Mediator eine erste Situationsanalyse, die in manchen Punkten durchaus von der ersten Darstellung des Geschäftsführers abweicht. Einer dieser Punkte ist besonders markant: Die Fraktionsbildung innerhalb der Belegschaft wird durch die Interviews bestätigt, allerdings wird der Geschäftsführer als durchaus involviert, als Teil einer Fraktion gesehen. In den Beschreibungen des Teams dominieren die Metaphern des Auseinanderstrebens: es wird vom Tauziehen gesprochen, von Hahnenkämpfen, einmal werden Hätschelkinder und Personen, die die Kärrnerarbeit leisten müssen, unterschieden. Insgesamt ergibt sich nun ein genaueres Bild der Gruppe und ihrer Parteien.

Die eine Fraktion (A) setzt sich zusammen aus dem Stellvertreter des Geschäftsführers und zwei Trainern. Der Stellvertreters des Geschäftsführers betont zwar immer seine übergreifende Aufgabe; er sei als Betreuer der Trainer im Interesse des Gesamtunternehmens tätig. Auf Grund verschiedener Wertungen wird aber klar, dass er zu einer Partei hin tendiert. Im Unternehmen ist er verantwortlich für die Öffentlichkeitsarbeit, bezeichnet sich als guten Akquisiteur mit großen Erfahrungen im Trainingssektor. Er habe nur noch geringe Neigungen zur Trainertätigkeit, die er aber wohl oder übel wahrnehmen müsse. Er pflegt die vielen Außenkontakte des Unternehmen, insbesondere zu Trainern, die um Kooperation ansuchen. Er möchte gerne eine Diskussion über die Aufgabenverteilung im Trainerstab führen.

Ihm zur Seite steht ein routinierter und versierter Trainer im mittleren Alter. Dieser sieht seine Hauptaufgabe in gut konzipierten und durchgeführten Trainings. Er betreut zudem eine relativ aufwendige Fortbildung an einem zweiten Standort des Unternehmens. Er betont, Akquisition sei nicht seine Neigung, auch nicht seine

Stärke, »er könne nicht hausieren gehen«. Der intelligente und witzige Mann wirkt zuweilen etwas überheblich und süffisant.

Die Dritte im Bunde ist hier eine junge Trainerin, die als Quereinsteigerin eher zufällig zum Unternehmen gestoßen ist. Im Zentrum ihrer Überlegungen stehen betriebswirtschaftliche Analysen, als Trainerin fühlt sie sich eher unsicher, versucht solchen Herausforderungen aus dem Weg zu gehen. Sie ist wohl diejenige, die mit ihrer Situation im Unternehmen am wenigsten zufrieden ist. Dazu trägt eine Gehaltsstruktur bei, die bei ihr nur ein niedriges Fixgehalt mit hohem Provisionsanteil vorsieht.

Fraktion A	
Personen	**Stärke**
Stellvertreter des Geschäftsführers	Akquisitions- und Öffentlichkeitsarbeit
Trainer im mittleren Alter	Gut organisierte Trainings
Junge Trainerin	Betriebswirtschaftliche Analysen

Die andere Fraktion (B) wird bestimmt durch den Geschäftsführer selbst und zwei ihm nahe stehenden Trainern. Der Geschäftsführer hat als ehemaliger Personalchef das Unternehmen vor Jahren aufgekauft, weil er sich selbstständig machen wollte. Seine Hauptaufgabe sieht er deshalb in den wesentlichen betriebswirtschaftlichen Aktivitäten: den Verhandlungen mit den Kreditgebern, der Public Relation für das Unternehmen, der Suche nach solventen und fachkompetenten Kooperationspartnern. Im Trainingsgeschäft ist er als die leitende Figur des Unternehmens nicht präsent, »er sei kein Trainer«.

Ihm zur Seite steht ein jüngerer Nachwuchstrainer, der im Auftreten sicher und agil erscheint. Auch er ist ein Quereinsteiger, meint aber das Trainingsgeschäft sehr schnell beherrschen zu können. In der kurzen Zeit des Interviews formuliert er eine Vielzahl von Ideen, von denen er allerdings meint, sie »würden von bestimmten Leuten ja doch nur wieder blockiert werden«.

Hinzu kommt eine Trainerin im mittleren Alter, die früher als Pädagogin gearbeitet hat und von den Verantwortlichen aufgrund ihrer gewandten und flexiblen Art eingestellt wurde. Man hält sie – trotz fehlender Vorkenntnisse – für sehr entwicklungsfähig. In den ersten Seminaren, die sie durchführt, kann sie wegen ihrer lebendigen Art überzeugen. Allerdings tauchen dann fachliche Unzulänglichkeiten sowie eine gewisse Lässigkeit auf, die von Kunden moniert werden.

Fraktion B	
Personen	**Stärke**
Geschäftsführer	Kontaktpflege, Finanzierung
Jüngerer Nachwuchstrainer	Trainingsgeschäft, Akquisition
Trainerin mittleren Alters	Pädagogische Trainingsarbeit

Erste Differenz: unterschiedliche Bewertung der Trainertätigkeit. Auf welche sachlichen Differenzen bezieht sich nun die Fraktionsbildung? Der Mediator zieht ein erstes Resümee. Zum einen sind es Unterschiede in der Bewertung der Trainertätigkeit. Während die erste Gruppe meint, man müsse – bezogen auf Vorlieben und Befähigungen der Trainer – unterschiedliche Akzentuierungen setzen, präferiert die andere Fraktion die Vorstellung, jeder Trainer müsse alle Tätigkeiten im gleichen Umfang wahrnehmen. Die Fraktion um den stellvertretenden Geschäftsführer bevorzugt eine spezifizierte Aufgabenbeschreibung, während die andere Gruppe meint, für die vier Trainer gäbe es nur identische Aufgabenbeschreibungen (Geschäftsführer und Stellvertreter haben natürlich zusätzliche Aufgaben). Verständlicherweise sind mit diesen sachlichen Differenzen auch persönliche Unzufriedenheiten verbunden. Ein Trainer schreckt insbesondere vor der Kalt-Akquise zurück. Diese nehme ihm nur Zeit für die Entwicklung seiner wirklichen Qualitäten. Allgemein wird bedauert, dass der Geschäftsführer als Trainer und Repräsentant beim Kunden nicht präsent sei. Auch hier scheinen persönliche Skrupel und Bedenken das wesentliche Motiv zu sein.

Zweite Differenz: allgemeine Geschäftspolitik. Der zweite Knackpunkt bezieht sich auf die allgemeine Geschäftspolitik. Wahrend Gruppe A meint, weitere Investitionen in die Infrastruktur und die Außendarstellung aufgrund der angespannten Lage zurückstellen zu müssen, will Gruppe B gerade diese Investitionen tätigen. Die eher skeptische Fraktion meint, am Markt am ehesten durch Leistung und Qualität bestehen zu können. Erst dann können Infrastruktur und Marketingaktivitäten verbessert werden. Sie plädiert für ein kontinuierliches, vorsichtiges Wachstum. Nach und nach könne man den hohen Standard der Produkte und Außendarstellung erreichen, nicht sofort und gewaltsam. Dem widerspricht die Gruppe B. Man werde auf dem Markt nach der Professionalität beurteilt, nach der Qualitat der Unterlagen und der systematischen Nachfragen beim Kunden. Eine einmalige Investition sei unbedingt nötig. Sie würde aber langfristig positive Folgen zeitigen. Sie plädieren für eine Neugestaltung und Erweiterung des Firmenprospekts, für den Kauf einer zwar teuren, aber sicher effektiven Software zur Kundeninformation und für die Anschaffung eines exzellenten Farbkopierers. Die Gruppe A sucht eher den Konsolidierungskurs und steht daher diesen Veränderungen skeptisch gegenüber. Man müsse den Markt durch Seminare und Beratungen überzeugen. Dem Mediator wird hier bewusst, dass die Qualität der Trainings ein emotional sehr besetzter Punkt für das Team ist.

Dritte Differenz: verschiedene Strategien für die Außendarstellung. Eng verflochten sind damit die Überlegungen zur Außendarstellung. Auch hier spricht Gruppe A von einer eher solid-nüchternen Strategie, während die Gruppe B plakative Aktionen sucht. Die erste Gruppe sucht nach Kontakten zu bestimmten Gremien, die die Reputation von Dienstleistung besprechen, während Gruppe B weiterreichende Aktionen befürwortet. Zu diesen zählen Anzeigen in bekannten Wochenmagazinen, eine Art Selbstdarstellung im Lokalradio und anderes mehr. Der Werbeeffekt dieser Aktionen wird von der ersten Gruppe äußerst kritisch eingeschätzt.

Benennung der Konfliktgründe. Der Mediator hat diese drei markanten Differenzen für sich herausgearbeitet. Nach seinen ersten Eindrücken glaubt er aber nicht, schon das ganze Feld der Auseinandersetzung abgesteckt zu haben. Er nimmt an, dass hinter diesen sachlichen Auseinandersetzungen grundlegende Mentalitäts- und Kulturunterschiede verborgen sind, die ihm im Moment aber noch verschlossen sind.

Er vermutet zusätzlich auch das Vorhandensein von persönlichen Differenzen, Gekränktheiten und Verletzungen. Die Antworten auf die Fragen nach ärgerlichen Vorfällen, scheinen hier sehr aufschlussreich. Es wird zum Beispiel eine nicht eingehaltene Terminabsprache genannt. Ein Trainer sollte den Dienstwagen des Kollegen für einen Kundentermin am folgenden Tag übernehmen. Der Trainer wartete am Abend vergeblich, weil der Kollege (mit dem Dienstwagen) zu einem privaten Fest gefahren war. Dann am nächsten Morgen musste er alle Hebel in Bewegung setzen, um den Termin wahrnehmen zu können. Ein anderer Trainer ist gekränkt über häufige Sticheleien beim gemeinsamen Mittagessen, die sich auf sein Versagen in einem Seminar beziehen. Er hatte einen Block von 15 Trainings für einen Kunden als großen Akquisitionserfolg verkauft. Leider trat der Kunde nach dem ersten – misslungenen – Seminar von dem Vertrag zurück. Diese Niederlage wird nun immer wieder – in versteckter Form – aufgewärmt. Der Geschäftsführer wiederholt noch einmal seine Verärgerung über die Nachlässigkeit beim Umgang mit umlaufenden Papieren und Hinweisen von seiner Seite. Er vermutet hier symbolische Handlungen des Nicht-Beachtens und Ignorierens. All diese Vorfälle deuten hin auf ein besetztes Feld von Kränkungen und persönlichen Verärgerungen.

Der Mediator beschließt nun den Vermittlungsprozess in Form von mehreren zwei- bis dreistündigen Workshops für das gesamte Team durchzuführen. Dies erscheint ihm angemessen, um den Geschäftsgang des Unternehmens nicht unnötig zu stören. Die Sitzungen sollen am späten Nachmittag beginnen und so auch in die freie Zeit der Mitarbeiter hineinreichen.

Übung

Sie sollen sich nun überlegen, wie Sie den ersten Workshop gestalten würden. Welche Themen stehen im Zentrum, mit welcher Methode möchten Sie arbeiten? Denken Sie bitte über Prioritäten und die Gestaltung dieses wichtigen Einstiegs nach!

Notieren Sie diese Schritte und vergleichen Sie diese mit dem konkreten Vorgehen. Begründen sie Ihre Version.

....

....

....

....

....

....

Der Mediator erläutert seine Rolle und lässt Spielregeln vereinbaren. Der Mediator konzentriert sich in dieser ersten Sitzung darauf, Gemeinsamkeiten zu bestimmen und das Verbindende zu definieren. Die Gruppe wird als Einheit betrachtet. Der Mediator erläutert zunächst noch einmal seine Rolle als unabhängiger und neutraler Dritter. Dann beschreibt er sein Vorgehen: eine Folge von zeitlich begrenzten, zugleich aber intensiven Workshops. Er gibt eine erste summarische Beschreibung der Situation, wie sie sich aus seiner Perspektive darstellt. Dabei betont er die Vorläufigkeit dieser Perspektive und bittet die Teilnehmer um intensive Mitarbeit. Als allgemeines Ziel formuliert er den Abbau der Kooperationshemmnisse und die Stärkung des inneren Zusammenhaltes, des Wir-Gefühls des Teams. Er bittet die Teilnehmer dann, verbindliche Spielregeln für diese Workshops auszuhandeln. Diese werden auf einem Flipchart notiert. Die versierte Trainergruppe benennt folgende Regeln:

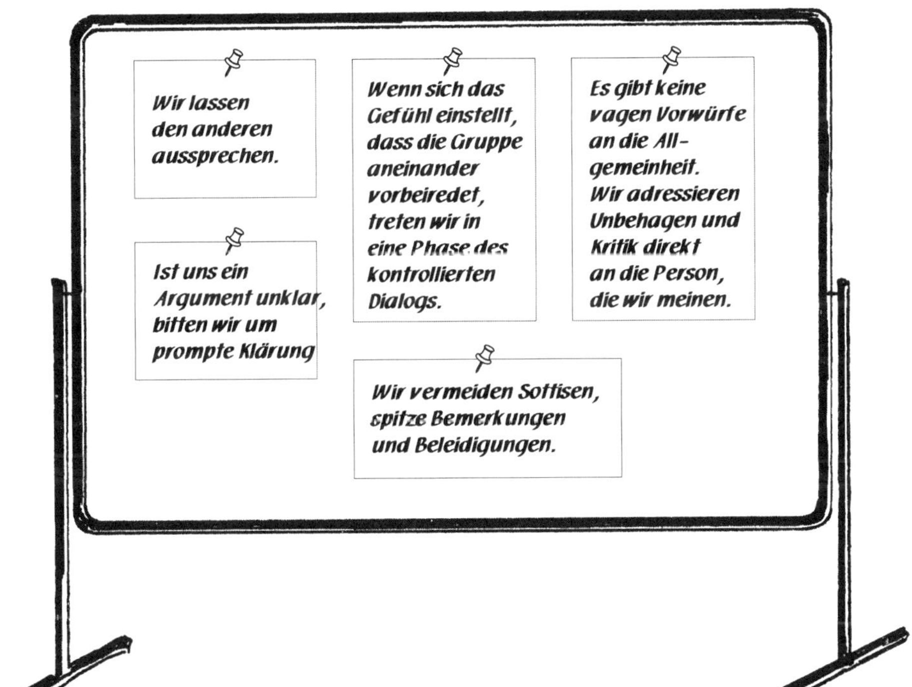

Methode: Kartenabfrage. In einem zweiten Moderationsschritt – einer Kartenabfrage – lässt der Mediator die positiven Seiten der bisherigen Kooperation herausarbeiten. Seine Frage lautet: »Welche Gegebenheiten unserer Kooperation und unseres Team gefallen uns?« Hier tauchen erstaunlich viele positive Rückmeldungen auf:

- Die freie und selbstverantwortliche Form des Arbeitens.
- Das hierarchiefreie Selbstverständnis des Team.
- Die vielschichtigen und abwechslungsreichen Tätigkeiten.

- Die Bereitschaft zur Fortbildung und zum wechselseitigen Voneinander-Lernen.
- Das stark unterschiedliche berufliche Herkommen der Trainer, das Synergie- und Ergänzungseffekte ermöglicht.
- Das unregulierte, offene Element, das eine solche Situation des Neuaufbau mit sich bringt.

Die Auflistung zeigt einen beträchtlichen Fundus an Gemeinsamkeiten. Es gibt also Elemente, die das Arbeiten in diesem Unternehmen attraktiv machen. Der eine oder andere Trainer vergleicht in der Nachbesprechung seine jetzige Arbeitssituation mit stark reglementierten Vorerfahrungen und gibt zu, dass ein Zurück in diese stärker abhängigen und fremdbestimmten Arbeitsprozesse für ihn kaum vorstellbar wäre.

Paraphrasieren und Zusammenfassen. Am Ende dieser ersten Sitzung bittet der Mediator das Team Zielvorstellungen des Unternehmens zu entwickeln, die für alle akzeptabel sind, die jeder unterschreiben kann. Er moderiert diesen Teil der Sitzung mithilfe von Paraphrasen und Zusammenfassungen. Als wesentliche konsensfähige Zielvorstellungen ergeben sich dabei:

- Das Unternehmen will sich in Stadt und Region etablieren, will zumindest die Marktanteile des Vorbesitzers zurückgewinnen. Der Name des Unternehmens soll wieder ein Markenzeichen in der Trainingsarbeit sein.
- Das Unternehmen will moderne prozessorientierte Bildungsarbeit leisten – nicht die veralteten Managementschulungen mit einer Fülle von Handreichungen, Ratschlägen und Rezeptwissen.
- Die inhaltliche Spezialisierung der Trainer soll ein Kriterium des Qualitätsbewusstseins werden, denn: ein Trainer, der alle Felder des betrieblichen Trainings abdeckt, wird kein guter Trainer sein.
- Die Vorgehensweise bei der Durchführung von Trainings soll standardisiert und nachvollziehbar sein. Im Einzelnen heißt dies: Kein Training ohne teilnehmerbezogene Situationsanalyse, das individuelle Passen von Training und Kundenbedürfnis.
- Der Kunde soll stets für eine längerfristige Dienstleistung (Beratung sowie Prozessbegleitung) gewonnen werden. Punktuelle Trainings werden zwar akzeptiert, können aber nicht die Zielrichtung des Unternehmens sein.
- Die Trainer bemühen sich um Modernität, sie wollen auf dem letzten Wissensstand ihres Faches sein. Dies impliziert die Bereitschaft zur ständigen Fortbildung.
- Die gemeinsame Arbeit soll Elemente von Freude und Kreativität enthalten.

Es ist offensichtlich, warum der Mediator diese Strategie für die erste Teamsitzung wählt. Er will das Terrain von Gemeinsamkeiten sondieren. Die Ergebnisse zeigen ihm dann auch, dass zumindest anfänglich eine starke Bereitschaft gegeben war, in diesem Team unter diesen Bedingungen zu arbeiten. Er lenkt so den Fokus der Mitarbeiter auf das Verbindende und macht sie damit bereiter, das Minenfeld der Auseinandersetzungen zu betreten. Darauf wird er sich in den nächsten Sitzungen konzentrieren. Die positiven Ergebnisse dieser ersten Sitzung bleiben als eine Art Ermahnung und Selbstzensur im Raum – für jeden einsehbar und zugänglich.

Themenkomplexe für die folgenden Sitzungen. In den folgenden Sitzungen konzentriert sich die Mediation auf die Felder der Auseinandersetzung. Dem Mediator schweben drei Themenkomplexe vor:

- Persönliche Kränkungen und ihre hemmende Auswirkung auf die Kooperation.
- Die Unterschiede in den Mentalitäten und Kulturen zwischen den Fraktionen des Unternehmens.
- Die zentralen sachlichen Auseinandersetzungen.

Übung

Überlegen sie bitte nun selbst, wie Sie in der folgenden Sitzung vorgehen würden. Stellen Sie dar, wie sie die Sitzung konkret gestalten würden und begründen Sie die einzelnen Schritte. Auch hier gilt: Es gibt keine obligatorische Lösung!

Der Mediator stellt in der zweiten Sitzung die »Minenfelder« der Kooperation dar, wie sie sich aus seiner Perspektive ergeben. Er betont, dass aus seiner Sicht die sachlichen Auseinandersetzungen in bestimmten Grundeinstellungen wurzeln. Er unterscheidet eine stärker vertriebsorientierte, auf Selbstdarstellung bedachte Mentalität und eine stärker leistungsorientierte, analytisch-nüchterne Mentalität. Beide könnten sich in einem Beratungsunternehmen sehr gut ergänzen, was bisher nicht der Fall ist. Er nimmt deshalb an, dass gerade hier Wahrnehmungsverzerrungen am Werk sind, die jetzt schon wirkungsvoll bearbeitet werden könnten. Er erläutert zudem noch einmal die Parteienbildung innerhalb der Gruppe, wie sie sich ihm darstellt.

Geschäftsführer und Stellvertreter wehren sich zunächst gegen diese eindeutigen Zuordnungen. Die Zustimmung im Trainerkreis lässt sie allerdings diese Zuordnung dann akzeptieren. Der Mediator bittet die Gruppe nun zu entscheiden, ob man sich zunächst den sachlichen Auseinandersetzungen, den Hintergrund-Kulturen oder den persönlichen Friktionen zuwenden will. Die Gruppe entscheidet sich nach kurzer Diskussion für eine Erörterung der grundlegenden Mentalitäten und Kulturen. Es herrscht allgemein die Meinung vor, dass die Sachauseinandersetzungen nur Symptome grundlegender Differenzen seien.

Dieses Vorgehen unterscheidet sich stark vom amerikanischen Modell. Der Mediator steuert hier schon allein durch die Benennung der Felder der Auseinandersetzung. Die Gruppe entscheidet dann über Prioritäten, favorisiert dabei aber Prozesse der Klärung von Hintergründen. Der persönliche Klärungsprozess ist das zentrale Thema in diesem Team. Da persönliche Auseinandersetzungen und Mentalitäten wohl in markanter Weise hemmend wirken, erweist sich dieses steuernde Vorgehen im Folgenden als sehr sinnvoll.

Selbstbild-Fremdbild-Konfrontation. Um auf das allgemeine und vage Feld der Mentalitäten und Grundeinstellungen zu kommen, greift der Mediator auf das Verfahren der Selbstbild-Fremdbild-Konfrontation zurück. Er bittet die beiden Fraktionen zu einer separaten Bearbeitung der von ihm vorbereiteten Fragen:

- Wie sehen wir uns als Gruppe innerhalb des Unternehmens?
- Wann erweisen sich unsere Strategien als kontraproduktiv?
- Wie sehen wir die andere Gruppe im Unternehmen?
- Was ist das Positive an dem von uns Kritisierten?

Die Fragen sind bewusst so formuliert, dass sie Relativierungen nötig machen, Relativierungen der eigenen Position wie der Kritik an der anderen Gruppe. Diese eingebauten Relativierungen deuten auf das Fragwürdige der eigenen Positionen wie auf das möglicherweise Positive an der anderen Sichtweise. Gezielt werden so Wahrnehmungsverzerrungen angegangen, die die eigene Position als grundlegend gut, die andere Position als hinderlich und ineffizient beschreiben. Der erzwungene Perspektivenwechsel erlaubt auch ein Reframing: die Position der anderen kann in einem neuen Licht gesehen werden. Nach einer kurzen Präsentation der Ergebnisse durch die Fraktionen werden diese jeweils auf einer Pinnwand visualisiert. Das Selbstbild und die möglichen kontraproduktiven eigenen Strategien stehen so spiegelbildlich neben dem Fremdbild und dessen Darstellung der positiven Implikationen. Eine solche Zusammenschau ermöglicht es dann, in einer vom Mediator geleiteten Plenumssitzung zu bestimmen, was von der einzelnen Gruppe bis zu welchem Grad konserviert werden soll, aber auch, woran die Gruppe arbeiten muss.

Geben wir die Ergebnisse – zwangsläufig verkürzt – wider:

- Die Gruppe A sieht sich (Selbstbild) als solide, nüchterne, selbstkritische Einheit, die in ihrer Tätigkeit ganz entschieden qualitäts- und leistungsbewusst vorgeht. Der Kunde muss zunächst durch das gut durchdachte und ausgeführte Training überzeugt werden. Ein Multiplikationseffekt wird sich im Wesentlichen durch die gute Leistung und die damit verbundene Empfehlung ergeben. Auch im Blick auf die Geschäftspolitik mahnt die Gruppe zu Nüchternheit und Realitätssinn. Undurchdachte Investitionen könnten das Unternehmen schnell an den Rand des finanziellen Kollaps bringen. Jede Investitionstätigkeit sollte basieren auf den Gegebenheit des Geschäftserfolgs. Schritt für Schritt, mit Bedacht sollten Innovationen

und Ausweitungen des Unternehmens durchgeführt werden. Konzentration der Kräfte auf die wesentlichen Ertragsfaktoren sei das Gebot der Stunde. Ein Verpuffen der Kräfte in allen möglichen zeitraubenden, wenn überhaupt dann nur langfristig ertragbringenden Aktivitäten sei zu vermeiden. Von marktschreierischen Strategien sollte Abstand genommen werden. Der Kunde könne vollmundige Anpreisungen sehr wohl nachprüfen.
- Negative Effekte ihrer Haltung sieht die Gruppe darin, dass bestimmte Chancen aufgrund eines gewissen Konservatismus nicht wahrgenommen werden (beispielweise EU-finanzierte Projekte, die am internen Widerstand wegen des vermeintlich hohen Organisationsaufwandes scheitern). Auch das Marketing wird von der Gruppe zu konservativ gesehen. Sie begründet dies mit der fehlenden Vertrautheit mit offensiven Vertriebsstrategien.

Das Fremdbild der Fraktion B verstärkt diese selbstkritischen Einschätzungen:

- Die Gruppe wird vor allem in ihrer Tendenz zum Blockieren gesehen. Sie blockiere, mitunter auch aufgrund fehlender Vorinformationen und Vorkenntnisse. Die Vermarktungsstrategie wird als fade angesehen. Die Gruppe konzentriere sich zu sehr auf die schon gewonnenen Kunden, die Akquise des Neukunden bleibe sekundär. Vor der guten Leistung stehe nun mal das Prinzip der Kundengewinnung. Man bleibe sonst auf einem Fundus von Stammkunden sitzen, wobei auch diese Stammkunden irgendwann neue Gesichter sehen wollten. Mutlosigkeit sei ein Zeichen dieser Gruppe in der Geschäftspolitik, man benenne immer nur die möglichen negativen Folgen, nicht aber die möglichen Chancen.
- Positiv an dieser Haltung sei aber der entschiedene Widerstand gegen wenig durchdachte Einfälle, gegen Spekulationen und Visionen, die losgelöst von der Realität der betrieblichen Weiterbildung in Studierzimmern ausgebrütet würden. Dies gelte womöglich für den Entwurf eines teuren neuen Werbeprospekts.

Die Verhaltensmaximen werden formuliert. Die Verhaltensmaximen (Erwartungen an diese Gruppe) werden am Ende dieser Gruppenbesprechungen gemeinsam ausformuliert:

- Die Gruppe wird sich bei Innovationsvorschlägen auch Gedanken zu positiven Effekten machen.
- Die Gruppe soll mehr Mut zu neuen Marketing-Aktivitäten entwickeln.
- Die Gruppe räumt der Akquise von Neukunden einen breiteren Raum ein.
- Die Gruppe führt ihre Nüchternheit, ihren Realitätssinn ganz bewusst ins Feld, wenn realitätsferne Entscheidungen und Überlegungen angestellt werden.
- Die Gruppe soll ihre Qualitäts- und Leistungsstandards für Trainings und Beratungen bewusst für das Gesamtunternehmen festschreiben.
- Der von der Gruppe betonte Trend zur Spezialisierung wird als Maßstab für die Entwicklung des Gesamtunternehmens angesehen.

Das Selbstbild der Fraktion B stellt sich folgendermaßen dar:

- Es ist geprägt von positiven Selbst-Charakterisierungen, die Risikofreudigkeit und Innovationsbereitschaft betonen. Man betont eine optimistische Grundhaltung, während man der anderen Gruppe einen mitunter paralysierenden Skeptizismus zuschreibt. Die Orientierung an bestimmten branchenüblichen Standards wird herausgehoben. Ohne diese Orientierung sei man als Unternehmen nicht wirklich »gesellschaftsfähig«. Marketing- und Vertriebsgesichtspunkte müssten im Geschäftskonzept angemessen berücksichtigt werden. Dazu gehöre die Bereitschaft auch kostenträchtige Innovationen einzuführen. Man müsse auf dem gleichen Stand wie die Konkurrenz sein. Das eigene Verhalten wird als bewusst kundenorientiert betrachtet. Standards der Präsentation wie der Information müssten beachtet werden.
- Als eher negativen Effekt dieser Grundorientierung wird die nicht immer durchkalkulierte Bereitschaft zum finanziellen Risiko gesehen. Hohe finanzielle Investitionen hätten in der Vergangenheit nicht immer den nötigen Auftrags- und Umsatzeffekt gezeitigt. Man neige so manchmal zu Luft-Projekten. Ein geschickter Verkäufer könne zu Investitionen verleiten, deren Folgekosten nicht adäquat durchgerechnet würden. Im Trainingsgeschäft sei man mitunter zu voreilig. Aufträge werden angenommen, ohne wirklich die entsprechende Qualifikation, die notwendige Manpower zu haben.

Diese Selbstkritik spiegelt sich verstärkt in dem Fremdbild der Gruppe A:

- Sehr ironisch wird hier von Träumerei, von Visionen gesprochen, die auf tönernen Füßen stehen. Man investiere gerne in Innovationen, die nur dem Scheine nach Kompetenz suggerieren sollten. Häufig maße man sich eine Qualifikation an, die keinerlei reale Entsprechung habe. Daraus entstünden dann in den Sand gesetzte Seminare und Beratungen. Der Gruppe ginge es zu sehr um die Selbstdarstellung, zu sehr um eine Außenwirkung, die genauerer Prüfung nicht standhielte. Die Trainer müssten ihre spezifischen Einsatzgebiete und Schwerpunkte noch finden. Man lasse sich zu sehr auf Nebenschauplätze führen, weil man alle möglichen Branchenfelder besetzen wolle. Hier wird etwa die avisierte Kooperation mit einem Verlag genannt, dem man Schulungskonzepte für Broschüren versprochen hat. – Im Ton ist diese Fremddarstellung sehr viel bitterer und sarkastischer als die vorangegangene (für den Mediator ein Hinweis auf persönliche Rivalitäten).
- Positiv gesehen wird an Verhalten und Strategien der anderen Fraktion vorrangig die Frische und Unbekümmertheit, mit der man sich an Aufgaben heranwage, selbst wenn dies die vorhandenen Kompetenzen zunächst überschreite. Die Orientierung an Marketinggesichtspunkten wird generell begrüßt, sie erscheint in der eigenen Gruppe vernachlässigt.

In der gemeinsamen Schlussbesprechung werden mit Fraktion B folgende Verhaltenserwartungen ausgehandelt:

- Die Gruppe wird die Streuung ihrer Aktivitäten unterlassen und sich stärker auf Kerngeschäfte konzentrieren.
- Bei Neu-Investitionen werden Kosten-Nutzen-Erwägungen eine größere Rolle spielen.
- Mitglieder der Gruppe werden spezifische Trainingsschwerpunkte für sich ausarbeiten und besetzen.
- Lust und Mut zur Innovation werden vom Gesamtteam positiv gesehen. Neue Ideen werden nicht prompt abgewertet.
- Das Team bemüht sich als ganzes um eine eine stärkere Evaluierung und Berücksichtigung der branchenüblichen Standards.
- Diese Fraktion formuliert Leitlinien eines kundenorientierten Verhaltens für die Trainings- und Beratungsbranche.

Auch diese Schlussempfehlungen werden schriftlich festgehalten und für die Dauer des Mediations-Workshops visualisiert.

Die Strategie, Empfehlungen und Handlungsaufforderungen an den Schluss dieser Sitzung zu setzen, hat einen wichtigen vorwärts gerichteten Effekt. Die obligatorischen Perspektivenwechsel innerhalb dieses Vorgehens machen deutlich, dass ein Verhalten nie an sich unfruchtbar und kontraproduktiv ist, sondern dies nur in der Übertreibung und Vereinseitigung wird. Skeptische Sichtweisen sind nie an sich schlecht, sondern nur, wenn sie die Handlungsbereitschaft lähmen. Visionäres Denken wird nur dann problematisch,wenn es jede Bodenhaftung verliert. Die Empfehlungen versuchen hier das Produktive an Verhaltensweisen zu bewahren und die unproduktiven Übersteigerungen auszuschalten. Die Empfehlungen werden mithilfe des Mediators vom Team ausgearbeitet.

Die beiden folgenden Sitzungen begeben sich nun auf das schwierige Terrain der persönlichen Reibereien und Verletzungen. Der Mediator erkannte einige Punkte schon in seiner Situationsanalyse, gleichermaßen in der Beobachtung der Interaktionen im Workshop. Er sucht nun nach einer einfachen Strategie, den Fokus auf die Beziehungskonflikte zu legen.

Übung

Überlegen Sie sich bitte, wie Sie den Zugang zu einer Erörterung der Beziehungs-Konflikte gestalten würden. Dieser Einstieg soll möglichst einfach und unbelastet sein. Es ist nicht sinnvoll, gleich die gefährlichsten Problemfelder anzugehen.

Der Mediator verwendet im konkreten Fall für den Einstieg die Übung »Signale«. Dazu verteilt er an jeden Teilnehmer folgenden Bogen:

Signale

von ……………………………………………

an ……………………………………………

Es wäre hilfreicher oder einfacher für mich, wenn Sie

1. häufiger oder mehr

   ……………………………………………
   ……………………………………………
   ……………………………………………
   ……………………………………………

2. weniger oder überhaupt nicht mehr

   ……………………………………………
   ……………………………………………
   ……………………………………………
   ……………………………………………

3. weiterhin

   ……………………………………………
   ……………………………………………
   ……………………………………………
   ……………………………………………

4. außerdem

   ……………………………………………
   ……………………………………………
   ……………………………………………
   ……………………………………………

tun würden.

Jedes Teammitglied kann so seinen Kollegen Verhaltenskritik und Wünsche in schriftlicher Form zukommen lassen. Die Bögen werden verdeckt an den Adressaten weitergegeben. Dieser kann in der nachfolgenden Besprechung selbst entscheiden, welche Informationen er veröffentlichen und diskutieren will. Nicht alle Bögen, nicht alle Einzelpunkte müssen ausgefüllt werden.

Das Instrument erweist sich in der Regel als ein sehr brauchbarer Einstieg in das Feld persönliche Auseinandersetzungen und Beziehungskonflikte. In der Besprechung muss es dem Mediator gelingen, durch gewandte Gesprächsführung, durch geschicktes Paraphrasieren und Interpretieren an den Nerv der Dinge, an die wirklich wunden Punkte des persönlichen Austausches zu kommen.

Aus der Materialfülle wählen wir nun wieder die wichtigsten Ergebnisse aus.

Verteilungskämpfe um Zuwendung. Der jüngere Trainer der Gruppe B wendet sich an seinen männlichen Kollegen aus der anderen Gruppe. Er möchte nicht länger als »Hätschelkind« , als das »Nesthäkchen des Chefs«, als »Everybodys darling« charakterisiert werden. Der Mediator wendet sich zur Verdeutlichung an diesen Kollegen. »Ist es möglich, dass Sie das Gefühl haben, Ihre seriöse Arbeit werde zu wenig honoriert, erfahre zu wenig Beachtung?« Nach einem kurzen Zögern bejaht dieser die Frage. Es stellt sich nun heraus, dass in diesem aufgeklärten Teilnehmerkreis die Frage der Zuwendung und Beachtung durch den Geschäftsführer eine große Rolle spielt.

Die Trainerin aus der Gruppe A stimmt ihrem Kollegen in diesem Punkt uneingeschränkt zu. Ihre Arbeit werde ebenfalls nicht entsprechend gewürdigt. Erfolgreiche Seminare würden nur mit einem kurzen wohl wollenden Kommentar wahrgenommen. Während bei den Newcomern der anderen Gruppe selbst bei einem ganz offensichtlichen Versagen der schützende Arm des Chefs ausgebreitet würde. Da »würden immer Erklärungen und Rechtfertigungen gefunden«.

Defizite in Bezug auf Lob und Anerkennung, deren offensichtlich ungleiche Verteilung sind also ein wesentlicher Grund für das Auseinanderdriften des Teams. Zur Kompensation suchen die Trainer die Unterstützung durch den stellvertretenden Geschäftsführer. Dessen spröde sachliche Anerkennung reicht ihnen aber nicht aus.

Auf die Nachfrage hin verneint der Geschäftsführer zunächst diese konstatierte Bevorzugung, gibt sie aber später mit gewissen Einschränkungen dann doch zu. Er rationalisiert sie mit dem Argument, dass gerade »die unerfahrenen Trainer gefördert und geschützt werden müssten«. Der Mediator vermutet, dass der Grund für die Bevorzugung in einer weiterreichenden Affinität liegen muss. Er bietet als Interpretation an, dass die beiden Newcomer der Gruppe »einen ähnlichen Sprung ins kalte Wasser gewagt hätten« wie der Chef selbst – mit seinem Sprung in die Selbstständigkeit. Dies begründe die stärkere Identifikation. Der Geschäftsführer stimmt dem ohne Zaudern zu. Das Motiv für die Bevorzugung ist nun transparenter. Diese wird von den »Benachteiligten« nun nicht mehr als Indiz für eine persönliche Bewertung und Wertschätzung aufgefasst. Sie erfassen den eher defensiven Charakter. So können sie auf einer neuen Basis miteinander kooperieren, ohne dass sofort eine betonte Gleichbehandlung einsetzen muss.

Die Angst des Geschäftsführers. In den Signalen an den Geschäftsführer dominiert ein Wunsch: »er möge doch im Trainingsgeschäft eine stärkere Präsenz zeigen«. Dies scheint zunächst nur der Wunsch nach Veränderung der Aufgabenverteilung zu sein. Der Geschäftsführer rechtfertigt seine Abstinenz zunächst mit der Überbelastung durch die sonstigen verantwortlichen Funktionen. Dem Mediator genügt diese Antwort nach den Vorinformationen aus den Einzelgesprächen nicht. Er unterstützt das Kollegium in deren Ansicht, dass gerade ein »erfahrener Personalmensch« mitunter an der Front der Trainings und Beratungen stehen müsse. Gerade hier sei eine PR-Möglichkeit, denn der Eindruck, man komme aus dem Milieu und kenne die Gegebenheiten hautnah, sei ein besonders guter Werbefaktor.

Der Mediator fragt nach, ob es noch andere Gründe für dieses »Zurückstehen« gäbe. Der Geschäftsführer gibt nun zu, dass ihn das methodische und allgemeinpsychologische Know-how der versierten Trainer, ihre Befähigung zum prozessorientierten Gestalten eines Trainings immer sehr beeindruckt hätten. Er sei letztlich ein Ökonom, psychologische Theorie und sensibles Reagieren auf Gruppenprozesse seien nicht so leicht zu erlernen und für ihn sei es dazu zu spät. Er zieht sich deshalb aus einem Feld zurück, das er nicht kompetent genug besetzen kann. Deutlich wird nun auch, warum der Geschäftsführer die beiden Newcomer unterstützt. Er erkennt sich in ihnen wieder, findet bei ihnen zugleich den Mut, den er selbst nicht aufbringt.

Dieses Zugeben von Bedenken und Befürchtungen korrigiert zugleich Fehlwahrnehmungen aus dem Trainerstab, die ein Sich-Drücken vor der verunsichernden Erfahrung der Trainings unterstellt hatten.

Die Empfehlungen aus dem Trainerkreis, die daraufhin formuliert werden, sind nun überraschenderweise sehr auf Ausgleich bedacht. Jeder Trainer befände sich doch in einem kontinuierlichen Wachstumsprozess, die scheinbare äußere Souveränität im Training werde oft begleitet von inneren Zweifeln und Skrupeln, ob man denn nun angemessen auf die Teilnehmer reagiert habe.

Ein Trainer schlägt nun vor, dass der Geschäftsführer zumindest Veranstaltungen anbieten und leiten könne, die in seinen Ausbildungsbereich fielen, stärker systematisch seien und den Charakter eines Lehrgesprächs haben könnten. Schwerpunkte könnten hier Themen sein wie zum Beispiel Personalauswahl und -beurteilung, Personalabbau und Outsourcing sein. Durch ein internes Coaching könnten darüber hinaus spezifische Trainingsqualitäten vermittelt werden. Der Geschäftsführer zeigt sich dankbar für die erlangte Offenheit. Dies habe ihn schon lange beschäftigt. Nun wisse er, dass er bei seinen kommenden Bemühungen vom Team unterstützt werde.

Der Zynismus eines Trainers. In den Rückmeldungen an einen Trainer der Gruppe A finden sich generell Hinweis auf versteckte bissige und zynische Bemerkungen, die die Gegenüber verletzen und kränken. Diese Sticheleien seien aber oft so fein formuliert, dass man die in ihnen enthaltenen Spitzen erst nach einer gewissen Zeit registriere. Die Bemerkungen bezögen sich oft auf die fachliche Kompetenz, häufig seien es auch schlichtweg Killersätze, die sich gegen die Einführung einer Neuerung, gegen eine Idee richteten.

Die Kollegen fürchten ganz allgemein diese Bemerkungen, sie haben danach oft das Gefühl minderwertig zu sein, bestimmte Dinge analytisch nicht genau durchdacht zu haben. Dies sei im Einzelfall recht amüsant und aufschlussreich, transportiere aber insgeheim eine eher abwertende Haltung.

Der Trainer hört sich diese Beschreibungen sehr genau an. Er gibt dann zu, dass dies eine Reaktion sei, die ihm häufig, auch im privaten Umfeld, begegne. Er neige wohl zu einer rigorosen analytischen Genauigkeit, begründe diese dann immer mit dem Begriff der intellektuellen Sorgfalt. Nach einer längeren Pause fügt er hinzu, dass es ihm dabei latent immer auch um Wert und Unwert des eigenen Tuns innerhalb einer Branche geht, in der die Konkurrenz sehr stark sei und »in der man sich wappnen müsse«.

Der Mediator, dem die gleichzeitigen Widerstände dieses Trainers gegen die Akquisitionstätigkeit bekannt sind, befragt ihn nun, für wie gut er sich in diesem Bereich halte. Der Trainer attestiert zögernd, er wisse um seine Schwierigkeiten in diesem Bereich. Ihm falle jeder Erstkontakt schwer, er fühle sich da begutachtet. Diese Situation löse bei ihm Gefühle der Absurdität des eigenen Tuns und Fluchtgedanken aus. Die Verkaufssituation sei etwas, was ihm nicht liege. In Trainingssituatioen lösten sich diese Hemmungen schnell auf.

Diese unerwartete Offenheit des sonst souveränen und routinierten Mannes löst bei den Kollegen Bestürzung aus. Dem Mediator ist bewusst, dass hinter dieser Haltung eine Vorgeschichte steckt, die er in dieser Mediation nicht klären kann. Ihm ist auch klar, dass die Neigung zur spöttischen und despektierlichen Kritik auf Feldern, die dem Trainer vertraut sind, eine Art Kompensation für eigene Defizite sein kann. Er bittet die Kollegen nun, klare Verhaltenswünsche an ihren Partner zu formulieren. Diese lassen sich zusammenfassen in dem Bedürfnis nach einer transparenten und konstruktiven Kritik. Die analytische Begabung dieses Trainers wird von den Kollegen durchaus gesucht, sie sei ein Korrektiv für verschwommenene unklare Konzepte und Ideen.

Versteckte Prozesse der persönlichen Abwertung wollen die Kollegen in Zukunft prompt ansprechen. Zugleich verpflichtet sich das Team dazu, Erstkontakte und Präsentationen, bei denen dieser Trainer beteiligt ist, zu zweit durchzuführen.

Tendenzen zur Loslösung. In den Rückmeldungen des Geschäftsführers an seinen Stellvertreter dominiert eine spezielle Verärgerung. Er habe das Gefühl, nicht ausreichend über Gespräche mit Kunden und Kooperationspartnern informiert zu werden. Er habe immer die nicht von der Hand zu weisende Ahnung, ihm werde etwas vorenthalten. Der Stellvertreter kontert dies mit dem Hinweis, dass solche Gespräche häufig an ihn delegiert würden: »Machen Sie das mal!« Er habe den Chef zudem immer wieder eingeladen, an diesen Gesprächen teilzunehmen und wehre sich nun gegen implizite Unterstellungen.

Der Mediator versucht den wahren Gehalt, die latente Angst des Geschäftsführers zu ermitteln: »Sie vermitteln den Eindruck, als ob Sie befürchteten, ihre Gestaltungsmacht und Ihren Einfluss im Unternehmen langsam zu verlieren.« Dies sei durchaus eine seiner Befürchtungen – so der Geschäftsführer –, und erinnert noch einmal an das von ihm kritisierte Ignorieren umlaufender Schriftstücke. Wichtiger sei für ihn aber, dass er eine Tendenz zur Loslösung befürchte. Er habe da die nicht gänzlich unbegründete Angst, man versuche sein eigenes Süppchen zu kochen, Kompetenz und Kooperationspartner zu gewinnen. Er hätte seinen Stellvertreter herangezogen, hätte ihn in alle Interna des Unternehmens eingeweiht. Sein Vorgehen sei partnerschaftlich und vertrauend gewesen und er habe nun die Angst, hintergangen zu werden.

Der Stellvertreter wehrt sich vehement gegen diese Unterstellungen. Sein Verhalten sei nur ein Indiz für eine unbefriedigende interne Informationspolitik. Man könne nicht zunächst eine Fülle von Arbeiten an ihn delegieren und dann über den Kompetenzverlust klagen, den man letztlich selber eingeleitet hat. Das Prinzip zur Delegation müsse mehr sein als nur ein Lippenbekenntnis.

Der Mediator versucht wiederum, die Verhärtung aus dem Gespräch zu nehmen, indem er Argumente für eine Separation quasi spielerisch – als Gedankenexperiment – durchdenkt: Ein Mitarbeiter in leitender Funktion, der eine Fülle von Kompetenzen und Kontakten angehäuft hat, möglicherweise in diversen Sach- und Koordinierungsfragen nicht mit der Linie des Unternehmens einverstanden ist, habe durchaus die Berechtigung, wohl auch ein Interesse daran, an ein eigenes Unternehmen zu denken, wenn er sich dazu befähigt fühle. Der Stellvertreter wird daraufhin offener. Sicher habe er hin und wieder mit dem Gedanken der Selbstständigkeit gespielt. Dies vor allem dann, wenn er das Gefühl habe, in sachlichen Auseinandersetzungen werde seine Stimme nicht gehört. Man komme in leidigen Sachfragen einfach nicht voran: der Ausrichtung der Trainertätigkeit, der Provisionsregelung, der Investitionspolitik.

Er wisse allerdings, wie wichtig im Trainingssektor das Dach eines bekannten Namens, eines eingeführten Unternehmens sei. So sei er immer vor dem Schritt in die Selbstständigkeit zurückgeschreckt. Er bliebe gern im Unternehmen, vor allem wenn sich im Zusammenhang dieser Mediation ein positiveres Miteinander-umgehen einstellen würde. Reizvoll wäre für ihn naturgemäß eine weiterreichende Form der Beteiligung am Unternehmen, die seine Aktivitäten angemessen honoriere.
Mit dieser Wendung der Auseinandersetzung, der Veröffentlichung der Möglichkeit der Abspaltung und der Bekundung einer Identifikation mit dem Unternehmen ist das explosive Element im Verhältnis der beiden Führungspersonen aufgehoben. Man verständigt sich darauf, neue Absprachen bezüglich der Außenkontakte zu treffen und eine Beteiligung des Stellvertreters am Unternehmen ins Auge zu fassen. Diese sollen in einer separaten Besprechung durchgeführt werden, bei der man ebenfalls auf die Unterstützung des Mediators hofft. Dieser sagt zu, er sei aber kein Experte für Unternehmensformen und Finanzfragen.

Wir haben hier nur die markantesten Punkte der latenten Beziehungskonflikte aufgezeigt. Es ist dabei von besonderer Bedeutung, dass am Ende jeder Detail-Besprechung versöhnende Aktionen von Offenheit,Transparenz und Entschuldigung stattfinden und konkrete, nachprüfbare Verhaltensziele entwickelt werden.

In der letzten Sitzung werden die strittigen Sachthemen neu verhandelt. Die Kultur- und Mentalitätsunterschiede wurden so umgedeutet, dass sie eine produktive Kooperation ermöglichen. Den persönlichen Auseinandersetzungen ist nach ihrer Veröffentlichung die Spitze genommen. Man kann sich nun auf das Aushandeln von Sachinteressen konzentrieren.

Übung

Nehmen Sie nun ein letztes Mal an, Sie seien den Mediator dieser Sitzung.Wie gehen Sie als Vermittler, als Führer der Verhandlungen im Einzelnen vor? Skizzieren Sie dies kurz!

Der Mediator listet zunächst die strittigen Sachfragen auf (mit Hilfe des Zuruf-Antwort-Verfahren aus dem Methodenschatz der Moderation) und lässt sie durch die Teilnehmer ergänzen. Am Ende lässt er eine Gewichtung vornehmen, mit der die Teammitglieder die Relevanz der Themen einschätzen.

In den folgenden Verhandlungen werden Möglichkeiten und Ausgestaltungen für die strittigen Sachfragen entwickelt. Der Mediator lässt die Parteien ihre Positionen darstellen und bemüht sich dabei immer um eine Klärung der zugrunde liegenden Interessen. Er versucht den Interessen Ausgleich zu erzielen. Natürlich können wir diese Sachdebatten nur in Ausschnitten wiedergeben.

Die Aufgabenteilung der Trainer. Hier stehen sich zwei zunächst sehr unterschiedliche Positionen gegenüber. Die eine Gruppe wünscht eine spezifische Aufgaben-Beschreibung, die den Neigungen und Talenten der Trainer Rechnung trägt. Die andere Gruppe wünscht sich dagegen ein Gleichmaß der diversen Trainer-Funktionen. Diese Positionen erscheinen zunächst unversöhnlich. Blickt man jedoch auf die in den Sitzungen ausformulierten Interessen, so gibt es durchaus Wege zueinander.

Die Gruppe A formuliert zum einen das Bedürfnis, seriöse, durchdachte Trainings anbieten zu können und fordert deshalb mehr Zeit für die Situationsanalyse und die Konzipierung. Der eine Trainer erhofft sich mehr Unterstützung bei Erstkontakten, denen er ja nicht aus dem Weg gehen will. Man erwartet auch, dass man mit seinen Leistungen und Angeboten beim Kunden ins Gespräch gebracht wird.

Die Gruppe B hat ein spezifisches Interesse: Eine festgeschriebene unterschiedliche Aufgabendefinition könnte Arbeitsteilungen zu sehr festlegen. Dies müsse partout vermieden werden. Sonst käme es zu der Situation, dass nur ein oder zwei Trainer die Kalt-Akquise übernehmen müssten, während andere davon nur profitierten. (Natürlich sind all diese Fragen eng mit Provisionsregelungen verflochten.)

In dem Versuch zu einer Lösung zu gelangen, schlägt der Mediator nun vor, zu differenzierenden, den einzelnen Talenten angemessenen Aufgaben-Beschreibungen zu gelangen. Allerdings müsse jeder alle beschriebenen Trainerfunktionen ausfüllen, wenn auch in unterschiedlichem Umfang. Er schlägt zudem ein Prinzip der wechselseitigen Hilfe und des wechselseitigen Coachings vor: Vertriebsorientierte Trainer führen ihre Kollegen in Strategien der Telefonakquise ein und betreuen sie zunächst in diesen Situationen.

Aus dem Teilnehmerkreis kommt dann der Vorschlag, interessierte Kunden ins Haus einzuladen und diese dort mit dem gesamten Trainerteam bekannt zu machen. Auch dieser Vorschlag wird mit großer Zustimmung aufgenommen.

Unterschiedliche Trainings-Kompetenzen. Wir haben beschrieben, dass die Kompetenzen, das Know-how im Trainingsbereich sehr unterschiedlich sind. Dies liegt zum großen Teil an der bisherigen Ausbildung der Trainer. Zwei sehr versierte, einschlägig ausgebildete Trainer (der Stellvertreter sowie ein Trainer aus Gruppe A) kooperieren mit den drei Quereinsteigern aus anderen Berufen. Die Qualitätsunterschiede sind so – vor allem in der methodischen und psychologischen Fundierung – sehr groß. Diese Unterschiede müssen – nach Ansicht aller Mitarbeiter – ausgeglichen werden.

Hier schlägt die Gruppe ebenfalls das Prinzip des wechselseitigen Coachings vor. Wenn es zeitlich und finanziell machbar sei, sollten Trainer mit unterschiedlichen Vorerfahrungen in gemeinsamen Trainingssituationen zusammengebracht werden. Die damit einhergehenden finanziellen Verluste werden für eine Übergangszeit in Kauf genommen. Aus diesem Ko-Training und dem damit verbundenen Austausch werden Qualitätsstandards für die Trainingsarbeit entwickelt. Mit solchen Standards könne man auf dem Markt bestehen. Eine erste Formulierung solle schon einmal ausgearbeitet werden. Der Geschäftsführer des Unternehmens wird in der Trainingsarbeit vermehrt Präsenz zeigen. Dazu bieten sich offene Seminare ebenso an wie Prozessbegleitungen im Bereich von Personalauswahl und Personalabbau.

Investitionen und Kosten. Kaum überbrückbar scheinen die Differenzen in Bezug auf die allgemeine Geschäftspolitik, hier vor allem in der Frage nach bestimmten Investitionen. Die Gruppe B möchte unbedingt investieren: Eine neue umfangreiche Broschüre zur Selbstdarstellung und Werbung, Software zur gezielten Kundeninformation sowie ein hochmoderner Farbkopierer sollen angeschafft werden. Die andere Gruppe will diese Investitionen nicht. Sie möchte sie – wenn überhaupt – auf einen späteren Zeitpunkt verschieben. Sie möchte die Kosten ganz allgemein zurückfahren.

Der Mediator versucht die Interessen hinter den verfestigten Positionen zu eruieren. Die eher skeptische Gruppe A meint, dass mit diesen teuren Investitionen der Umsatzdruck neuerlich verstärkt würde. Es käme wieder – wie schon öfter – zu Hauruck-Aktionen in der Akquise. Man übernehme dann auch Seminare, für die nicht die nötige Kompetenz gegeben sei. Zudem erfordere allein die Gestaltung der Broschüre einen enormen zeitlichen Aufwand. Das Unternehmen solle eher organisch wachsen, die Beschäftigten sollten Zeit und Gelegenheit haben, ihre Kompetenz und Qualität zu verbessern. Der Druck solle von den einzelnen Mitarbeitern genommen werden. Das schon erwähnte System des internen Coachings und der internen Verbesserung könne so nicht realisiert werden. In der anderen Gruppe steht im Vordergrund das Interesse an einer verbesserten Präsenz beim Kunden und – ganz allgemein – eine andere Kundenorientierung. Der Kunde müsse das Unternehmen kennen, es müsse wieder eine feste Größe in der Bildungslandschaft werden. Diesen Zielen dienten die Neuinvestitionen. Der Mediator sieht nun, dass die letzten Zielvorstellungen wohl identisch sind, dass nur die Wege zum Ziel unterschiedlich bewertet werden.

Er schlägt vor, zu überlegen, wie man mit den vorhandenen Mitteln das gemeinsame Ziel erreichen könne. Es kommen Vorschläge, auf die sich die Gruppe sehr schnell einigen kann: Gezieltes Kundenmanagement durch Systeme des Nachfassens sowie der Wiedervorlage, die Einladung von Kunden ins Haus und die gezielte Kontaktaufnahme mit Entscheidungs- und Beratungsgremien. Das Team kann sich nun darauf einigen, die vorhandenen Mittel effektiver zu nutzen (wobei es hier auch einer internen Kontrolle bedarf). Erst wenn sich in der Evaluation herausstellt, dass diese Mittel nicht den erwarteten Nachfrageeffekt zeitigen, könne man die erwähnten Investitionen wieder ins Auge fassen. In dieser Lösung sind wohl alle Interessen integriert: die verbesserte Kundenorientierung und die Verminderung des Umsatzdrucks.

Ein Trainer schlägt nun ganz entschieden vor, das Unternehmen einmal ganz gezielt auf überflüssige Kostenfaktoren zu durchforsten. Er hat nach seiner Analyse den Eindruck gewonnen, dass das Tanzen auf vielen Hochzeiten, die Vielzahl von angedachten und nur in Ansätzen realisierten Aktivitäten die Energien der Mitarbeiter zu sehr zerstreue. Ist es nötig, jetzt über die Vermarktung von Trainingsmaterialien durch einen Verlag nachzudenken? Ist es nötig, gewisse Arbeitskreise aufrechtzuerhalten, die bislang nur Debattierklubs ohne konkrete Resultate waren? Ist es sinnvoll, ein umfangreiches offenes Seminarangebot zu präsentieren (damit auch externe Trainer einzubinden), von dem realiter dann doch nur im günstigsten Fall 20 Prozent realisiert würden?

Das Team nimmt diese Wendung zu den Kosten-Überlegungen positiv auf, wenn auch im Einzelfall sofort Gegenargumente formuliert werden. Das Ziel einer Bündelung der Kräfte, der Konzentration aufs Kerngeschäft wird allgemein akzeptiert. Man müsse hier in Zukunft genaue Überlegungen anstellen. Der Geschäftsführer nimmt sich vor, einmal gezielter als bisher das Unternehmen auf Rationalisierungsaspekte hin zu untersuchen.

All diese aufgeführten Schritte und Handlungsstrategien werden in Form eines Aktionsplans ausgearbeitet – mit klaren Handlungsanweisungen an die einzelnen Team-Mitglieder. Dieser Aktionsplan ist eine Art schriftlicher Kontrakt, eine schriftliche Vereinbarung, die einen betont verpflichtenden Charakter hat. Das Handeln des Einzelnen kann an diesem Aktionsplan gemessen und bewertet werden.

Am Ende dieser Sitzung bespricht der Mediator dann noch einige Defizite in der Koordination zwischen den Trainern. Die dabei getroffenen Übereinstimmungen und Arrangements können relativ schnell hergestellt werden. Die Themen, die besprochen werden, sind nicht mehr im bisherigen Umfang emotional besetzt. Das Trainer-Team trifft folgende zusätzliche Vereinbarungen:

- Die Besprechungsprotokolle werden abwechselnd übernommen und mithilfe eines vorgegebenen Formblatts ausgearbeitet.
- Kundenkontakte und Akquisitionsbemühungen der Trainer werden schriftlich fixiert und mithilfe der vernetzten EDV allen anderen zugänglich gemacht.
- Prinzipien des Nachfassens und der Wiedervorlage von Kundenkontakten werden verbindlich für das Team ausgearbeitet.
- Der Umlauf wird bewusster vorselektiert. Der Papierkorb wird im individuellen Selbstmanagement an Bedeutung gewinnen.
- Nicht jeder Kontakt, nicht jede Nachfrage, nicht jedes Angebot ist eine Chance. Es muss gelingen, häufiger auch nein zu sagen.
- Die Koordinierung der Dienstwagen und anderer Infrastruktur wird den Verwaltungskräften übertragen.

Die Atmosphäre in dieser letzten Sitzung ist weitaus entspannter und gelöster als zu Beginn der Mediation. Dies wird auch vom Mediator in einer abrundenden Skizzierung der Mediationsvereinbarung angesprochen. Er bittet die Mitarbeiter, noch offene Punkte anzusprechen – ohne Rückmeldung.

Im abschließenden Blitzlicht zeigen sich die Mitarbeiter erfreut und erleichtert über ihren eigenen mutigen Schritt, eine solche externe Mediation, ein solches Konfliktmanagement anzugehen. Das Licht am Ende des Tunnels ist sichtbar geworden, man habe einen wichtigen neuen Push bekommen, der nun auch in die Alltagswirklichkeit hineinwirken müsse. Der Mediator erklärt sich zu späteren Kriseninterventionen und zur Evaluation dieser Reihe von Workshops bereit. Die Sitzung schließt in der Gewissheit, die internen kontraproduktiven Austauschprozesse behoben zu haben.

Ruth Pink

Konflikttheorien als Lösungsmodelle für die Praxis

Aus: Kompetenz im Konflikt

Die häufigsten Konfliktstile und ihre Auswirkungen

Wenn Menschen nicht miteinander auskommen, muss sich daraus nicht zwangsläufig ein Konflikt oder eine Krise ergeben. Kleinere Streitereien und Reibereien sind oft schnell vergessen. Man trägt dem anderen nichts nach. Konfliktträchtig wird es jedoch dann, wenn verbale Attacken und/oder Handgreiflichkeiten passieren und die Situation ernst wird. Dann wird offenbar, welchen Konfliktstil die Beteiligten (oft unbewusst) pflegen. Jeder Mensch geht mit Problemen anders um, dennoch gibt es bestimmte Ausrichtungen, die für die eigene Reflexion hilfreich sind. Wie wir verschiedene Persönlichkeitsanteile in uns vereinigen, so verkörpert jeder Mensch auch einen bestimmten »Konflikttypus«, das heißt, wir neigen mehr oder weniger zu einem bestimmten Konfliktverhalten. Dabei können wir vor allem vier Stile unterscheiden.

Durchsetzen: Die Befriedigung eigener Interessen steht im Vordergrund. Man will sich unbedingt durchsetzen – egal wie. Der Gesprächspartner soll »klein beigeben« und als Verlierer aus dem Konflikt herausgehen. Diese Einstellung ist übrigens in vielen Führungsetagen vertreten. Der Stärkere siegt, der Große frisst den Kleinen. Was bleibt, sind Scherben, Unmut und Demotivation. Die Grundhaltung, die hierbei zum Ausdruck kommt, lässt sich auf die Formel bringen: Ich bin o.k. – Du bist nicht o.k.

Vermeiden: Man geht Konflikten aus dem Wege und hofft, dass andere Verantwortung für Entscheidungen übernehmen, die man eigentlich selbst treffen müsste. Man traut dem Gesprächspartner aber auch keine konstruktive Konfliktlösung zu. Hinzu kommt, dass man sich erst gar nicht mit Konflikten auseinandersetzen möchte, weil man sich nicht vorstellen kann, wie Konfliktlösungen aussehen, die beide Seiten zufriedenstellen. Die Grundhaltung, die hierbei zum Ausdruck kommt, lässt sich auf die Formel bringen: Ich bin nicht o.k. – Du bist auch nicht o.k.

Anpassen: Die Bedürfnisse anderer sind höher einzuschätzen als die eigenen. Man meint vielleicht auch, der andere sei besser, klüger, erfahrener, stärker. Harmoniebedürfnis und Nachgiebigkeit statt Konfliktaustragung stehen im Zentrum des persönlichen Denkens und Handelns. Jemand, der ständig nachgibt, trägt jedoch dazu bei, den Konflikt am Leben zu halten, da er ihn weder löst noch auf eine gemeinsame Konfliktlösung hinarbeitet. Die Grundhaltung, die bei der völligen Anpassung zum Ausdruck kommt, lässt sich auf die Formel bringen: Ich bin nicht o.k. – Du bist o.k.

Kooperieren: Man achtet sowohl auf die eigenen Interessen als auch auf die Bedürfnisse anderer. Oft führt diese Haltung zu Kompromissen (jeder/jede gibt in wesentlichen Streitpunkten nach). Statt »faulen Kompromissen« sollte man gemeinsame Lösungsideen suchen. Ideen, Wünsche und Erwartungen von allen fließen dann in den Diskussionsprozess ein und können völlig neue Perspektiven eröffnen. Die Grundhaltung, die hierbei zum Ausdruck kommt, lässt sich auf die Formel bringen: Ich bin o.k. – Du bist o.k.

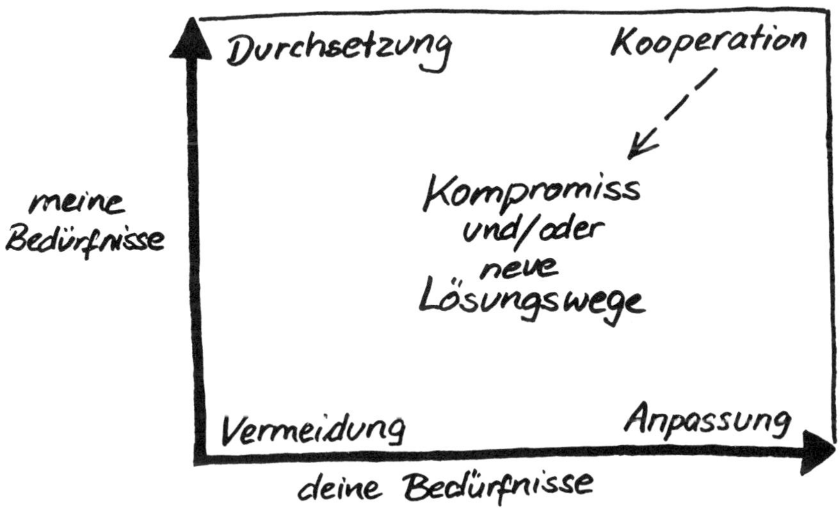

Die Dramaturgie von Konflikten: Das Stufenmodell von Glasl

Dr. Friedrich Glasl, Dozent an der Universität Salzburg, Mediator und Fachbuchautor widmet sich in seinem überarbeiteten Standardwerk »Konfliktmanagement« (2004) vor allem drei Themen:

- Konfliktdiagnose,
- Dynamik der Eskalation und
- Strategien der Konfliktbehandlung.

Konflikte sind für ihn an sich nichts Schlimmes. Bedrohlich werden sie allerdings dann, wenn sie sich verhärten beziehungsweise eskalieren. Sein Modell der neun Eskalationsstufen verdeutlicht, wie das eigene Verhalten und die Reaktion des Gegenübers die jeweiligen Handlungsspielräume immer mehr einschränken. Der Übergang von Stufe zu Stufe – in der Grafik als Treppenmodell dargestellt – kann auch als Abgleiten von einem Regressionsniveau zu einer weiteren, noch niedrigeren Stufe verstanden werden.

Die neun Stufen der Konflikteskalation nach Friedrich Glasl

Stufe 1 –Verhärtung: Belanglose Reibereien und unterschiedliche Standpunkte verhärten sich und prallen aufeinander. Dies führt zwar zu Verkrampfungen und Irritationen im Dialog, dennoch besteht die Überzeugung, dass die Spannungen durch Gespräche lösbar sind. Noch gibt es keine starren Parteien oder Lager.

Stufe 2 – Polarisation und Debatte: Nun beginnt die Lagerbildung, die nach und nach die Gesprächsatmosphäre verändert. In den jeweiligen Gruppen findet zunehmend eine Polarisation im Denken, Fühlen und Wollen statt. Man versucht, die Gegenseite einerseits durch bessere Argumente zu schwächen, andererseits durch eine Schwarz-Weiß-Position die eigene Überlegenheit überzeugend darzulegen.

Stufe 3 –Taten statt Worte (Aktionen): Die dritte Stufe wird durch den Übergang vom Dialog auf die Handlungsebene bestimmt. Die Überzeugung, dass »Reden nichts mehr hilft«, gewinnt an Bedeutung, und man beginnt, die Gegenseite mit vollendeten Tatsachen zu konfrontieren.

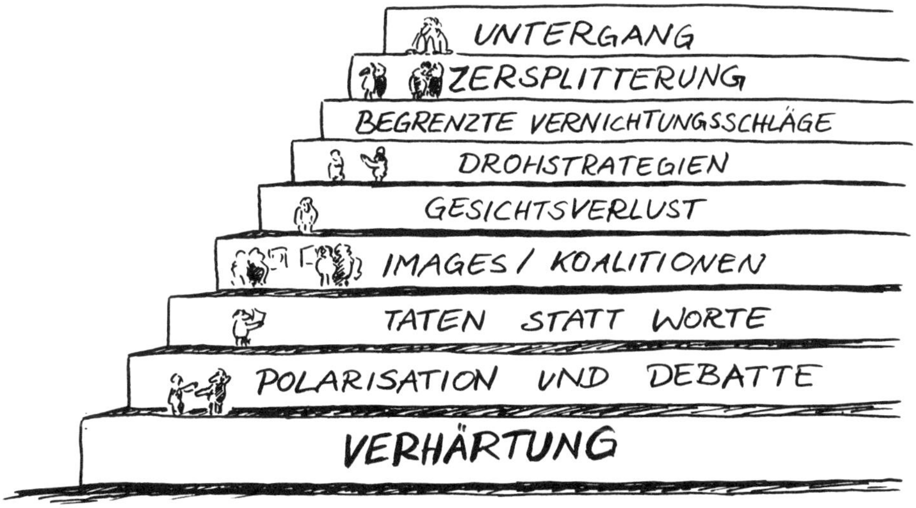

Stufe 4 – Images/Koalitionen: Der soziale Konfliktrahmen wird erweitert. Es findet eine Werbung um Anhänger statt. Die Konfliktparteien stigmatisieren und bekämpfen sich, indem sie sich vor allem Stereotypen und Klischees bedienen sowie Gerüchte gezielt streuen.

Stufe 5 – Gesichtsverlust: Der Konflikt wird immer stärker in der Öffentlichkeit ausgetragen. Es kommt zu öffentlichen und direkten (verbotenen) Angriffen und Enthüllungen, die auf den Gesichtsverlust des Gegners abzielen. Keine Seite ist mehr dialogwillig.

Stufe 6 – Drohstrategien: Drohungen und Gegendrohungen gehören ab dieser Stufe zur Tagesordnung. Drohgebärden gehören ebenso dazu wie radikale Aussagen. Durch Ultimaten wird die Konflikteskalation beschleunigt.

Stufe 7 – Begrenzte Vernichtungsschläge: Die Feindbilder haben sich endgültig verfestigt. Aktionen werden nun in Form »begrenzter Vernichtungsschläge« durchgeführt. Das Motto zählt: Der Gegner soll massiven Schaden erleiden, auch wenn ich selbst Schaden ertragen muss.

Stufe 8 – Zersplitterung: Die Zerstörung und Auflösung des feindlichen Systems wird als Ziel intensiv verfolgt. Noch glauben die Gegner, dass eine Seite den Sieg davontragen kann, indem zum Beispiel das feindliche Lager durch hintergründige Strategien gespalten beziehungsweise dessen Machtzentrum vernichtet werden kann.

Stufe 9 – Gemeinsam in den Abgrund: Es kommt zur totalen Konfrontation: Das Vernichten des Gegners wird zum Preis der Selbstvernichtung in Kauf genommen.

Während sich Friedrich Glasl auf insgesamt neun Stufen konzentriert, reduziert der Augsburger Organisationspsychologe Oswald Neuberger diese Stufen auf insgesamt *drei Konfliktphasen.*

- Laut Neuberger ist die *erste Phase* durch Reibereien und mehr oder weniger heftige Debatten geprägt. Die Beteiligten polarisieren sich zunehmend und bilden Gruppen, die versuchen sich gegenseitig durch unterschiedliche Strategien zu überzeugen beziehungsweise zu überrumpeln. Durch demonstrative Aktionen einer der beiden Konfliktparteien weitet sich der soziale Rahmen aus. Das ursprüngliche Konfliktfeld wird erweitert.
- Dies leitet die *zweite Phase* ein: In diesem Zeitraum geht es zunächst um die Verbesserung des eigenen Image. Zu diesem Zweck wird versucht, neue Verbündete zu finden und gleichzeitig die Gegenseite zu diffamieren. Drohungen und Angriffe beider Seiten läuten dann bereits die dritte Phase ein.
- *Dritte Phase:* Auf dieser Stufe werden die Vernichtungsschläge, die vorab nur angedroht wurden, tatsächlich nach und nach umgesetzt. Man versucht den Gegner zu schädigen, wo es nur geht. Massive Diffamierungskampagnen werden gestartet mit dem Ziel, als klarer Sieger aus dem Kampf hervorzugehen. Meist sind mittlerweile viele Gruppen und Lager entstanden, die sich gegenseitig bekriegen und eigene »Ghettokämpfe« ausfechten. Die Freund-Feind-Lager sind zum Teil sehr unübersichtlich und zersplittert, mit der Folge, dass jederzeit aus den verschiedenen Brandherden ein großes unkontrollierbares Flächenfeuer entstehen kann. Die Eskalation erreicht dann den Höhepunkt, wenn ein Krieg aller gegen alle ausgebrochen ist.

Konflikte im Fokus der Friedensforschung

Einige bekannte Namen und Institutionen (s. Literaturverzeichnis und Internetlinks):

- Johan Galtung: Strukturelle Gewalt
- Marshall Rosenberg: Gewaltfreie Kommunikation
- Institut für Friedenspädagogik e.V.
- Pro Streitkultur und andere Vereine und Organisationen

Bisher erhielten Sie einen Überblick über die verschiedenen Konfliktfelder: Konflikte im Seminar, Konflikte mit Trainerkollegen, Konflikte mit den Auftraggebern und dem Tagungsmanagement. Nachfolgend werde ich Ihnen *Theorien* vorstellen, die Konflikte aus unterschiedlichen Perspektiven beleuchten. Für Trainer ist es durchaus sinnvoll, sich mit *verschiedenen Konflikttheorien* auseinanderzusetzen. Zwei Gründe sprechen dafür: Einerseits gilt es herauszufinden, welche Theorierichtung zur eigenen Persönlichkeit am besten passt. Andererseits kann fachliches Know-how immer dann hilfreich sein, wenn es darum geht, einen Konflikt aus unterschiedlichen Perspektiven zu betrachten. Zielsetzung dieses Kapitels ist es nicht, einen umfassenden Überblick über alle Konflikttheorien zu geben; ich orientiere mich vor allem an dem Neun-Stufen-Modell von Friedrich Glasl und möglichen Deeskalationsstrategien, die sich aus diesem Modell ergeben. Dennoch sollen auch weitere Fachbereiche wie etwa die Friedens-, Kommunikations- sowie Lern- und Kreativitätsforschung auf den folgenden Seiten Berücksichtigung finden, da auch deren Forschungen und Erkenntnisse hilfreich sind, um Seminarkonflikte besser bewältigen zu können.

Konflikte als Bestandteil struktureller Gewalt

»Der Globe rächt sich auch im Seminar«, sagte ein Trainerkollege zu mir. Das war wenige Tage nach dem 11. September 2001. Er hatte an diesem Tag einen Workshop zum Thema »Zeitmanagement« durchgeführt. An einen normalen Trainingsablauf war an diesem Tag allerdings nicht zu denken. Der Terroranschlag in den USA stellte weltweit alle anderen Aktivitäten in den Schatten. Die Macht des »Globe« (ein Begriff aus der Themenzentrierten Interaktion) kann also gewaltig sein, das heißt, Ereignisse globalen Ausmaßes wirken in jedem Winkel der Welt und beeinflussen die üblichen Arbeitsabläufe. Nun geschieht glücklicherweise nicht jeden Tag eine derartige Katastrophe, dennoch können die zahlreichen Probleme, Krisen und Kriege auf dieser Welt die individuellen Konflikt- und Gewalterfahrungen mehr oder weniger stark relativieren. Die Auswirkungen dieses Terrors zeigten sich wenige Monate später im amerikanischen Krieg gegen den Irak. Im weltweiten Protest gegen diese Eskalation der Gewalt wurde wiederholt auf den Teufelskreis von Armut und Unterdrückung hingewiesen, der die Gewaltbereitschaft vieler Menschen unterstützt. Ein Begriff, der in diesem Zusammenhang nach wie vor von aktueller Bedeutung ist, lautet: strukturelle Gewalt.

Der Begriff »strukturelle Gewalt« wurde in den 1970er-Jahren von dem norwegischen Friedensforscher Johan Galtung geprägt, einem renommierten Berater, der für die UNESCO, die OECD und den Europarat tätig war. Das Verdienst von Galtung besteht vor allem darin, die bis dato gängigen Gewalttypologien und Gewalttheorien um eine wesentliche Form zu erweitern: die strukturelle oder indirekte Gewalt. Er versteht darunter Gewalt ohne einen Akteur und schreibt dazu: »Den Typ von Gewalt, bei dem es einen Akteur gibt, bezeichnen wir als personelle oder direkte Gewalt: die Gewalt ohne Akteur als strukturelle und indirekte Gewalt. In beiden Fällen können Individuen getötet oder verstümmelt, geschlagen oder verletzt und durch den strategischen Einsatz von Zuckerbrot und Peitsche manipuliert werden. Aber während diese Konsequenzen im ersten Fall auf konkrete Personen als Akteure zurückzuführen sind, ist das im zweiten Fall unmöglich geworden: Hier tritt niemand in Erscheinung, der einem anderen direkt Schaden zufügen könnte; die Gewalt ist in das System eingebaut und äußert sich in ungleichen Machtverhältnissen und folglich in ungleichen Lebenschancen.« (Galtung 1975, S. 12)

Soziale Ungerechtigkeiten sieht der Friedensforscher als wesentliche Bedingung und Wurzel für die weltweiten Gewalt- und Konfliktherde. Für das Zusammenleben der Menschen ist es wichtig, zwischen *Konflikten und Konfliktfolgen* zu unterscheiden. In seinem Buch »Strukturelle Gewalt« unterbreitet er im Kapitel »Konflikt als Lebensform« dazu folgende Thesen:

- Konflikte betreffen uns alle, deshalb ist auch eine Konfliktbewältigung unser aller Sache.
- Man muss Konflikte als »Salz des Lebens« schätzen, ja sogar mögen.
- Da man Konflikte nicht beseitigen kann, muss man die eigene Konfliktauffassung und das eigene Konfliktverhalten ändern.
- Es gibt keinen logisch zwingenden Zusammenhang zwischen der Existenz von Konflikten und destruktiven Konfliktattitüden.
- In Schulen, Wissenschaft und Unternehmen muss man Menschen ein begriffliches Instrumentarium an die Hand geben, mit dessen Hilfe sie Konflikte einschätzen können, und man muss sie lehren, Fantasie im Hinblick auf Konfliktbewältigung zu entwickeln.

Galtung vertritt damit ein Konzept der »Demokratisierung der Konfliktbewältigung« und plädiert ausdrücklich dafür, dass seine Ideen sich nicht nur an politische und wirtschaftliche Entscheidungsträger richten, sondern an alle Menschen, die Konflikte ohne Gewalt lösen wollen. Wer in der Erwachsenenbildung als Referent oder Kursleiter tätig ist, findet in Galtungs Veröffentlichungen viele Anregungen für die eigene Seminarpraxis. *Einen Hinweis* von ihm habe ich schon oft berücksichtigt – vor allem im Umgang mit schwierigen Teilnehmern. »Man halte Kontakt zu dem Gegner, anstatt ihm auszuweichen; man versuche, in einen Dialog mit ihm zu treten, anstatt sich von ihm zu isolieren oder ihn zu bekämpfen! Man bemühe sich, sich aus dem Sog des Schwarz-Weiß-Denkens zu befreien, anstatt sich den Luxus des herkömmlichen und destruktiven Konfliktklischees zu gestatten. Man versuche, die Koexistenz zweier widerstreitender Wirklichkeitsbilder im eigenen Bewusstsein zuzulassen ... mit anderen Worten: man bemühe sich, die Fähigkeit zu erwerben, Ambivalenz zu ertragen.« (Galtung S. 129f.) Dazu folgendes Beispiel:

Stellen Sie sich vor, Sie haben es mit einer unangenehmen Person im Seminar zu tun. Es handelt sich um einen Teilnehmer, der ständig dazu neigt, alles in Frage zu stellen oder Ihnen signalisiert, dass die klugen Seminarratschläge in seiner beruflichen Praxis auf keinen Fall Wirkung zeigen können. Sie als Trainer verlieren allmählich die Geduld. Sie verstricken sich entweder in einen heftigen Disput mit dem Teilnehmer oder ignorieren ihn. Statt die Gründe für seinen Widerstand zu erfassen und entsprechende Strategien zu entwickeln, zeigen Sie (unbewusst) eine deutliche Abwehrhaltung. Galtungs Vorschlag, *Ambivalenz zu ertragen und sich in Geduld zu üben*, ist meines Erachtens ein wichtiger Appell, sowohl auf die eigene innere Balance zu achten wie auch Empathie zum Gegenüber herzustellen. Ich nutze daher seine oben formulierten Sätze als persönliche innere Leitlinie, um den Kontakt auch zu schwierigen Seminargästen nicht zu vernachlässigen.

Gewaltfreie Kommunikation – eine Utopie?

Wer Kommunikation als Konfliktlösungsinstrument ansieht, weiß, wie wichtig die Wahl von Worten ist. Denn nicht nur der Ton macht die Musik, auch einfühlsame und der Situation angemessene Sätze sind im Umgang mit Konflikten entscheidend. Dr. Marshall B. Rosenberg, ein anerkannter Konfliktmediator und Gründer des internationalen Centers for Nonviolent Communication, hat dazu das »Modell der Gewaltfreien Kommunikation« (GFK) entwickelt. Dieses Konzept wird mittlerweile in mehr als zwölf Dutzend Ländern von Medizinern, Polizisten, Geistlichen und Krisenberatern eingesetzt, um Konfliktsituationen zu entschärfen. Im Zentrum des Modells steht der bewusste Umgang mit Sprache, um rücksichtsvoller mit sich und anderen umzugehen. Im Vorwort zu seinem Buch schreibt Rosenberg: »Wir betrachten unsere Art zu sprechen vielleicht nicht als gewalttätig, dennoch führen unsere Worte oft zu Verletzungen und Leid – bei uns selbst und bei anderen. Die gewaltfreie Kommunikation hilft uns bei der Umgestaltung unseres sprachlichen Ausdrucks und unserer Art zuzuhören. Aus gewohnheitsmäßigen, automatischen Reaktionen werden bewusste Antworten ...« (Rosenberg 2004, S. 3)

Das vierstufige Konzept geht von der Grundannahme aus, dass alle Menschen in guten Beziehungen leben möchten und lernen können, sowohl die eigenen Bedürf-

Das Modell der gewaltfreien Kommunikation

1. Beobachtungen: konkrete Situationen beschreiben, wie man sie wahrnimmt
2. Gefühle: das eigene Gefühl dazu ausdrücken und schildern
3. Bedürfnisse: Erwartungen äußern, die durch diese Gefühle erzeugt werden
4. Bitten: konkrete Handlungsanweisungen geben, diese als Bitte äußern und nicht als Forderung

nisse als auch die der anderen zu berücksichtigen. Hinter jedem aggressiven Verhalten stecken verschiedene Bedürfnisse, die zunächst erkannt werden müssen, bevor angemessene Reaktionen überhaupt möglich sind. Was auf den ersten Blick einfach erscheint, stellt jedoch eine hohe persönliche Herausforderung dar, da bei der Konfliktaustragung primär die gegenseitige Verurteilung an der Tagesordnung ist und nicht die Suche nach Verständigung. Kritiker des GFK-Modells führen an, dass durch die permanente Reflexion des eigenen Sprachverhaltens sowie das Erfassen der Sprachmuster des Gesprächspartners eine »Psychologisierung der Sprache« entstehen kann. Die rituelle Abfrage nach Gefühlen und Bedürfnissen dergestalt: »Geht es dir auch so, dass ...« oder »Liege ich da richtig? Habe ich das richtig interpretiert?« oder »Ist das für dich so stimmig?« ist auf den ersten Blick durchaus gewöhnungsbedürftig. Allerdings gilt es zu bedenken, dass die Anwendung der »gewaltfreien Kommunikation« einer gezielten und intensiven Fortbildung bedarf, man sich also dieses Fachwissen nur zum Teil durch Bücher aneignen kann.

GFK erfordert wie jedes Konfliktlösungsmodell *Erfahrung im Umgang mit Theorie und Praxis*. Manche Trainer, die ein GFK-Zertifikat besitzen, sind weltweit als Krisenberater in internationalen Konfliktfeldern tätig. Im Bereich der betrieblichen Aus- und Weiterbildung werden vor allem Teilelemente der GFK von Trainern und Beratern benutzt, zum Beispiel GFK-Fragestellungen in Verbindung mit Mediation.

Der Beitrag der Friedenspädagogik: Pro Streitkultur statt Gewalt

Das Erforschen von Konfliktursachen und deren Lösung ist ohne den Beitrag der *Friedenspädagogik* nicht möglich. Friedenspädagogen betonen, dass Gewalt und Kriege kein Naturereignis sind. Sie setzen auf die Förderung einer Friedenskultur, deren Werte vor allem die Achtung der Menschenrechte sowie die Prinzipien der Toleranz und Gewaltlosigkeit umfassen. Friedenspädagogik versteht sich als umfassendes Lernkonzept, das sich aus den drei Säulen

- Friedenskompetenz,
- Friedensfähigkeit,
- Friedenshandeln

zusammensetzt. »Lernorte« für Friedenshandeln sind dabei neben der Erwachsenenbildung die Vorschulen und Schulen sowie nichtstaatliche Organisationen und Verbände. In Deutschland haben sich vor allem Mitte der 1970er-Jahre friedenspädagogische Fachstellen gegründet, die bis heute aktiv sind, zum Beispiel das Institut für Friedenspädagogik in Tübingen und die Arbeitsgemeinschaft Friedenspädagogik in München (AGFP). Beide erstellen und veröffentlichen nicht nur Publikationen zu ziviler Konfliktarbeit, sondern bieten Einrichtungen der Kinder- und Jugendarbeit praxisorientierte Konzepte an oder erarbeiten mit diesen Gewaltpräventionsprojekte.

Konflikte konstruktiv zu lösen setzt ein positives Verständnis von Streit voraus. Projekte wie »Streitschlichtung an Schulen« oder »Pro-Streitkultur« bringen dies deutlich zum Ausdruck. Wenn Kinder und Jugendliche entdecken, welchen persönlichen Gewinn sie erfahren, wenn sie Konflikte gewaltfrei lösen – beispielsweise dass Beziehungen erhalten oder Freundschaften neu geschlossen werden –, ist die Gewaltspirale unterbrochen. Allerdings machen Friedenpädagogen keinen Hehl daraus, dass junge Erwachsene anders streiten als ihre Eltern oder Lehrer. Das Verhalten von Jugendlichen gegenüber Gleichaltrigen führt zu anderen Spannungen als zum Beispiel das Verhalten zwischen Jugendlichen und pädagogischem Personal. Modelle der Konfliktaustragung können daher nicht 1:1 übernommen werden. Die Entwicklung einer Streitkultur als Bestandteil der Friedenspädagogik sollte deshalb nicht nur in jungen Jahren beginnen, sondern auch andere Lernmodule beinhalten, als dies bei Erwachsenen der Fall ist. Je früher und je häufiger Modellprojekte zum Thema »Besser miteinander zoffen« in der Kinder- und Jugendarbeit durchgeführt werden, umso größer ist die Chance, dass aus streiterprobten Kindern streitkompetente Erwachsene werden, die sich respektvoll begegnen und Konflikte mit gewaltfreien Mitteln lösen.

Was haben nun Führungskräfte davon, wenn sie sich mit Konzepten der Friedensforschung und -pädagogik auseinandersetzen? Bei Streitgesprächen zwischen zwei Personen können das Wissen und die Anwendung friedvoller Strategie hilfreich sein, um den Konflikt zu klären oder zu entschärfen. Außerdem machen die Erkenntnisse der Friedensforschung deutlich, dass berufliche Konflikte stets in einem größeren Kontext stehen und viele Interessen berühren. Dazu folgendes Fallbeispiel:

»Ich bin in Change-Management-Projekten mit unterschiedlichen Einstellungen verschiedener Hierarchieebenen konfrontiert. Ein Konfliktherd ist die unterschiedliche Auffassung von jungen und älteren Führungskräften in manchen Fragen. Nicht selten kommt es dabei zu Aggressionen unter den Beteiligten. Ich lasse dann Streitkonzepte von beiden Seiten erstellen und siehe da: Die ›Jungen‹ wollen sich oftmals ganz anders zoffen als die Älteren. Die setzen mehr auf langwierige Verhandlungen; wohingegen die jüngeren Manager möglichst schnell ein maximales Ergebnis erzielen wollen. Wir schaffen es dann meist, gemeinsame ›Rules of Respect‹ zu formulieren. Einmal habe ich beim Abendessen in der Familie mit meinem Mann darüber geredet. Mein Sohn saß schweigend dabei und meinte auf einmal: Das Problem haben wir auch in der Schule. Nächste Woche werden einige Schüler als Streitschlichter ausgebildet. Darf ich da mitmachen? Mir ist in diesem Moment wieder einmal klar geworden, dass man nicht früh genug beginnen kann, Konfliktkompetenz zu erwerben, denn überall kriselt es.«

Konflikte und Kommunikationsforschung

Einige bekannte Namen:

- Friedemann Schulz von Thun: Die vier Seiten einer Nachricht (TALK)
- Paul Watzlawick: Grundregeln der Kommunikation
- Eric Berne: Transaktionsanalyse (TA)
- Ruth Cohn: Themenzentrierte Interaktion (TZI)
- Astrid Schreyögg: Konfliktcoaching
- Friedrich Glasl: Konfliktmanagement (Neun-Stufen-Modell)

Bekannt und immer wieder wichtig: TALK, TA und TZI

Das so genannte »Kommunikationsquadrat« oder die »vier Seiten einer Nachricht« wurde von einer Gruppe von Wissenschaftlern um Professor Dr. Friedemann Schulz von Thun entwickelt und vereinigt kommunikationspsychologische Ansätze verschiedenster Fachrichtungen. Schulz von Thun ist dabei zu der Erkenntnis gelangt, dass man der Differenziertheit zwischenmenschlicher Kommunikation nur dann gerecht wird, wenn man Informationen unter den vier Aspekten

- Inhalt,
- Beziehung,
- Selbstoffenbarung und
- Appell

analysiert.

Professor Dr. Oswald Neuberger, Kommunikationsforscher an der Universität Augsburg, hat für diesen Ansatz den einprägsamen Begriff *TALK* gewählt (von englisch: to talk) und meint damit:

T = Tatsachen (Inhaltsaspekt: Um welche sachlichen Inhalte geht es?)
A = Ausdruck (Selbstoffenbarungsaspekt: Was offenbare ich über mich selbst?)
L = Lenkung (Appell/Lenkungsaspekt: Was will ich mit meiner Nachricht bewirken?)
K = Kontakt (Beziehungsaspekt: Was halte ich von meinem Gesprächspartner oder meiner Gesprächspartnerin? In welcher Beziehung stehen wir zueinander?)

Für viele Trainer ist dieses Modell mittlerweile zu *der* Kommunikationstheorie schlechthin geworden, die in fast keinem Seminar mehr fehlen darf. Besonders beliebt ist es, ein *Rollenspiel unter den vier TALK-Aspekten zu analysieren.* Ich halte dies nach wie vor für eine effiziente Trainingsmethode, um Probleme in der Kommunikation mit anderen aufzuzeigen und darauf aufbauend Lösungen zu entwickeln. Dazu ein konkretes Bespiel:

> Stellen Sie sich vor, Sie sollen als Trainer in einem zweitägigen Seminar Führungskräfte dazu bewegen, ihre Vorgesetztenrolle zu reflektieren und unangenehme Mitarbeitergespräche souverän zu meistern. Ein Vorgesetzter berichtet über einen Mitarbeiter, der seit einigen Monaten einen deutlichen Leistungsabfall hat. Die Führungskraft ist ratlos, wie sie diesen Konflikt gegenüber dem Kollegen ansprechen soll. Der Trainer lässt dazu ein Rollenspiel durchführen. Obwohl er die Übung auf Video aufnimmt, vergibt er verschiedene Beobachteraufgaben. Von acht Teilnehmern konzentrieren sich zwei auf die inhaltlichen Aussagen des simulierten Mitarbeitergesprächs, zwei achten auf die Selbstoffenbarungsaspekte der beiden Diskutanten und jeweils zwei auf die Beziehungs- und Appellebene. In der anschließenden Gruppenauswertung – unterstützt durch die Videoaufzeichnung – wird dem Vorgesetzten das eigene ambivalente Konfliktverhalten deutlich. Seine Schwäche bestand darin, den Leistungsabfall seines Mitarbeiters murrend zu akzeptieren, ohne ihm klare Grenzen und Konsequenzen aufzuzeigen.

Dank der Analyse des »vier-seitigen-Rollenspiels« konnten praxisrelevante Verhaltensrichtlinien für das anstehende Gespräch formuliert und damit der Führungskraft konkrete Hilfestellung im Konflikt gegeben werden.

Eine enge Verzahnung mit einem weiteren Kommunikationsmodell, der so genannten *Transaktionsanalyse (TA)* von Eric Berne, gelingt Schulz von Thun durch die Darstellung des »inneren Teams«. Hier steht der Einzelne mit seiner inneren Befindlichkeit im Zentrum der Betrachtung. Als Ende der 1950er Jahre der amerikanische Psychotherapeut Eric Berne die Transaktionsanalyse entwickelte, stand er noch stark in der Tradition Sigmund Freuds. Berne nahm in Anlehnung an Freud eine Teilung der Persönlichkeit in drei verschiedene »Ich-Zustände« vor. Berne bezeichnet sie als:

- Kind-Ich,
- Eltern-Ich,
- Erwachsenen-Ich.

Die Transaktionsanalyse geht davon aus, dass jeder Mensch diese drei Ebenen in sich selbst verkörpert und dass man durch Beobachtung erkennen kann, in welchen der drei Zustände sich eine Person gerade befindet. Konflikte sind für Eric Berne demnach nichts anderes als *Spiele der Erwachsenen* (siehe Literaturhinweise). Bei diesen »Spielen« mit Ernstcharakter handelt es sich um verfestigte Interaktionsmuster, aus denen man schwer ausbrechen kann, da jeder Mensch seine »Lieblingszustände« hat und in Konflikt- und Stresssituationen in diese immer wieder zurückkehrt. Zwischenmenschliche Auseinandersetzungen besitzen große Ähnlichkeit mit Dramen oder Krimis, wobei im Wesentlichen drei Rollen besetzt werden: Opfer, Retter, Verfolger.

Dazu wieder ein Exempel aus dem Seminaralltag: Eine Teilnehmerin, Frau Müller, beschreibt sich selbst als hoch motiviert im Job und sehr ehrgeizig. Sie arbeitet als Assistentin der Geschäftsleitung eines internationalen Konzerns. Der Geschäftsführer schätzt sie angeblich sehr, bei ihren Kollegen und Kolleginnen ist sie äußerst beliebt. Alle wissen: In Notfällen kann man sich auf Frau Müller stets verlassen. Sie kommt sehr früh zur Arbeit und verlässt erst spät das Büro. Sie hat ein offenes Ohr für alles und jeden, sprüht vor Ideen und Engagement. Hin und wieder stöhnt sie zwar über die Belastungen und den Stress, doch die Anerkennung ihrer Kolleginnen und Kollegen freut sie immer wieder und lässt sie so manchen Frust vergessen – so ihre Aussage im Seminar. Irgendwann bekommt Frau Müller jedoch starke Magenbeschwerden. Der Arzt rät ihr, kürzer zu treten und den Stress zu reduzieren, sonst drohen ihr gesundheitliche Gefahren. Das erzählt Frau Müller zu Hause und im Büro. Ihre Arbeitskollegen reagieren zunächst mit schlechtem Gewissen, dann zunehmend mit Ärger und Wut, weil Frau Müller angeblich immer öfter »die eingebildete Kranke« spielt, wie die Betroffene empört erzählt. »Wie soll ich mich denn nun in Zukunft verhalten?«, fragte mich die Teilnehmerin.

Ich nutzte dieses Fallbeispiel von Frau Müller, um ihr und der Seminargruppe, das Drama-Dreieck von Berne zu erläutern. Dadurch verdeutlichte ich ihre prekäre berufliche Situation und diskutierte anschließend mit allen Teilnehmern mögliche Wege aus diesem Dilemma. Denn die Geschichte von Frau Müller zeigt: Retterin (fürsorgliches Eltern-Ich) zu sein ist zwar schön, doch auch anstrengend, denn diese Rolle bedeutet enormen Stress. Die Arbeitskollegen oder Freunde sind daran gewöhnt, dass sie sich auf Rettertypen wie Frau Müller in jeder Problemlage verlassen können. Beklagt sich die starke Retterin, muss man dies nicht weiter ernst nehmen. Ein paar motivierende Worte genügen in der Regel, um die Retterin wieder zu aktivieren. Doch Rollen sind nicht zementiert; sie können schleichend wechseln. Hier geschicht es nach und nach: Die Retterin selbst gerät immer stärker in die Opferrolle. Es kommt zu Hilflosigkeit und Ohnmachtsgefühlen. Der Retterin beklagt sich bei Freundinnen und Kollegen, dass sie als Opfer der Zustände vieles erdulden und erleiden muss. Jetzt ist es nur noch ein kleiner Schritt, bis aus dem Opfer (Kind-Ich) eine Verfolgerin (kritisches Eltern-Ich) wird. Die Schuld an der Arbeitsüberlastung und der eigenen Unzufriedenheit wird anderen in die Schuhe geschoben. Das Opfer, das nun (unbewusst) die Rolle einer Verfolgerin einnimmt, beschimpft seine vermeintlichen Peiniger und macht ihnen ein schlechtes Gewissen (Kind-Ich). Dies wiederum löst verständlicherweise bei diesen Personen Ärger und Wut aus (kritisches Eltern-Ich). Das Drama-Dreieck als Wechsel zwischen den drei Rollen Opfer, Retter, Verfolger ist perfekt!

Trainer können also die Erkenntnisse der Transaktionsanalyse gezielt dazu nutzen, um konfliktreiche Situationen der Teilnehmer sowie deren Rollen im jeweiligen Kontext zu verdeutlichen.

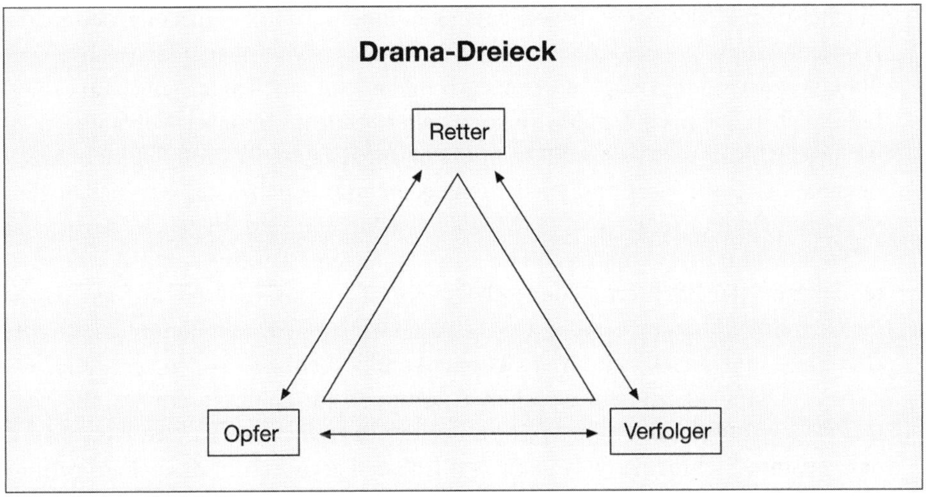

Auch die *Themenzentrierte Interaktion (TZI)*, die mit dem Namen Ruth Cohn verbunden ist, eignet sich hervorragend, um die Fallstricke menschlicher Kommunikation und Interaktion zu verdeutlichen. In der TZI-Theorie werden die drei Einflussgrößen

- ICH (das Individuum),
- WIR (die Gruppe) und
- ES (das Thema)

als Eckpunkte eines Dreiecks dargestellt, wobei der GLOBE (die unmittelbare Umgebung und/oder das globale Umfeld) die Gruppe zusätzlich beeinflusst und als Kreis das Dreieck umschließt. Entscheidend ist, dass ICH, WIR und ES in einer Balance sein sollten. Keines darf einseitig gewichtet sein. Als diagnostisches Instrument kann TZI Hinweise auf Störungen und Konflikte in Seminargruppen geben und damit Trainern ermöglichen, konkrete Interventionen zu setzen.

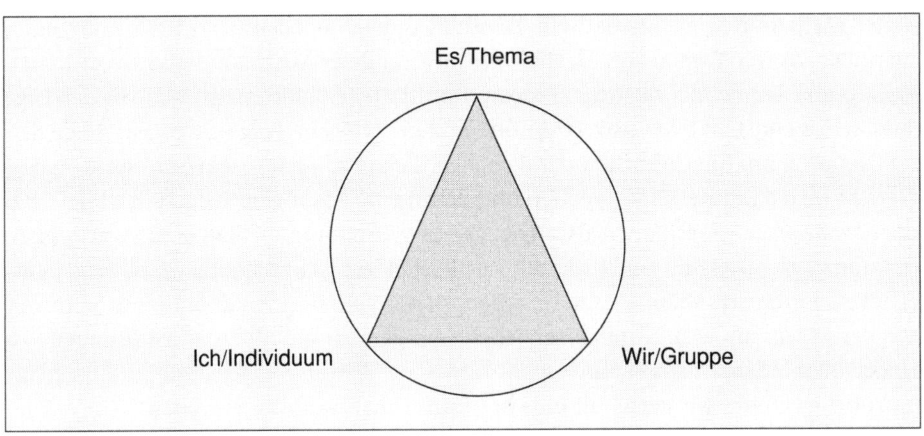

Ein Beispiel: Stellen Sie sich vor, dass es in einem Training zu einer deutlichen Frontenbildung kommt – die Gruppe ist gespalten, zwei Lager stehen sich gegenüber. Wie im zweiten Kapitel bereits geschildert, tut ein Trainer gut daran, in einem solchen Fall nach dem Motto vorzugehen »Störungen haben Vorrang«. In aller Regel wird er sich als Konfliktmoderator engagieren, der grundlegende Positionen beider Lager klärt und wieder eine gemeinsame Arbeitsbasis mit allen Teilnehmern findet. Eine weitere Möglichkeit besteht jedoch auch darin, das TZI-Modell für den vorhandenen Konflikt zu nutzen. Allerdings sollte der Kursleiter dabei bei der Erläuterung des TZI-Dreiecks *die Theorie deutlich auf den aktuellen Lagerstreit fokussieren*. Sätze wie »Schauen wir uns jetzt gemeinsam an, an welcher Stelle im Dreieck sich unser Gruppenkonflikt befindet« sollen verdeutlichen, dass Auseinandersetzungen zwischen Teilgruppen zur Lähmung im Trainingsverlauf insgesamt führen, da das WIR im Dreieck übergewichtet ist. Mit Hinweis auf das geplante Sachthema (ES) kann der Trainer hervorheben, dass eine Fortführung des Seminars nur möglich ist, wenn der Konflikt in der Gruppe geklärt und somit auch jede einzelne Person (ICH) wieder Platz im TZI-Dreieck finden kann. Wird dieser Balanceakt nicht nur verbal erklärt, sondern noch zusätzlich anschaulich auf Flipchart oder Pinnwand *visualisiert*, reagiert die Gruppe meist nachdenklich und nachfragend. Theorie-Know-how kann also durchaus zur Konfliktklärung und -lösung beitragen.

Als Fazit gilt festzuhalten: Die Themenzentrierte Interaktion hat sich in der Arbeit mit Gruppen ebenso bewährt wie die Transaktionsanalyse oder das TALK-Modell. Welches Modell in welcher Krisensituation am sinnvollsten einzusetzen ist, lässt sich nicht allgemeingültig beantworten. Jede Richtung bietet spezielle Ausbildungen an, so beispielsweise das WILL-Insitut (Workshop Institute für Living Learning) in der Schweiz, das Seminarleiter als TZI-Trainer qualifiziert.

Mediation, Konfliktmoderation und Konfliktcoaching als moderne Formen der Streitschlichtung

Unter Mediation versteht man ein Konfliktlösungsmodell unter Mitwirkung einer neutralen, dritten Person (im Idealfall: ein ausgebildeter Mediator; vgl. S. 105ff.). Ausgangspunkt ist die Überlegung, dass die Konfliktbeteiligten meist nicht in der Lage sind, selbst konstruktive Auswege zu finden. Eine typische Folge davon ist: Beide Seiten kämpfen um die »Wahrheit« und suchen die juristische Auseinandersetzung. Vor Gericht wird dann Recht gesprochen und damit eine Lösung herbeigeführt. Hier setzt die *Mediation* gewissermaßen als vorbeugende Maßnahme an. Statt lange Wartezeiten bis zum Gerichtstermin und hohe Anwaltskosten in Kauf zu nehmen, soll eine neutrale Person die Streithähne dazu bewegen, sich gegenseitig anzuhören, die Sichtweisen der jeweils anderen Seite zu verstehen und gemeinsam »Win-win-Lösungen« zu finden. Der Mediator agiert als Unterstützer, ohne allerdings eigenständige Vorschläge einzubringen oder gar Partei für eine bestimmte Sichtweise zu ergreifen.

Dass man mit dieser »Kunst der Vermittlung« immense Kosten sparen kann, ist sicherlich ein Grund, warum auch in Deutschland immer mehr Unternehmen Wirtschaftsmediatoren für Vermittlungsgespräche einsetzen. Das Herausarbeiten der Interessen aller am Konflikt Beteiligten spielt dabei eine besondere Rolle. Das bekannte Beispiel zweier Menschen, die sich um eine Orange streiten, wobei der eine die Frucht behält und der andere leer ausgeht, zeigt die Schwierigkeit, vernünftige Kompromisse zu finden. Dabei sind Lösungen für beide Seiten durchaus realisierbar, falls die Interessen beider Seiten berücksichtigt werden. Im Falle der Orange kann das Teilen eine Möglichkeit sein, aber auch eine Einigung, die darin besteht, dass der eine nur die Schale behalten möchte (zum Backen oder als Bastelvorlage), der andere vor allem am Fruchtsaft interessiert ist. Man muss also erst einmal herausfinden, wozu jeder die Orange haben möchte. Und hier sind wir bei einem wesentlichen Punkt: In der Mediation geht es nicht um Recht-Haben-Wollen, sondern um das Benennen und Konkretisieren der Interessen aller Beteiligten. Hinzu kommt: Mediation als moderne Form der Streitschlichtung beruht auf dem *Prinzip der Freiwilligkeit.* Das bedeutet: Beide Parteien müssen bereit sein, sich auch ohne Gericht zu einigen, indem sie sich auf konstruktive Gespräche einlassen. Die Ansprüche an externe wie interne Streitschlichter sind hoch: Zum einen muss ein Mediator nicht nur neutral bleiben und sein Handwerk beherrschen, sondern auch mit seinen eigenen Emotionen umgehen können, denn nicht selten reagieren Gesprächspartner laut und aggressiv, weinen oder drohen. Außerdem muss er erkennen, auf welcher Stufe sich der Konflikt bewegt und welche Interventionen in welcher Phase sinnvoll sind.

Für Trainer können die Erkenntnisse und Vorgehensweisen der Streitschlichtung aus zwei Gründen wichtig sein:

- Trainer können selbst eine Mediationsausbildung machen, sich dadurch spezialisieren und ihr Kompetenzfeld erweitern.
- In einer konfliktreichen Seminarsituation können Trainer, die die Grundsätze der Mediation kennen, die Interessen der streitenden Teilnehmer aufdecken und dadurch zur Klärung des Konflikts beitragen.

Wie ich bereits in diesem Buch festgestellt habe, nimmt jede Seminarleitung mindestens zwei Rollen ein: Moderator und Referent. Auch wenn eine Gesprächsleitung nicht immer Konflikte moderieren muss, können Trainer in dieser Rolle durchaus gefordert sein. *Konfliktmoderation* ist immer dann sinnvoll, wenn Trainer während eines Seminars als Schlichter zwischen mindestens zwei Personen oder Teilgruppen auftreten müssen. Die individuelle Konfliktkompetenz eines Trainers ist dabei sehr wichtig und entscheidend. Einen persönlichen Streit zwischen verschiedenen Teilnehmern zu unterbinden gelingt vielleicht nicht immer – eine Konflikteskalation zu vermeiden liegt jedoch durchaus in der Verantwortung eines jeden Trainers, wie an vielen Fallbeispielen gezeigt wurde.

Ein Seminar »lebt« nicht nur vom unterschiedlichen Wissensstand der Beteiligten, sondern auch von der Beziehungs- und Kontaktebene aller Personen. Sympathien und Antipathien werden manchmal öffentlich ausgetragen, und jeder Trainer tut gut daran, in solchen Fällen als Moderator im Sinne eines objektiven Gesprächsführers aufzutreten. *Konfliktmoderation im beruflichen Kontext* – beispielsweise auch als ergänzende Weiterbildungsmaßnahme nach einem Seminar – kann dann hilfreich sein, wenn eine Führungskraft Probleme mit Mitarbeitern durch Konfliktmoderation klären möchte. Ähnlich wie bei der Mediation hat der Konfliktmoderator die Aufgabe, die Beteiligten bei der Konfliktlösung zu unterstützen. Dabei sollte er sich an einigen generellen Leitlinien orientieren, um diese anspruchsvolle Aufgabe souverän bewältigen zu können.

Leitsätze für eine Konfliktmoderation

- Konkrete Auftragsvereinbarung formulieren.
- Konfliktthemen sammeln.
- Sichtweisen der Konfliktpartner klären.
- Konfliktlösungsideen gemeinsam entwickeln.
- Ideen gemeinsam bewerten.
- Regelungen aushandeln, verbindliche Absprachen treffen.

Doch nicht nur Moderatoren und Mediatoren kommen als Konfliktlöser in Betracht. Auch (externe) Coaches sind bei der Bewältigung beruflicher Krisen von Mitarbeitern und Führungskräften durchaus gefragt. Sie werden in der Regel dann aufgesucht, wenn es um die Klärung beruflicher Probleme und Konflikte geht. Ratsuchende, die sich für ein *Konfliktcoaching* entscheiden, möchten damit in der Regel drei Dinge erreichen:

- Lösungen für Konfliktfelder finden, in denen sie selbst involviert sind,
- Wachsamkeit gegenüber potenziellen Konfliktfeldern erlangen,
- eine gewisse Gelassenheit gegenüber Konflikten entwickeln.

Die Berliner Organisationsberaterin Dr. Astrid Schreyögg, die sich in ihrem Buch »Konfliktcoaching« mit dem Stufenmodell von Glasl auseinandersetzt, sieht Moderation nur für Konflikte geeignet, die sich innerhalb der ersten drei Eskalationsstufen bewegen. Je höher der Eskalationsgrad ansteigt, desto aussichtsreicher sind Formen wie Prozessbegleitung oder Mediation. Konfliktcoaching ist als Aufgabenfeld externer Berater vor allem dann gefragt, wenn es darum geht, Führungskräfte selbst in ihrer Rolle als Konfliktberater/Moderator aktiv zu unterstützen. Dazu schreibt Schreyögg: »Es ist nützlich, wenn sie (= die Führungskraft) schon im Vorfeld etwa in Seminaren einige Methodenkompetenzen erwirbt. Im Coaching lässt sich dann ›Feinarbeit‹ leisten, indem die Klienten gezielt auf die jeweiligen Sitzungen vorbereitet werden ... so lässt sich die Moderationssituationen in allen ihren Phasen und mit möglichst vielen Eventualitäten vorab phantasieren.« (Schreyögg 2002, S. 122f.)

Storytelling: Der Einsatz von Konfliktgeschichten und Konfliktmetaphern

Die psychologische Wirkung von Geschichten ist unumstritten. Märchen und Volkssagen überliefern Bilder von vergangenen, gegenwärtigen oder zukünftigen Welten und können anregen, über die eigene Biografie nachzudenken. Das Wiederaufleben des Geschichtenerzählens hat auch den Trainingsmarkt erfasst. Die Kraft des Erzählens – das so genannte »Storytelling« – wird genutzt, um Gruppenprozesse in Seminaren und Unternehmen zu unterstützen. Dabei soll der Trainer nicht in die Rolle einer modernen Märchenfee schlüpfen, sondern Storytelling als zusätzliche Methode nutzen, um Blockaden und Widerstände bei den Teilnehmern anzusprechen. Seminarleiter können nämlich in Schwierigkeiten geraten, wenn sie Teilnehmern unverblümt ihre Meinung sagen. Andererseits ist gerade ein Trainer für Wahrhaftigkeit im Seminar verantwortlich und sollte Offenheit und Ehrlichkeit auch gegenüber der Gruppe »vorleben«. Storytelling ist in solchen Fällen eine gute Möglichkeit. Schwierige, konfliktreiche Situationen werden in eine Geschichte gepackt, statt sie in eigenen Worten zu beschreiben. Dabei können zwei Arten von Storytelling unterschieden werden:

- *Märchen, Mythen, Fabeln, Gleichnisse oder Anekdoten* dienen der kurzweiligen Unterhaltung, können berufliche (oder auch private) prekäre Situationen erhellen und als Ideengeber für Konfliktlösungen genutzt werden.
- *Erfahrungsberichte von Mitarbeitern und Führungskräften* können als Kraft- und Ideenquelle für aktuelle Konflikte im Unternehmen genutzt werden. Auch Metaphern können wichtige Anregungen bieten und Lernprozesse in Gang setzen.

Wer als Trainer Storytelling als Seminarmethode einsetzen möchte, sollte vor allem zwei Punkte bedenken:

- Die Geschichten sollten kurz sein.
- Die Geschichten sollten zum Kontext der jeweiligen Situation passen.

Dazu ein Beispiel, das ich in einem Rhetoriktraining einsetzte. Ein Teilnehmer, ein durchaus routinierter Redner, war selbstbewusst und gab den weniger erfahrenen Seminarmitgliedern zu verstehen, dass es im Seminar vor allem um seine eigene Bestätigung geht. Daraufhin entschied ich mich folgende Geschichte zu erzählen:

»Der Mullah, ein Prediger, kam in einen Saal, um zu sprechen. Der Saal war leer bis auf einen jungen Stallmeister, der in der ersten Reihe saß. Der Mullah überlegte sich: Soll ich sprechen oder es lieber bleiben lassen? Schließlich fragte er den Stallmeister. Dieser antwortet: Herr, ich bin ein einfacher Mann, davon verstehe ich nichts. Aber wenn ich in einen Stall komme und sehe, dass alle Pferde weggelaufen sind und nur ein einziges dageblieben ist, werde ich es trotzdem füttern. Der Mullah nahm sich dies zu Herzen und begann seine Predigt. Er sprach über zwei Stunden lang. Danach fühlte er sich glücklich und erleichtert und wollte sich bestätigen lassen, wie gut seine Rede war. Als er den Stallmeister fragte, wie ihm seine Predigt gefallen habe, meinte dieser: Ich habe bereits gesagt, dass ich ein einfacher Mann bin und von so etwas nicht viel verstehe. Ich würde auch ein einziges Pferd füttern, das im Stall steht, aber ich würde ihm nicht alles Futter geben, das für alle Pferde gedacht war.« (Peseschkian 2003, S. 133)

Dieses Gleichnis führte dazu, dass der besagte Teilnehmer zunächst unwirsch reagierte, sich im Verlauf des Seminars immer stärker zurücknahm, allerdings in der Schlussrunde sagte, dass ihn die Geschichte sehr zum Nachdenken bewegt hätte. Erzählungen liefern nicht immer einen Knalleffekt im Sinne einer schnellen Erkenntnis. Manchmal wirken sie erst Stunden oder Tage später.

Übrigens: Wer sich für lehrreiche Kurzgeschichten interessiert, findet im Buch »Inhalte auf den Punkt gebracht« von Detlev Blenk nachdenkliche und vergnügliche Beispiele für den Einsatz in Trainings und Seminaren. Jedoch müssen es nicht immer Shortstorys sein, um Teilnehmer bei der Bewältigung von Problemen oder Konflikten zu unterstützen. Auch Konfliktmetaphern können eine gute Hilfe sein. Im Folgenden verweise ich auf einen Fragenkatalog, der im Fachbereich Psychologie der Universität Hamburg (Dr. Redlich) entwickelt wurde, um Gespräche zwischen Trainer beziehungsweise zwischen Coach und Kunden/Klienten »bildhaft« zu machen:

Fragen zur Erkundung von Klientenmetaphern

Wenn der Teilnehmer selbst eine Metapher nennt, kann der Trainer fragen:
»Sie sprachen von ... welches Bild haben Sie dabei vor Augen?«
»Könnten Sie die Szene näher beschreiben?«

Zur näheren Erkundung des Bildes kann der Trainer zum Beispiel sagen:
»Beschreiben Sie die verschiedenen Aspekte der Szene!«
»Was sagen/hören/tun andere Personen in Ihrem Bild?«
»Was hören/riechen/fühlen/berühren Sie?«
»Was führte zu dieser Situation?«
»Was geschah vorher?«
»Was geschieht als Nächstes?«

Wenn keine Metapher genannt wird, kann der Trainer/Coach fragen:
»Fällt Ihnen ein Bild oder eine Metapher ein, die diese Situation beschreiben könnte?«
»Könnten Sie eine Metapher dafür finden?«

Der Trainer/Coach kann mit der Problemsituation des Teilnehmers/Klienten eine Verbindung herstellen, indem er etwa fragt:
»Welche Parallelen sehen Sie zwischen Ihrem Bild von ... und Ihrer aktuellen Situation?«
»Wie könnte die Veränderung Ihres Bildes zu Ihrer aktuellen Situation passen?«

Auch die Frage nach der Veränderung des metaphorischen Bildes ist legitim:
»Wenn Sie das Bild irgendwie ändern könnten, wie würden Sie es ändern?«
»Was würde Ihr Kollege an diesem Bild ändern?«

Konflikte aus Sicht der Lern- und Kreativitätsforschung

Einige bekannte Namen:

- Prof. Dr. Frederik Vester: Vernetztes Denken
- Dr. Georgi Lozanov: Suggestopädie
- Dr. Edward de Bono: Sechs-Hüte-Methode

Konflikte zu lösen ist meist schwierig, manchmal auch langwierig. Oft reichen die üblichen Lösungswege nicht, um Konflikte und Krisen auf Dauer erfolgreich zu bewältigen. Dann braucht es neben kommunikativen Kompetenzen vor allem kreative Fähigkeiten. Zwischen dem Thema »Konflikt« und dem Thema »Kreativität« besteht ein enger Zusammenhang. Wenn wir Konflikte analysieren, wird meist offensichtlich, wie intensiv die Streitparteien auf ihren jeweiligen »Wahrheiten« beharren. Einen Perspektivenwechsel vorzunehmen und den Konflikt von verschiedenen Seiten zu betrachten, um dadurch zu neuen Lösungen zu kommen, ist leider immer noch nicht selbstverständlich. Um bewusst und gezielt Wege aus der Routine zu gehen, können entweder Kreativtechniken (= Methoden der Ideenfindung) oder lernfördernde Methoden (beispielsweise Suggestopädie) hilfreich sein. Nachfolgend drei Beispiele.

Denken, Lernen, Vergessen

»Wir leben in einer Welt, deren ineinander greifende Abläufe für unseren menschlichen Geist schon immer schwer zu begreifen waren ... was wir brauchen ist eine neue Sicht der Wirklichkeit: die Einsicht, dass vieles zusammenhängt, was wir getrennt sehen« – mit diesen und ähnlichen Worten hat der Autor Frederic Vester mehr als drei Jahrzehnte lang auf die globalen Probleme und Vernetzungen hingewiesen. Vester, der 1969 in Biochemie habilitierte, wurde vor allem in den 1970er-Jahren einer breiten Öffentlichkeit als Vordenker der Umweltbewegung bekannt. Er prägte dabei maßgeblich einen Begriff, der heute vielfältig verwendet wird: vernetztes Denken. Die Kernprobleme der gegenwärtigen und künftigen Zivilisationsgesellschaften waren für den Professor für angewandte Ökonomie nur dann zu bewältigen, wenn die Systemzusammenhänge von Natur, Technik, Wirtschaft und Gesellschaft erkannt werden. Vester und seine Mitarbeiter entwickelten eine Vielzahl von Methoden und Bewertungen, die insgesamt als »Sensitivitätsmodell« zusammengefasst wurden und in vielen Bereichen Berücksichtigung fanden (zum Beispiel Zukunft des Autos oder Ballungsgebiete in der Krise).

Im Weiterbildungsbereich besteht Vesters Verdienst vor allem darin, dass er parallel zu seinen wissenschaftlichen Forschungen stets auch an der »spielerischen« Vermittlung seiner Erkenntnisse interessiert war. Dies zeigen Wanderausstellungen (»Unsere Welt – ein vernetztes System«), Fernsehserien (»Phänomen Stress«), Bestseller-Bücher (»Denken, Lernen, Vergessen«) oder Spiele wie »Ökolopoly«. Er hat damit auch in Deutschland einen entscheidenden Anteil an der Entwicklung von so genannten Planspielen, die viele Trainer und Berater in ihrer Arbeit einsetzen. Planspiele etablieren sich seit vielen Jahren als fester Bestandteil einer kreativen Lernkultur, die Arbeit und Spielen integriert. In der Fort- und Weiterbildung von Führungskräften nehmen neben Brett- und Kartenspielen zunehmend auch technische Simulationen als Unternehmensplanspiele eine bedeutende Rolle ein. Software-Tools wie das Planspiel »Global Manager« stellen betriebliche Prozesse virtuell dar, zeigen Vernetzungen auf und verlangen von Führungskräften kreative Lösungen bei schwierigen Entscheidungsprozessen.

Denken, Lernen, Vergessen (Auszüge)

»Regel 2: Sinnvolles Curriculum: Lernstoff, dessen Nutzanwendung weder aus seiner Beziehung zur Wirklichkeit noch aus vorhergehenden Lerninhalten einsehbar ist, wird bereits schlecht im Gedächtnis verankert ... Reihenfolge und Aufbau eines Themas ... sind daher nach realen Lernzielen und nach ihrer Verständnisfolge zu gliedern und nicht nach historischen oder fachsystematischen Gesichtspunkten.«

»Regel 6: Interferenzen vermeiden: Zusatzwahrnehmungen ähnlichen Inhalts stören oft das Abrufen der im Ultrakurzzeit-Gedächtnis kreisenden Erstinformation ... Besser ist es, die Erstinformation zunächst im Kurzzeit-Gedächtnis abzurufen, d.h. an bekannte Gedächtnisinhalten zu verankern, und dann erst ›Variationen über das Thema‹ anzubieten.«

»Regel 11: Verknüpfung mit der Realität: Den Lerninhalt möglichst viel mit realen Begebenheiten verbinden, sodass er ... vernetzt verankert wird. Werden reale Erlebnisse angesprochen, so wird der Lerninhalt trotz zusätzlicher Information eingängiger (Aufnahme als ›Muster‹ statt als ›lineare Folge‹). (Vester, Denken, Lernen, Vergessen, S. 141ff.)

Menschen, die in Aus- und Fortbildungen tätig sind, können jedoch von Vesters Forschungen vor allem in einem Punkt profitieren: seinen Erkenntnissen bezüglich der Lernbiologie und der Einordnung von Personen in verschiedene Lerntypen. Trainern kann dieses Wissen sowohl bei der Konzeption von Seminaren als auch während eines Trainings wichtige Hilfestellungen bieten. In seinem Besteller »Denken, Lernen, Vergessen« nennt Vester 13 Regeln, um Konflikte in Seminar und Training zu vermeiden beziehungsweise zu reduzieren.

Damit gibt der Forscher grundsätzliche Hinweise auf den Umgang mit Lernstoff und dessen Aufbereitung im Seminar. Viele Trainer machen immer wieder die Erfahrung, dass die Missachtung der genannten Regeln zu erheblichen Schwierigkeiten mit der Gruppe oder mit einzelnen Teilnehmern führen kann. Ein Trainer erzählte dazu folgenden Erfahrungsbericht:

»Vor kurzem führte ich ein Seminar zum Thema ›Personalbeurteilung‹ in einer Sparkasse durch. Vor mir saßen Geschäftsstellenleiter, die sich fast alle anfangs aktiv einbrachten, dann aber ließ sichtlich ihre Motivation nach. Irgendwann fuhr mich ein Teilnehmer genervt an: Sie preisen uns ja das Thema an, als wenn Sie uns ein neues Auto verkaufen müssten. Mich interessiert vielmehr meine eigene Beurteilung, denn auch ich muss als Führungskraft meinem Vorstand Rede und Antwort stehen.«

Erst durch diese Bemerkung sei ihm klar geworden, so der Kollege, dass er in der Vorbereitung zum Seminar eine wichtige Alltagserfahrung seiner Seminargruppe komplett vergessen hatte: die Tatsache, dass auch Führungskräfte beurteilt werden. Im konkreten Fall bot der Trainer der Gruppe auch an, sich zusätzlich zur Mitarbeiterbeurteilung mit den Fallstricken des eigenen Führungsstils zu beschäftigen. Das Feedback am Ende des Seminars bestätigte den Eindruck, dass ein »Curriculum« dann sinnvoll ist, wenn es einen starken Praxisbezug zum Berufsalltag der Teilnehmer herstellt.

Lernen mit allen Sinnen: Suggestopädie

Der Begriff hat zunächst nichts mit »suggerieren« zu tun, sondern wird abgeleitet vom englischen Verb »to suggest« (vorschlagen, empfehlen, zu etwas anregen). Personen, die an suggestopädischen Kursen teilnehmen, sollen eine Fülle von Anregungen erhalten, wie sie ihre eigenen Lernleistungen nach und nach verbessern können. Suggestopädie wurde als Lernmethode in den 60er-Jahren des 20. Jahrhunderts von dem bulgarischen Neurologen Georgi Lozanov in Sofia entwickelt. Bei seinen Reisen nach Indien fiel dem Arzt auf, dass Fakire und Yogis sich auch bei geistigen Höchstleistungen körperlich und mental entspannen konnten.

Forschungen haben mittlerweile den Erfolg dieser Methode bestätigt. Ihre Effektivität zeigte sich zunächst beim Erlernen von Fremdsprachen (daher wird Suggestopädie häufig als »Superlearning« bezeichnet). Erst in den letzten 20 Jahren fanden suggestopädische Elemente verstärkt Beachtung bei Weiterbildungsthemen wie Führung, Verkauf oder Kundenorientierung. Der kreative Ansatz besteht im Wesentlichen darin, dass beim Lernen beide Gehirnhälften gleichermaßen gefordert werden. Ein wesentliches Element sind dabei die so genannten Anker. Das sind Gegenstände oder Musiksequenzen, die den Lerninhalt nachhaltig im Kopf verankern sollen. Durch den Einsatz von Sprache, Musik, Spiel und körperlicher Bewegung sowie einem gezielten Wechsel von Konzentration und Entspannung (so genannter suggestopädischer Kreislauf) werden optimale Lernbedingungen geschaffen. Neben der Gestaltung von Lernprozessen spielt das Erkennen der verschiedenen Lerntypen im Seminar eine entscheidende Rolle.

Je nach bevorzugter Lernweise werden der visuelle, der auditive und der kinästhetische Lerntyp unterschieden.

Der visuelle Lerntyp: Dieser Lerntyp ist ein Mensch, der vor allem durch sehen, betrachten oder Sich-Bilder-Machen lernt. Er bevorzugt anschauliche Präsentationen. Von Vorträgen ohne Visualisierung profitiert er nur wenig.
Was ist für diesen Lerntyp hilfreich? Bücher, Skizzen, Diagramme, Lernposter, Videos, Mind Maps, Lernkarteien.

Der auditive Lerntyp: Der auditive Lerntyp lernt vor allem Gehörtes. Er lernt durch verbale Belehrung von Seiten anderer oder seiner selbst. In Vorträgen und Seminaren profitiert er vor allem durch das Zuhören oder durch das Sprechen.
Was ist für diesen Lerntyp hilfreich? Gespräch, Dialog, Diskussion, Geschichten erzählen, Musik, Klänge, Lernkassetten, Vorlesungen.

Der kinästhetische Lerntyp: Dieser Lerntyp lernt vor allem durch Tun, durch Erfahrung, durch unmittelbare Beteiligung. Er braucht Aktion beim Lernen, will etwas tun oder spielen. Lernen ist für ihn mit Bewegung verbunden, still sitzen eine Qual. Auch Schreiben ist o.k.
Was ist für diesen Lerntyp hilfreich? Stehen und Umhergehen beim Lernen, Anfassen und Hantieren mit Dingen, Experimentieren, Learning by Doing, Notizen machen, Gestik und Mimik des Lehrers, Lernkarten sortieren, Lernen in der Gruppe.

(Nach: www.suggestopaedie.de)

Da Suggestopädie ein multisensorisches Methoden- und Medienangebot beinhaltet, unterstützt sie diese unterschiedlichen Lerntypen und verringert die Blockaden und Widerstände der Teilnehmer. Die Methode führt so insgesamt zur Reduktion von Konfliktfeldern im Seminarverlauf – auch wenn die Skepsis und Kritik gegenüber kreativen Spielelementen anfänglich durchaus groß sein kann. Hierzu ein Beispiel eines Suggestopädie-Trainers:

»Ich führte für ein großes Kaufhaus ein Seminar zum Thema Kundenorientierung durch. Ich habe den teilnehmenden Servicemitarbeitern von Beginn an klargemacht, dass ich zwar das theoretische Rüstzeug mit ihnen auch auf Flipchart erarbeiten könnte, ich sie jedoch gerne auch in andere Lernwelten entführen möchte. Manche waren dann skeptisch, vor allem als ich anfing, Übungen mit kleinen Gegenständen, Brettspielen und Musik-CDs zu entwickeln. Zwei oder drei Personen sagten gleich, dass sie das kindisch fänden und nicht mitmachen wollen. Ich gab zu verstehen, dass ich das akzeptieren würde, aber dass sie bitte im Raum bleiben sollten. Dann passierte etwas, was ich schon oft erlebt habe und mich wieder darin bestätigt hat, dass Lernen mit allen Sinnen ansteckend ist. Bei einer Übung ›Wie fühlt sich ein Kunde, wenn er lange warten muss?‹ drückte ich einem Teilnehmer, der den Verkäufer spielte, eine Sanduhr in die Hand, ein Teilnehmer in der Rolle des Kunden durfte Zarah Leanders Chanson ›Ich steh im Regen‹ mitsingen. Das Lied lief im Hintergrund. Zwei bis drei Minuten nach der Übung herrschte absolute Stille im Seminarraum. Anschließend analysierten die Teilnehmer wie das Warten des Kunden auf sie gewirkt hat. Und auf einmal wurden auch die Skeptiker neugierig und waren bereit mitzumachen.«

Diese Schilderung zeigt, dass die Umsetzung ganzheitlichen Lernens stets ein gewisses Risiko birgt. Es wird wohl immer Teilnehmer geben, denen interaktive Seminare generell zu spielerisch, zu locker, zu spaßig sind. Das betrifft im Übrigen nicht nur suggestopädische Methoden, sondern alle Lernformen, die auf eine abwechslungsreiche Prozessgestaltung Wert legen. Daher lautet mein Tipp: Zeigen Sie immer wieder Ihren Kunden und Teilnehmern, dass Lernen lebendig, kurzweilig, kreativ und dennoch nachhaltig sein kann. Es ist dabei völlig normal, auf Personen zu treffen, die dies ablehnen. Überlegen Sie sich vor einem Seminar kluge Sätze, wie Sie mögliche Skeptiker bei der Stange halten können. Denn wie das genannte Fallbeispiel verdeutlicht, kann sich Ablehnung durchaus in Unterstützung wandeln.

Die Sechs-Hüte-Methode

Dr. Edward de Bono gilt als einer der bedeutenden Vertreter der Kreativforschung, dessen Einsichten auch im Trainingsbereich vermittelt werden. De Bono prägte den Begriff »Laterales Denken«, ein Wort, das vor einigen Jahren im Oxford English Dictionary aufgenommen wurde. Laterales Denken, so de Bono, ist eine besondere Art, den Verstand zu gebrauchen und sich einem Problem oder einem Konflikt zu nähern. Herkömmmliche, logisch-analytische Gedankengänge (de Bono nennt dies »vertikales Denken«) erfolgen Schritt für Schritt nach dem Motto: Auf A folgt B, dann C usw. Die Gültigkeit der jeweiligen Schlussfolgerung wird entweder bestätigt oder verworfen. Laterale Überlegungen hingegen bauen nicht zwingend aufeinander auf. Sie sind assoziativ, spontan, sprunghaft und produzieren oftmals »verrückte« Ideen. Denkprozesse sind Gewohnheitsprozesse. Daher ist de Bono davon überzeugt, dass laterales Denken neue Sichtweisen hervorbringt beziehungsweise herkömmliche Problemlösungen ergänzt. Um das bislang noch wenig trainierte »lateral thinking« zu ermöglichen, sind bestimmte Techniken hilfreich. Eine ist die »Sechs-Hüte-Methode«.

Worum geht es dabei? Das *Grundprinzip* beruht auf folgendem Modell: Jeder Person stehen verschiedene »Hüte« zur Verfügung, die symbolhaft eine bestimmte Denkrichtung vertreten (pessimistisch, optimistisch, kreativ usw.). Jeder Hut trägt zudem eine andere Farbe. Die Farben symbolisieren die jeweilige Denkrichtung. Damit die Zahl der verschiedenen Denkvorgänge überschaubar bleibt, aber dennoch vielseitig ist, wählte de Bono sechs Hüte.

Das Sechs-Hüte-Modell

Weiß:	Fakten, Zahlen, Informationen
Rot:	Emotionen und Gefühle, Intuition
Schwarz:	Negative Argumente, Killerphrasen
Gelb:	Optimismus, konstruktive Vorschläge
Grün:	Kreativität, neue Ideen
Blau:	Moderation, auch Entscheidung

Wenn sich nun ein Team einer Fragestellung oder auch einem Konflikt gegenübersieht, können die Mitglieder systematisch das Thema aus verschiedenen Richtungen betrachten. Wenn sich zum Beispiel alle Teilnehmer den roten Hut aufsetzen, teilen alle erst einmal ihre Einsichten zu dieser Denkschablone mit. Hier ist also Platz für Emotionen, Gefühle. Dann wird vielleicht der Faktenhut aufgesetzt. Er trägt die Farbe weiß, und alle sind nun aufgefordert, nüchterne Informationen und Zahlen für das Problem zu liefern. Wichtig dabei ist: Die Reihenfolge der Hüte kann zwar beliebig gewählt werden, doch ist *paralleles Denken* gefragt. Das heißt: Alle denken eine bestimmte Zeit mit einer bestimmten Hutfarbe. Als Durchschnittszeit einer »Hut-Runde« sollten fünf bis zehn Minuten zur Verfügung gestellt werden.

Der Kreativforscher konnte nachweisen, dass seine Hüte-Strategie die herkömmlichen Sitzungen und Meetings in Unternehmen und Organisationen maßgeblich beeinflussen kann – im positiven Sinne: mehr Zeitersparnis, konzentrierte Diskussionen, schnelle Ergebnisse. So senkte IBM die Sitzungszeit um angeblich 75 Prozent, auch Unternehmen wir NTT in Japan oder Du Pont in den USA arbeiten nach de Bonos Prinzipien. Da kein Hut vernachlässigt werden darf, ist auch die grüne Farbe der Kreativität gefragt, zu der sich alle äußern müssen. Jammern allein geht also nicht, nur Fakten erläutern auch nicht – ohne kreative Einfälle findet keine Sitzung statt. Die ewigen Nörgler oder Nein-Sager können zwar ihre Sichtweisen unter dem schwarzen Hut vortragen, sind jedoch gezwungen, ihre übliche Denkweise zu verlassen und auch andere Denkoptionen einzunehmen.

Wie können nun Trainer in Seminaren die Sechs-Hüte-Methode zur Konfliktlösung nutzen? Ein Beispiel aus meiner Seminarpraxis:

In einer Inhouse-Schulung bei einer Werbeagentur zum Thema Präsentation kam es zu einem Streit zwischen Projektleitern und Mitarbeitern. Die Projektleiter warfen ihren Kollegen und Kolleginnen vor, unkreative Ideen zu produzieren, welche sie in dieser Form niemals ihren Firmenkunden präsentieren könnten. Die Mitarbeiter waren entsprechend gekränkt. Ein Wort gab das andere, und an eine Fortsetzung der geplanten Seminarinhalte war nicht mehr zu denken. Ich bat um eine kurze Unterbrechung mit dem Hinweis, dass ich nach der Pause der Gruppe einen spannenden und ungewöhnlichen Vorschlag machen würde, um die Wogen zu glätten. Die Teilnehmer reagierten zunächst ablehnend, willigten dann allerdings ein, als ich verdeutlichen konnte, dass dabei die Emotionen aller Anwesenden berücksichtigt und nicht unter den Teppich gekehrt werden.

Mein weiteres Vorgehen umfasste folgende Schritte: Ich stellte die Sechs-Hüte-Technik vor, erläuterte die wichtigsten Grundprinzipien und Ziele und forderte dann die Gruppe auf, ihre Zusammenarbeit unter den verschiedenen Hut-Perspektiven zu betrachten. Da ich keine realen farbigen Hüte in meinem Seminarkoffer hatte, bekam jeder Teilnehmer Moderationskarten in den passenden Farben weiß, rot, schwarz, gelb, grün und blau. Ich als Moderatorin setzte zunächst den »blauen Hut« auf und achtete darauf, dass die Diskutanten alle zehn Minuten die Farbe wechselten und dabei stets parallel diskutierten. Das heißt: Wenn ich beispielsweise dazu aufforderte, dass alle unter dem »roten Hut« denken sollten, wurden nur emotionale Aspekte der Teamarbeit geäußert und diskutiert. Nach 40 Minuten intensiver Diskussion waren alle überrascht, wie effizient es sich mit farbigen Hüten diskutieren lässt und vor allem wie gut sie sich für Konfliktgespräche eignen. Die Tatsache, dass niemand ausschließlich auf seiner Lieblingsposition beharren kann – etwa nur (weißes) Faktenwissen liefern oder nur (schwarz) schimpfen kann –, sondern parallel mit anderen sechsmal seine Perspektive ändern muss, schärft den Blick für verschiedene Lösungsoptionen. Der »grüne Hut« sorgt zusätzlich dafür, dass übliche Verhaltensmuster überdacht werden.

Wichtig ist: Kreativtechniken wie die »Sechs-Hüte« sind kein nettes Spielchen, um mal schnell einen Seminarkonflikt zu lösen. Wenn Sie als Trainer dieses Konfliktinstrumentarium einsetzen möchten, sollten Sie auf jeden Fall hinreichende Erfahrungen mit dieser Methode gesammelt haben, um den Konfliktpartnern gute Anleitungen geben zu können und sie während der Problemklärung zu begleiten. Übrigens: Manche Trainer sehen in der Hüte-Strategie auch ein wirksames *individuelles* Frustrationsbewältigungs-Programm: »Das bewusste Wechseln der Hüte stellt für mich eine zentrale Konfliktbewältigung dar. Vor allem, wenn Seminare schlecht gelaufen sind, hilft mir die Anwendung der sechs Hüte, nicht Opfer meiner Gefühle zu bleiben, sondern aktiv und konstruktiv zu überlegen, was das Gute an der Situation war und wie ich im Nachhinein noch kreativ damit umgehen kann«, so ein Trainerkollege.

Übungen zur Konfliktprophylaxe und zur Entspannung bei Konflikten

»Wehret den Anfängen« ist ein häufig benutzter Satz, um darauf aufmerksam zu machen, wie wichtig eine frühzeitige Intervention im Seminar ist, damit Konflikte nicht eskalieren. Dass Kursleiter durch den achtsamen Umgang mit Worten und durch klare Anweisungen Störungen rechtzeitig Einhalt gebieten können, ist an vielen Stellen dieses Buches deutlich geworden. Weniger beachtet wird von Trainern die Tatsache, dass Ermüdung, inneres Abschalten, Konzentrationsprobleme und Gereiztheit der Teilnehmer Konfliktpotenziale beinhalten. Abhilfe können hierbei *Bewegungspausen und Körperübungen schaffen, die als vorbeugende Maßnahmen zur Konfliktverhinderung* eingesetzt werden können. Und wenn Menschen entspannt lernen, nehmen sie nicht nur besser Informationen auf, sondern diese bleiben auch nachhaltiger im Gedächtnis haften. Daher sind gezielte Bewegungs- oder Entspannungsübungen nicht nur hinsichtlich der Konfliktbewältigung im Seminar, sondern für den Lernerfolg insgesamt wichtig und sinnvoll.

Übungen für gestresste Gruppen

Es gibt es immer wieder Kollegen, die mir im Coaching berichten, dass sie mit Körperübungen »nichts am Hut haben«. Dennoch fühlen sie sich als professionelle Trainer verpflichtet, Seminarpausen mit aktivierenden Methoden zu verbinden oder ein gezieltes Warming-up ihren Teilnehmern anzubieten. Ich empfehle diesen Kollegen dabei zwei Wege zu verfolgen: einerseits, sich mit Übungen vertraut zu machen, die ihnen selbst guttun, und zusätzlich das Potenzial der Gruppe zu nutzen.

Zwei Beispiele aus meiner Seminarpraxis: Ich erinnere mich an eine schwangere Teilnehmerin, die vor Seminarbeginn konsequent Übungen durchführte und die Gruppe einlud, sie bei ihrer Morgengymnastik zu begleiten. Ich unterstützte ihren Vorschlag. Die Folge war, dass sieben von zehn Teilnehmern in den folgenden Tagen sich mit Yoga auf den Seminartag einstimmten.
Ich als Trainerin habe mich dabei nicht herausgehalten, sondern aktiv die Übungen mitgemacht. Am Schluss bedankte ich mich herzlich bei meiner »Co-Trainerin«, die dazu beigetragen hat, dass das Seminar ein großer Erfolg war. Denn so konnten alle entspannt und gleichzeitig konzentriert meinem Lernprogramm folgen.

Einen ähnlichen Fall erlebte ich vor Jahren mit einem Teilnehmer, der zwei Jahre in China gelebt hatte und berichtete, wie sehr ihn die Masse von Menschen fasziniert hätte, die auf großen Plätzen gemeinsam Tai-Chi praktizierten. Ich plante mit ihm, an den drei Seminartagen jeweils vor dem Abendessen eine kurze Tai-Chi-Sequenz durchzuführen. Auch dieses Angebot wurde von der Mehrzahl der Teilnehmer sehr positiv aufgenommen.

Aktivierung und Vitalisierung

Wenn wir die Dramaturgie eines Seminarverlaufs analysieren (das Gleiche gilt aauch für Klausurtagungen oder längere Besprechungen mit Unterbrechungen), fällt auf, dass ein Trainer nach einer Kaffee- oder Mittagspause mit der Gruppe jedes Mal »neu« beginnt. Jede Pause ist eine Unterbrechung, nach der sich eine Gruppe neu zusammenfinden muss. Manchmal führt dies zu Störungen, wie mir ein Kollege berichtete:

»Nach einer Pause war eine Gruppe wie ausgewechselt. Davor waren sie kommunikativ und brachten sich ein, nun hatte ich eine müde Truppe vor mir sitzen. Anfangs dachte ich, Ursache sei der neue Theorieblock, den ich nach der Pause präsentierte. Doch dann stellte ich durch Nachfragen fest, dass den Teilnehmern einfach noch der anstrengende Seminarvormittag in den Knochen steckte. Mir war klar, dass ich nicht einfach nach dem Motto »business as usual« weitermachen konnte. Ich befürchtete, dass dann die Müdigkeit in Unmut oder Arbeitsverweigerung umschlagen würde. Also entschied ich mich, eine kleine Bewegungsübung einzufügen – und das hat die Gruppe tatsächlich wieder aufnahmebereit gemacht.«

Übrigens: Trainer oder Trainerinnen sollten selbstverständlich bei allen Übungen mitmachen.

Übung Überkreuzbewegung

Dies ist eine Übung, die jeder Teilnehmer leicht nachvollziehen kann. Jeder marschiert zunächst auf der Stelle, etwa ein oder zwei Minuten lang. Danach soll jeder Teilnehmer sein Knie hochziehen und das Bein mit dem Ellbogen des gegenüberliegenden Arms zusammenbringen – das heißt linkes Bein trifft rechten Arm und umgekehrt. Diese Bewegung soll langsam und konzentriert durchgeführt werden, insgesamt sechs- oder achtmal.
Mit dieser Übung wird nachweisbar unser Denken stimuliert, denn sowohl die linke wie auch die rechte Hirnhälfte werden aktiviert.

Übung Wettermachen

Hier geht es darum mit den Armen, Händen und Fingern sowie Beinen und Knien verschiedene Wettergeräusche zu imitieren. Die Gruppe steht verstreut im Raum; alle sollten genügend Platz haben. Der Trainer begleitet die Übung etwa mit folgenden Worten, und alle machen mit: »Draußen scheint die Sonne und strahlt über das ganze Land (alle heben beide Arme in die Höhe und lassen sie langsam rechts und links wieder niedersinken, insgesamt dreimal hintereinander), allmählich wird die Luft schwül, eine dunkle Wolkenwand kommt immer näher (alle reißen die Augen auf und schütteln besorgt den Kopf); schon fallen die ersten Regentropfen (alle schnippen mit den Fingern), nun ist schon ein Donnern zu hören (alle stampfen kurz mit den Füßen auf den Boden), das immer stärker wird (alle trampeln nun immer schneller), nun gießt es wie aus Kübeln (alle klatschen mehrmals mit beiden Händen auf ihre Oberschenkel), der Regen wird immer heftiger (nochmalige Steigerung durch wiederholtes Klatschen auf die Schenkel), nun, siehe da: Der Regen lässt nach (Fingerschnippen), wir schütteln das Wasser ab (Arme und Beine ausschütteln) und betrachten mit Freude einen schönen Regenbogen, der sich am Himmel abzeichnet (alle malen nun langsam mit einer Hand einen Bogen in die Luft).«
Wer mag, kann dazu auch eine passende Musik-CD auflegen, die (leise) im Hintergrund mitläuft. Der Abschluss mit dem Regenbogen dient der Beruhigung, damit sich alle danach entspannt der Seminararbeit widmen können.

Auch *Yoga-Entspannungsübungen* können meiner Erfahrung nach einen Motivationsschub bewirken. Wenn beispielsweise gerade ein Konflikt im Seminar geklärt wurde und der Trainer die Gruppe wieder arbeitsfähig machen will oder wenn eine gespannte Stimmung herrscht, können Entspannungsübungen hilfreich sein. Viele Übungen des Hatha-Yoga (eine Bezeichnung für das reine Körperyoga im Gegensatz zu Meditation) tragen symbolhafte Bezeichnungen aus der Planeten- oder Tierwelt,

Yoga-Übungen

Gruß an die Sonne
Die Teilnehmer stehen im Raum. Fordern Sie als Trainer dazu auf, dass alle locker stehen und gedanklich ihre Füße fest in den Boden verankern. Der Rücken sollte gerade sein, die Hände werden in Gebetshaltung vor der Brust gefaltet. Man atmet tief ein und aus. Beim Einatmen werden beide Arme nach oben über den Kopf gestreckt. Während die Arme nach hinten gehen, wird das Becken leicht nach vorne geschoben. Nun atmen alle aus und beugen sich aus dem Hüftgelenk nach unten. Die Beine und der Rücken sollten möglichst gerade bleiben. Wichtig: Alle Schritte geschehen langsam, nach und nach.

Das Krokodil
Bei dieser Yoga-Übung ist eine Unterlage erforderlich, weil die Teilnehmer auf dem Boden liegen. Während man entspannt liegt, werden beide Arme langsam in Schulterhöhe ausgebreitet und die Beine angewinkelt. Nun werden – ausatmend – die Beine nach links gesenkt und gleichzeitig der Kopf langsam nach rechts gedreht. Knie und Füße bleiben zusammen. Alle atmen ruhig und tief mehrmals in die Dehnung hinein. Anschließend kommt man wieder – diesmal einatmend – in die Mitte und legt Kopf und Beine nach der jeweils entgegengesetzten Seite ab.

etwa Gruß an die Sonne, das Krokodil, der Löwe oder die Heuschrecke. Alle Übungen sind durch langsame, fließende und weiche Bewegungen gekennzeichnet. Zur Aktivierung und Vitalisierung zu Beginn eines Seminars (oder einer Besprechung, Klausurtagung etc.), während eines Trainings oder als Abschluss eines Seminartages kann fernöstliche Gymnastik hilfreich sein.

Kooperation statt Konkurrenz

Unsere Gesellschaft ist konkurrenzorientiert. Im Sport wie auch im Berufsleben zeigt sich, dass wir häufig in Kategorien von Sieg und Niederlage denken. Es kann daher durchaus sinnvoll sein – vor allem, wenn Konfliktmanagement angesagt ist –, Konkurrenz in der Gruppe mit körperorientierten Übungen zu bearbeiten. Dabei geht es meist konfliktträchtig zwischen den Teilnehmern zu, denn manche Übungen schüren bewusst Kampfgeist oder Aggression. Ich wähle für Konfliktmanagement-Seminare vor allem Aufgaben, die *Konfliktlösungen für beide Seiten als Gewinn* verdeutlichen.

Übung Punkte sammeln

Auf dem Boden liegt ein roter Faden, deutlich visualisiert. Zwei Seminargruppen stehen sich gegenüber – getrennt durch die rote Linie. Die Personen, die sich gegenüberstehen, fassen sich an den Händen. Ziel der Übung ist nun, dass jeder Teilnehmer so viele Punkte wie möglich innerhalb von fünf Minuten sammeln soll. Das bedeutet: Jedes Mal, wenn es gelingt, die Hand des Partners über die Linie zu ziehen, gibt es einen Siegespunkt!

Was passiert in aller Regel? Die Stimmung und das Verhalten der Teilnehmer ändern sich in den unterschiedlichen Phasen des Spiels und bei der anschließenden Analyse. Der Beginn des Spiels ist zunächst durch einen starken Wettkampfgeist geprägt. Beim Kampf mit dem Gegenüber versuchen die meisten Teilnehmer mit mehr oder weniger starkem körperlichem Einsatz die Hand des anderen über die Linie zu ziehen. Nach etwa drei Minuten beginnen einige (wenige) Paare ihre Strategie zu ändern: Sie diskutieren kurz miteinander und schieben dann ihre Hände gemeinsam über die rote Linie rasch hin und her. Nach fünf Minuten stellt sich heraus, dass sie die Gewinner sind, weil ihr kooperatives Verhalten beiden Seiten viele Punkte eingebracht hat.

Die Analyse dieser Übung offenbart *drei Einstellungen* der Teilnehmer, die sich nach und nach wandeln. Bei der Auflösung dieser Aufgabe äußern sich die meisten *zunächst enttäuscht* über das »dumme Ergebnis«. Sie vertreten die gängige Auffassung, dass bei einem Wettkampf jeder versucht, für sich selbst das Optimale herauszuholen und alleiniger Sieger zu werden. Während der weiteren Diskussion stimmt allerdings das Ergebnis viele Gruppenmitglieder *zunehmend nachdenklich.* Die Tatsache, dass sich einige Konfliktpaare über ein gemeinsames Vorgehen abstimmen konnten, sodass für beide Seiten eine »Win-win-Lösung« entstand, ist für viele noch ein ungewöhnliches, doch nachdenkenswertes Verhaltensmuster.

Das Gespräch mit den Teilnehmern, die sich kooperativ verhielten, verdeutlicht allen, dass es (wenige) Menschen gibt, die *die Einsicht* besitzen, dass Kooperation trotz Konkurrenz möglich ist. Für diese »seltenen Kooperationsexemplare« (so eine Teilnehmerstimme) ist es selbstverständlich, in Wettbewerb zu treten, ohne den anderen vernichten zu wollen. Sie setzten dennoch klar auf Sieg – nämlich den Sieg beider Lager.

Der Spagat von Konkurrenz hin zu Kooperation gelingt meiner Erfahrung nach dann am besten, wenn Trainer wissen, dass *Einstellungs- und Verhaltensänderungen* Zeit brauchen. Falls Teilnehmer – ausgehend von Wut und Enttäuschung – zu Nachdenklichkeit und Einsicht gebracht werden, ist bereits viel bewirkt.

Gute Atmosphäre

Typisch für Konflikte ist eine negative Stimmung. Selbst wenn schwierige Situationen während des Trainings geklärt oder gelöst wurden, kann noch eine gewisse Anspannung herrschen. In dieser Phase können Körperübungen dazu beitragen, die Stimmung aufzulockern. Wenn beispielsweise an der Konfliktlösung alle Teilnehmer engagiert mitgewirkt haben, empfehle ich die Übung »Schulterklopfen«.

Übung Schulterklopfen

Die Gruppe steht im Kreis zusammen, und zwar so dicht, dass sich die Schultern berühren. Nun fordert der Trainer (der selbstverständlich auch bei dieser Übung mitmacht) dazu auf, dass sich alle langsam nach rechts drehen. Die Folge: Alle stehen nun dicht Rücken an Rücken. Der Trainer hält die Situationsspannung, indem er sagt: »Nun heben alle langsam den rechten Arm.« Wenn auch dies geschehen ist, lautet die Anweisung: »Nun dürft ihr damit kräftig eurem Vordermann auf die Schulter klopfen!« Und dies geschieht auch. Alle lachen, freuen sich und sagen sich gegenseitig: »Das haben wir aber gut gemacht!«

Es kommt in Seminaren immer wieder vor, dass einzelne Personen über sich »hinauswachsen«. Sie äußern beispielsweise Ängste vor einem geplanten Rollenspiel oder anderen Übungen, doch bewältigen sie die Aufgaben mit Bravour. Oder sie bringen in einer kritischen Seminarsituation Lösungsvorschläge ein, an die keiner zuvor gedacht hat. In solchen Fällen kann die folgende Übung sinnvoll sein.

Übung Beifall nur für mich

Die Gruppe sitzt im Stuhlkreis. Ein Teilnehmer, der eine Angstsituation gut bewältigt oder als Erster eine schwierige Aufgabe/Übung gelöst hat oder zu einer Konfliktlösung beigetragen hat, geht in den Kreis. Alle anderen klatschen, trampeln, pfeifen und drücken damit ihre Zustimmung und ihren positiven Eindruck über die besagte Person aus. Die meisten Teilnehmer sind durch die nonverbale Zustimmung sehr gerührt und genießen es, Beifall zu bekommen.

Übrigens: Ich setze »Schulterklopfen« manchmal auch in der Abschlussphase eines Trainings ein, ebenso die Beifallsübung: Hier betritt jeder Teilnehmer nach und nach den Kreis, alle anderen klatschen. Somit wird abschließend das Engagement jedes Einzelnen im Seminar gewürdigt.

Übungen für gestresste Trainerinnen und Trainer

Viele Trainer stehen ständig unter »Strom«. Sie bereiten Seminare vor oder nach, verhandeln mit Kunden, präsentieren ihre Angebote, schreiben Fachartikel oder Bücher, halten Vorträge auf Messen und Kongressen und nehmen an Fortbildungen teil. Wenn sie viele Kundenaufträge haben, ist dies zwar erfreulich, doch dadurch wird der individuelle Stress in der Regel auch größer. Kommen noch private Probleme hinzu, stoßen selbst Trainer-Profis an ihre Leistungsgrenze. Stressabbau tut also Not, denn wie sonst kann ein Trainer Entspannung und Deeskalation im Konflikt authentisch vermitteln und vorleben? Die folgenden Anregungen umfassen persönliche Anti-Stress-Strategien sowie Tipps von Trainerkolleginnen und -kollegen. Diese Übungen lassen sich ebenso von Nicht-Trainern ausführen. Egal ob »mit Schwung in den Tag« oder langfristiger Stressabbau – die Anregungen kann jeder umsetzen.

Stressabbau vor Seminarbeginn: Mit Schwung in den Tag

Unmittelbar vor einem Training ist der Stresspegel besonders hoch. Einerseits gilt es, den »körperlichen Pusch« zu nutzen, um mit Power ein Seminar starten zu können, andererseits sollten in dieser Phase vor allem zwei Faktoren besondere Berücksichtigung finden: Stimme und Atem. Die Stimme stellt für Trainer das wichtigste Gut dar, denn wer gut klingt, kommt in der Regel auch gut bei seinem Publikum an. Für die meisten ist es daher zu Recht eine Horrorvorstellung, wenn die eigene Stimme beispielsweise durch eine Erkältung stark beeinträchtigt ist. Da Reden und Atmen eng zusammenhängen, sollten Trainer – wie dies im Übrigen auch Therapeuten, Sprecherzieher und Schauspieler tun – mit gezielten Atem- und Sprechübungen Nervosität bekämpfen und sich auf die bevorstehende Arbeit im wahrsten Sinne des Wortes einstimmen. Wie kann dies aussehen? (s. Übungen auf Seite 216)

Stressabbau nach dem Seminar: Sich positiv auf den nächsten Tag einstimmen

Wenn ein Trainingstag vorbei ist, fällt meist die Anspannung nach und nach ab. Viele Seminarkollegen berichteten mir, dass es oft mehrere Stunden dauert, bis sich Körper und Geist vom Geschehen des vergangenen Tages verabschieden. Abhängen und Durchschnaufen nach einem Training ist einerseits eine Frage des persönlichen Ge-

Übung Atmen

Nach dem Aufwachen zu Hause oder im Hotelbett können folgende Atemübungen echte Fitmacher sein. Übrigens: Falls Ihr Zimmer sich nicht an einer stark befahrenen Straße befindet, ist es natürlich immer sinnvoll, wenn Atemübungen bei offenem Fenster durchgeführt werden:

Übungen im Liegen
Legen Sie eine Hand auf den Bauch und erspüren Sie das Heben und Senken der Bauchmuskulatur bei der Atmung. Atmen Sie fünf- bis sechsmal konzentriert ein und aus. Anschließend legen Sie eine Hand auf Ihre Brust und achten auf die Volumenveränderung des Brustkorbes bei der Atmung. Auch dabei atmen Sie konzentriert fünf- bis sechsmal ein und aus.

Übungen im Sitzen oder Stehen
Knien Sie sich auf den Boden und setzen Sie sich auf Ihre Beine. Sitzen Sie aufrecht und atmen Sie so viel Luft wie nur möglich in Ihre Lungen ein. Dabei wird sich automatisch der Bauch vorwölben. Wenn nun die Lungen zum Bersten voll sind, verharren Sie fünf bis zehn Sekunden in diesem Zustand, dann atmen Sie langsam (wenn Sie möchten auch geräuschvoll) aus. Beugen Sie dabei den Oberkörper leicht nach unten und lassen Sie Ihre Arme locker hängen. Diesen Vorgang wiederholen Sie fünfmal.

Übung Stimme

Stimmtrainer weisen zu Recht darauf hin, dass die individuelle Stimme nicht angeboren, sondern erlernt ist und Stimmmängel durch effizientes Training behebbar sind. Fehler beim Ein- und Ausatmen können die Qualität der Stimme massiv beeinflussen. Und auch bei der Modulation werden viele Fehler gemacht. Um die Stimme morgens zu »ölen«, genügt bereits das Aussprechen verschiedener Stabreime – mal mit lauter, dann mit leiser Stimme. Hier eine kleine Auswahl von Alliterationen:

1. Wenn hinter Fliegen Fliegen fliegen, fliegen Fliegen Fliegen nach.
2. Kleine Kinder können keine Kirschkerne knacken.
3. Thomas trank tausend Tassen Tee, tausend Tassen Tee trank Thomas.
4. Der Zweck hat den Zweck, den Zweck zu bezwecken. Wenn der Zweck seinen Zweck nicht bezweckt, hat der Zweck keinen Zweck.

Sicherlich kennen Sie selbst weitere Reime, die sich zur Stimmreinigung eignen. Das Wichtigste ist dabei, den »eigenen Schweinehund« zu überwinden und diese Übungen auch tatsächlich durchzuführen. Sie benötigen dazu nur wenige Minuten.

schmacks, andererseits birgt Entspannung auch Gefahr – vor allem, wenn Stressbewältigung überwiegend mit einem gesteigerten Alkohol-, Tabletten oder Zigarettenkonsum stattfindet. Sinnvoller und sicherlich auch gesundheitsfördernder sind folgende Möglichkeiten:

- Nutzen Sie das Wellness-Angebot Ihres Tagungshotels. Mittlerweile sind fast alle Hotels mit Schwimmbad und Sauna, vielfach sogar mit einem Fitnessraum ausgestattet.
- Machen Sie einen Spaziergang oder joggen Sie eine Runde, falls Sie gerne laufen.
- Entspannen Sie sich in Ihrem Hotelzimmer mit Ihrer Lieblingsmusik (ich habe immer einige CDs in meinem Handgepäck) oder halten Sie ein kleines Nickerchen, um wieder fit zu werden.
- Und schließlich: Schließen Sie mental den Trainingstag ab. Reflektieren Sie den Tag anhand dreier Schwerpunkte (dies können Sie auch schriftlich durchführen): Was war gut? Was war weniger gut? Was kann ich morgen verbessern, verändern? Sollte das Seminar am nächsten Tag fortgeführt werden, ist diese Drei-Schritt-Strategie die beste mentale Vorbereitung, die Sie treffen können.

Langfristiger Stressabbau durch Veränderung von Konfliktmonologen

»Ich habe vor einigen Jahren meine Selbstgespräche als Konfliktpotenzial erkannt und bin immer noch dabei, meine inneren Monologe umzuprogrammieren«, sagte mir kürzlich ein Trainerkollege. Ich konnte ihm nur zustimmen, denn auch mir wurde im Laufe meiner Trainings- und Beratungstätigkeit bewusst, dass Stressabbau eine ständige Herausforderung ist, zumal sich Stress und Lernen nur bedingt vertragen. Hilfreiche Anti-Stress-Erkenntnisse, auch in Form von Checklisten, liefert mir dabei vor allem die *Rational-Emotive-Therapie (RET)* von Albert Ellis.

Zunächst: Was ist überhaupt RET? Unter RET ist ein Therapiekonzept zu verstehen, das einerseits den kognitiven Methoden (dem Verstand = ratio) sowie der Kontrolle über emotionale Reaktionen (emotions) eine gleichgewichtige Rolle zuspricht. Begründet wurde RET 1955 von dem amerikanischen Psychotherapeuten Albert Ellis, der nach einem ganzheitlichen, handlungsorientierten Therapieansatz suchte. Ähnlich wie die Transaktionsanalyse stellte Ellis die Arbeit mit unseren negativen Gedanken ins Zentrum seiner Forschungen. Er registrierte, dass es primär unsere Selbstgespräche sind, die negative Gefühle in uns auslösen, und gibt dazu die Anregung: »Differenziere zwischen dem, was in einer Situation tatsächlich geschieht, und dem, was du dabei erlebst.« Um mehr Klarheit über diese inneren Monologe zu bekommen, entwickelte Ellis verschiedene Checklisten mit hilfreichen Fragen (Ellis 2000). Ich schätze einen Teil seiner Fragen als konkrete Hilfestellung, um meinen inneren Konfliktgesprächen auf die Schliche zu kommen. Daher mein Tipp für Sie als Trainer: Notieren Sie einige Tage lang Ihre Selbstgespräche, die sich um Seminare drehen. Sie können dazu auch ein Diktiergerät nutzen und Ihre Gedanken aufnehmen. Der mittel- und langfristige Lernprozess liegt in der *schrittweisen Veränderung negativer Selbstgespräche.* Dazu folgendes Beispiel aus meiner Seminarpraxis:

Vor vielen Jahren führte ich mit einem erfahrenen Trainer ein Kommunikationstraining durch. Die Abstimmung zwischen uns verlief nicht optimal. Ich hatte ihn einige Male im Seminar unterbrochen, weil ich dachte, dass nun mein Part an der Reihe wäre, und umgekehrt korrigierte er auch mich, wenn ich Anweisungen an die Gruppe gab. Obwohl wir nach dem Training ein klärendes Gespräch darüber führten, beschäftigte mich das unprofessionelle Verhalten von uns beiden sehr. Zunächst gab ich gedanklich dem Kollegen die alleinige Schuld für die Fehler im Seminar; später fing ich an, mich selbst für mein dummes Verhalten zu tadeln. In einer Supervision schilderte ich meinen Frust darüber. Der Supervisor bat mich, meine inneren Monologe möglichst wortgetreu aufzuschreiben und dies auch in ähnlichen belastenden Situationen zu wiederholen.

Anfangs sträubte ich mich dagegen, meine inneren Selbstgespräche auf einem Blatt Papier festzuhalten. Je öfter ich es jedoch tat, umso deutlicher wurde mir der Zusammenhang zwischen meiner inneren und äußeren Sprache. Ich suchte bewusst nach Wegen, um meine negativen Gedanken in eine konstruktive Richtung zu lenken. Die Analysen und Checklisten von Albert Ellis waren mir dabei (und sind es immer noch) eine gute Hilfestellung.

Denken Sie daran: Kommunikation beginnt im Kopf. Selbstmonologe nehmen unweigerlich Einfluss auf die Gespräche mit anderen. Durch eine verbesserte Selbstkommunikation können wir Schwierigkeiten mit uns selbst wie auch mit anderen angemessener bearbeiten und lösen. Die Folge: Wir gehen zuversichtlicher und selbstbewusster durchs Leben. Nach einem konfliktreichen Seminar ist die nachfolgende Checkliste eine gute Arbeitsgrundlage für jeden Trainer. Die Liste unterstützt Sie darin, Ihre inneren Monologe zu reflektieren und Wege zu finden, wie Sie künftig kritische Seminarsituationen konstruktiver bewältigen können.

Abschließende Anmerkung: Egal, für welches Anti-Stress-Programm Sie sich entscheiden – mit sich im Reinen zu sein und gelassen mit Konflikten umzugehen ist nicht nur eine Frage der hier beschriebenen Techniken und Methoden. Wer auf seinen Körper hört und dessen Signale richtig interpretiert, wird feststellen, dass Energieschübe auch mit einfachen Mitteln zu erreichen sind. Dazu gehören ausreichender Schlaf und Urlaubszeiten zum Abhängen und Entspannen. Auch daran sollten Sie denken, wenn es um individuelle Stressbewältigung geht.

Die Autoren

Gerhard Altmann, Jg. 1953, Sozialwissenschaftler und Pädagoge, arbeitet nach seiner wissenschaftlichen Tätigkeit seit 1993 als freier Trainer und Unternehmensberater mit den Schwerpunkten Team- und Konfliktmoderation, Führung und Kommunikation, Personalauswahl und Bildungsberatung.

Nina L. Dulabaum, Dr., M.A., B.A., Jg. 1961, arbeitete mehrere Jahre als Beraterin, Bildungsreferentin, Trainerin und Mediatorin in Deutschland und Österreich. Sie war Fachreferentin für jugendpolitische Sonderaufgaben und Extremismus der Stadt Leipzig. Seit 2002 lebt sie in Illinois und arbeitet als Beraterin, Forscherin und Adjunct-Professorin. E-Mail: DrDulyandCo@aol.com.

Heinrich Fiebiger, Jg. 1958, Dipl. Psych., Germanist, Psychotherapeut, war nach seiner wissenschaftlichen Tätigkeit als Personalentwickler tätig, seit 1993 Trainer, Mediator und Unternehmensberater bei der Grundig Akademie, zudem vom BMWA (Bundesverband Mediation in Wirtschaft und Arbeitswelt) anerkannter Lehrtrainer für Wirtschaftsmediation. Schwerpunkte: verbale und nonverbale Kommunikation, Konfliktmanagement, Führung.

Dr. rer. soc., MA phil. Regina Mahlmann unterstützt und begleitet Unternehmen in Veränderungsprozessen in Form von Prozessberatung, Coaching on- und off-the-job, lösungsorientierten Workshops, Moderation und Vorträgen im Dreieck CH-D-A. Themenschwerpunkte sind Persönlichkeitsarbeit, Führung und Zusammenarbeit, Unternehmenskultur, Konfliktmanagement und Teamentwicklung. Als Autorin zahlreicher Artikel und Bücher berät sie bei der Erstellung von Vorträgen, Artikeln und Büchern. Kontakt: www.dr-mahlmann.de, E-Mail: info@dr-mahlmann.de.

Rolf Müller, Jg. 1954, Diplom-Sozialpädagoge und Sinologe, arbeitet nach seiner langjährigen Tätigkeit als Sozialpädagoge in der offenen Jugendarbeit und nach mehreren Auslandsaufenthalten als wissenschaftlicher Mitarbeiter der Grundig Akademie im Bereich Weiterbildung.

Ruth Pink ist Diplom-Politologin und Lehrbeauftragte an der Technischen Universität München. Seit 18 Jahren Jahren arbeitet sie als selbstständige Trainerin und Beraterin für Medien- und Energieunternehmen, Banken/Sparkassen, Versicherungen sowie öffentliche Institutionen. Das Thema »Konfliktmanagement« ist ein zentraler Schwerpunkt in ihren Seminaren und Coachings. Homepage: www.ruthpink.de

Mit Konflikten professionell umgehen

Regina Mahlmann
Konflikte managen
Psychologische Grundlagen, Modelle und Fallstudien.
204 Seiten. Gebunden.
ISBN 978-3-407-36389-3

Konfliktfähigkeit ist eine Kunst, die erlernbar ist. Wird sie beherrscht, lassen sich viele Konfliktherde frühzeitig erkennen und Turbulenzen meistern. Die Autorin liefert das Handwerkszeug: Sie beschreibt die Ursachen von Konflikten, den möglichen Verlauf sowie die konstruktive Handhabung. Fallstudien veranschaulichen ihre Ausführungen.

»... dieses psychologische Grundlagenwerk ist eine Bereicherung sowohl für Praktiker als auch für die Theoretiker unter den Interessenten.«
KONTUREN

Ruth Pink
Kompetenz im Konflikt
Schwierige Situationen im Training meistern.
223 Seiten. Gebunden.
ISBN 978-3-407-36436-4

Wer Konflikte nur unter den Teppich kehrt, wird irgendwann von ihnen eingeholt. Für Trainer kann dies den Verlust von Aufträgen bedeuten. Dieses Buch zeigt, wie Trainer mit Konflikten rund ums Seminargeschehen professionell umgehen können.

»Ein Fundus an Ideen, Übungen, Methoden und kreativen Denkanstößen. Die Sprache ist klar, gut verständlich und anregend. Modelle und Begriffe werden prägnant beschrieben und erläutert.«
managerSeminare

BELTZ

Beltz Verlag · Weinheim und Basel · Weitere Infos und Ladenpreise: www.beltz.de

Konflikte konstruktiv lösen

Gerhard Altmann/Heinrich Fiebiger/
Rplf Müller
Mediation: Konfliktmanagement für moderne Unternehmen
261 Seiten. Gebunden.
ISBN 978-3-407-36424-1

Mediation bedeutet: »Vermittlung in Konflikten«. Die Autoren demonstrieren wie Führungskräfte, Unternehmensberater und Trainer diese Methode effektiv in Unternehmen einsetzen können.

»Es handelt sich hier um ein umfangreiches Werk, das das Thema ›Mediation im Unternehmen‹ sehr fundiert und umfassend behandelt. ... Das Buch ist optisch schön aufgemacht und mit Grafiken und Comic-Zeichnungen illustriert.«
www.zeitzuleben.de

Nina L. Dulabaum/Gerald Nöbel
Mediation: Das ABC
Die Kunst, in Konflikten erfolgreich zu vermitteln.
203 Seiten. Gebunden.
ISBN 978-3-407-36406-7

»Mediation ist die Kunst, Konflikte in einer konstruktiven Art und Weise zu vermitteln.« Nina L. Dulabaum präsentiert die Grundlagen der Mediation leicht verständlich, zum sofortigen Transfer in den Alltag geeignet.

»Das Buch stellt die Elemente einer Mediation in klar strukturierter Weise, einer anschaulichen Sprache und mit zahlreichen erläuternden Grafiken dar. Hilfreich sind auch die vielen Beispiele, die Anregungen zu Übungen nach wichtigen Aussagen sowie Zusammenfassungen.« *VBE Magazin*

BELTZ

Beltz Verlag · Weinheim und Basel · Weitere Infos und Ladenpreise: www.beltz.de

Are you ready for Business?

Das Handelsblatt macht Sie schnell fit in Business English mit dem interaktiven Sprachtrainer auf DVD.

Handelsblatt

Substanz entscheidet.

*Zzgl. 3,50 Euro Versandkosten. Für Abonnenten des Handelsblatts und der WirtschaftsWoche versandkostenfrei!

Jetzt direkt per Telefon bestellen:
0 800.000 20 56 (gebührenfrei)
oder online unter
www.handelsblatt-shop.com

Widerrufsgarantie: Die Bestellung kann ich innerhalb von zwei Wochen nach Erhalt der Ware ohne Angabe von Gründen schriftlich bei Sigloch Distribution, Handelsblatt Remissionen, Am Buchberg 8, 74572 Blaufelden, Fax: 0 79 53/883-509 (0,14 €/Min. aus dem Festnetz der T-Com) oder durch Rücksendung der ungeöffneten Ware widerrufen. Das Widerrufsrecht besteht nicht in den in § 312d Abs. 4 BGB genannten Fällen.

Gut für Ihre Mäuse!

Über 220.000 Seminare auf einen Klick.

Hier finden Sie Seminare für Konfliktmanagement und Meditation.

SemiGator ist Deutschlands Seminar- und Bildungsportal Nummer 1. Mit diesem Gutschein erhalten Sie 20 % auf den zur Buchung gültigen Seminarpreis bei allen SemiGator TOP-Seminaren, ausgenommen auf Gruppenpreise, die bereits stark rabattiert sind. SemiGator TOP-Seminare sind entsprechend bezeichnet und online oder telefonisch buchbar. Dieser Gutschein ist gültig bis zum 30.06.2009.

semigator.de

Seminare · Trainer · Videos · Bücher